PRÉCIS

D'HISTOIRE NATURELLE

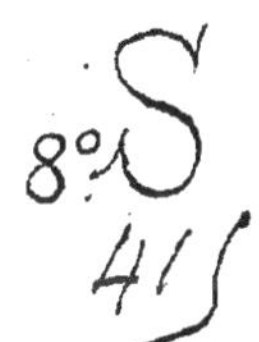

CORBEIL. — TYP. ET STÉR. DE CRÉTÉ FILS.

LE BACCALAURÉAT ÈS SCIENCES

RÉSUMÉ DES CONNAISSANCES EXIGÉES PAR LE PROGRAMME OFFICIEL

PAR UNE RÉUNION DE PROFESSEURS

PRÉCIS D'HISTOIRE NATURELLE

PAR

ALPHONSE MILNE EDWARDS

PROFESSEUR AU MUSÉUM D'HISTOIRE NATURELLE

SEPTIÈME ÉDITION

PARIS

G. MASSON, ÉDITEUR

LIBRAIRE DE L'ACADÉMIE DE MÉDECINE

BOULEVARD SAINT-GERMAIN, EN FACE DE L'ÉCOLE DE MÉDECINE

M DCCC LXXVII

PRÉCIS
D'HISTOIRE NATURELLE

ZOOLOGIE

NOTIONS PRÉLIMINAIRES.

Définition du règne animal. — Distinction entre les corps bruts et les corps organisés, entre le règne animal et le règne végétal. — Principaux tissus animaux.

DÉFINITION DU RÈGNE ANIMAL

1. **Distinction entre les corps bruts et les corps organisés.** — L'ensemble des corps répandus à la surface de la terre et composant la matière, se divise naturellement en deux grands groupes : d'une part les *corps bruts, regnum minerale* ou *lapideum;* d'autre part les *corps organisés : corps vivants ou qui ont vécu.*

Entre ces deux groupes de corps il n'y a aucune transition, aucun passage : les uns naissent, se reproduisent et meurent; les autres se forment de toutes pièces, ne se reproduisent pas et n'arrivent pas comme terme fatal à la mort.

Les corps bruts doivent leur existence à la réunion de molécules soit élémentaires, soit composées, et animées par les seules forces de l'affinité. Ainsi le chimiste peut à coup sûr, en unissant sous certaines influences de l'hydrogène à de l'oxygène, produire de l'eau.

Les corps vivants, au contraire, naissent toujours de corps également vivants, plus ou moins semblables à eux, et il n'est pas au pouvoir des naturalistes d'en produire aucun.

Les corps bruts sont formés par la réunion d'un certain nombre d'atomes semblables et homogènes. On peut les diviser à l'infini sans rien changer à leur nature; leur forme et leur masse n'ont pas de terme fixe, et ils peuvent s'accroître indéfiniment par la *juxtaposition* de nouvelles particules semblables qui viennent s'ajouter aux premières. Les corps vivants sont constitués par la réunion de parties hétérogènes et dissemblables qui, par leur mode de groupement, forment les organes. On ne peut rien y ajouter, rien y retrancher, sans altérer l'individu. Ils s'accroissent toujours pendant un certain temps de leur existence par *intussuscep-*

tion, c'est-à-dire que les particules surajoutées sont introduites dans l'intérieur de leurs tissus qui, tout en augmentant de volume, conservent la même forme. Enfin ce volume est contenu dans certaines limites.

Les corps bruts peuvent se conserver indéfiniment; ils ne se détruisent que par accident, lorsqu'une cause quelconque vient disperser leurs molécules ou les engager dans d'autres combinaisons.

Les corps vivants, au contraire, ont une durée comprise entre certaines limites; ils produisent des êtres semblables à eux, et meurent lorsque le mouvement vital s'arrête en eux.

Tels sont les principaux caractères qui séparent le monde organisé du monde inorganique, et toutes ces différences sont dues à une seule et même cause, à l'absence ou à l'existence de la vie.

2. **Différence entre le règne animal et le règne végétal** — Les corps organisés se partagent naturellement en deux catégories. L'une a pour type l'animal, l'autre la plante. Ils se divisent donc en deux règnes : le règne animal et le règne végétal. C'est par l'existence du mouvement et de la sensibilité que l'animal diffère essentiellement du végétal.

Les animaux se meuvent volontairement; leurs mouvements sont *autonomiques* et non *automatiques*. Quelques végétaux peuvent, dans certains cas et sous des influences diverses, exécuter quelques mouvements; mais ceux-ci sont automatiques. C'est ainsi qu'à l'approche de la nuit certaines feuilles se redressent ou s'abaissent; qu'à l'époque de la fécondation les étamines s'inclinent parfois sur le pistil. Les animaux seuls ont conscience des mouvements qu'ils exécutent. Or, l'idée de mouvement implique nécessairement la perception des sensations; en un mot, la sensibilité. Un animal n'ayant aucune conscience de lui-même n'exécuterait pas de mouvements volontaires. Les végétaux sont dans ce cas : chez eux les phénomènes de sensibilité proprement dite paraissent ne pas exister. En effet, on n'y trouve aucune trace du système nerveux qui, chez les animaux, régit tous les actes de mouvement et de sensation.

Les animaux, de même que les végétaux, croissent et se nourrissent par intussusception; mais le mode de nutrition diffère complètement. Tandis que les animaux sont pourvus d'un tube digestif destiné à la préparation et à l'absorption des matières nutritives, les végétaux n'ont pas besoin de préparer ces matières; mais, à l'aide de leurs racines, ils pompent dans le sol les sucs qui doivent les nourrir; et à l'aide de leurs feuilles ils dépouillent l'atmosphère des principes qu'ils fixent ensuite dans leurs tissus.

Les animaux, étant plus parfaits et mieux doués que les végétaux, ont une structure plus complexe et sont pourvus d'un plus grand nombre d'organes.

Les tissus des animaux n'offrent pas la même composition chimique

que les tissus végétaux. En effet, presque toujours ils sont composés d'oxygène, d'hydrogène, de carbone et d'azote; tandis que chez les plantes ces tissus ne contiennent que peu ou point de ce dernier principe.

En résumé, on peut donc dire que *les végétaux sont des êtres organisés qui se nourrissent et se reproduisent, mais qui ne sentent et ne se meuvent pas volontairement; tandis que les animaux sont des êtres organisés qui se nourrissent, se reproduisent, sentent et se meuvent.*

Quoique cette définition paraisse ne rien laisser à désirer, elle est quelquefois d'une application difficile. Il est en effet des végétaux qui simulent les caractères des animaux, et des animaux dont les fonctions s'exécutent d'une façon si obscure, qu'ils présentent les apparences de la vie végétative. — Complétement distincts l'un de l'autre par leurs types, le règne végétal et le règne animal paraissent sur le point de se confondre par leurs représentants les plus imparfaits; et ce n'est qu'à l'aide d'une attention soutenue et d'une critique sévère que l'on peut, dans certains cas tracer les limites qui les séparent.

3. **Différentes fonctions des animaux.** — Le règne animal se compose donc de tous les êtres organisés qui se nourrissent, se reproduisent, sentent et se meuvent volontairement.

Le nombre des animaux est immense; leurs formes varient à l'infini. On en voit d'une organisation tellement simple, qu'ils ressemblent à un morceau d'une gelée tremblante, tandis que d'autres, tels que l'homme, offrent une structure des plus complexes. C'est par conséquent aux animaux supérieurs qu'il faut s'adresser de préférence pour étudier l'ensemble de l'organisation animale.

Les phénomènes de la vie se divisent en deux grandes classes : les premiers doivent assurer la conservation de l'espèce et celle de l'individu : ce sont ceux de reproduction et de nutrition; les seconds ont pour but de mettre l'individu en relation avec le monde extérieur : ce sont les phénomènes de mouvement et de sensibilité.

On a désigné les premiers sous le nom de phénomènes de la *vie organique* ou *végétative*, les seconds sous le nom de phénomènes de la *vie animale ou de relation.*

Nous commencerons d'abord par l'étude des fonctions de nutrition, pour arriver ensuite à celles de relation.

Dans cette étude, nous examinerons d'abord :

1° La structure et la disposition des organes dont la réunion produit l'animal; en un mot, son anatomie.

2° Le jeu de ces différents organes et les phénomènes qui en sont la cause ou leur physiologie.

4. **Tissus animaux.** — Les différents tissus qui composent les corps animaux se composent d'un petit nombre d'éléments chimiques : les plus répandus sont le carbone, l'oxygène, l'hydrogène et l'azote. On peut citer

aussi, mais en seconde ligne, le soufre et le phosphore. De la combinaison et du groupement de ces différents éléments résulte ce que l'on nomme les *principes immédiats* formant la substance des tissus; les principaux sont la fibrine et l'albumine, qui, unis à de l'eau, à de la graisse, constituent à eux seuls presque tout le corps, en affectant cependant une structure très-variée.

Les tissus qui composent le corps des animaux sont au nombre de quatre : les tissus cellulaire, utriculaire, musculaire et nerveux.

Le *tissu cellulaire* ou connectif est répandu presque dans tout l'organisme; il sert de lien aux organes, et se présente sous la forme de lamelles et de filaments circonscrivant des sortes d'aréoles; c'est dans son épaisseur que se dépose la graisse.

Le *tissu utriculaire* n'est formé que de cellules accolées qui peuvent se modifier de diverses façons, s'étaler en lames pour constituer des membranes; ces dernières affectent différentes formes, et se distinguent en *muqueuses* et *séreuses*. Les premières sont très-vasculaires et revêtent les cavités intérieures, telles que le tube intestinal; les autres, fines et transparentes, ne contiennent que peu de vaisseaux; elles servent à entourer les organes, et sécrètent un liquide transparent qui facilite les glissements des surfaces les unes sur les autres.

Le *tissu musculaire* consiste en fibres contractiles, c'est-à-dire jouissant de la propriété de se raccourcir.

Le *tissu nerveux*, composé de fibres et de cellules, constitue les nerfs et les centres nerveux; c'est grâce à lui que les animaux perçoivent les sensations.

Les *tissus osseux* et *cartilagineux* ne sont que des modifications du tissu utriculaire, qui s'est chargé, soit de matières organiques spéciales, soit de sels minéraux.

DIGESTION.

Structure de l'appareil digestif et de ses annexes. — Nature des aliments. — Phénomènes chimiques de la digestion. — Sécrétions qui y concourent.

5. — *La* DIGESTION *est une fonction à l'aide de laquelle les animaux séparent des matières alimentaires les principes susceptibles d'être absorbés, les élaborent, puis rejettent le résidu qu'ils ne peuvent utiliser.*

*Cette fonction s'exécute dans un appareil spécial connu sous le nom d'*APPAREIL DIGESTIF.

Afin de réparer les pertes de l'organisme, les animaux ont besoin de s'assimiler une certaine quantité de matières, dites nutritives. Les plantes peuvent, au moyen des éléments répandus autour d'eux, former de toutes pièces les principes constitutifs de leurs organes. Par conséquent, elles n'ont pas besoin d'un tube digestif pour l'élaboration de ces matières; — les animaux, au contraire, ne jouissent pas de cette propriété de créer ainsi des matières organisables destinées à entrer dans la substance des êtres, ils les prennent toutes formées, ordinairement à l'état solide, et ont besoin de leur faire subir différentes préparations pour les rendre solubles, c'est-à-dire absorbables. Cette opération s'effectue en général dans l'intérieur d'une cavité appelée appareil digestif, qui communique au dehors et présente ordinairement une suite de renflements destinés, soit à emmagasiner les aliments, soit à les retenir plus longtemps, pour que l'élaboration en soit plus complète.

Pour que la digestion puisse s'effectuer, il faut que les aliments soient introduits dans l'intérieur du corps, qu'ils y soient soumis à l'action des sucs digestifs, et enfin que le résidu du travail élaborateur puisse être expulsé au dehors.

APPAREIL DIGESTIF DES ANIMAUX VERTÉBRÉS.

6. — Chez les animaux supérieurs on distingue dans l'appareil digestif les parties suivantes :

1° La bouche, — 2° le pharynx ou arrière-bouche, — 3° l'œsophage, — 4° l'estomac, — 5° l'intestin.

Les dents et diverses glandes telles que le foie, le pancréas, les glandes salivaires peuvent être considérées comme les annexes de cet appareil.

Les aliments, avant de servir à l'entretien de la vie, doivent subir un certain nombre d'actes dont les uns peuvent être regardés comme accessoires, les autres comme essentiels; les premiers sont mécaniques et consistent dans :

1° La préhension, — 2° la mastication, — 3° l'insalivation, — 4° la déglutition, — 5° l'expulsion des fèces.

Les seconds sont de nature chimique et consistent dans :

1° La digestion buccale, — 2° la digestion stomacale, — 3° la digestion intestinale.

7. **Préhension.** — La préhension des aliments peut s'effectuer de diverses manières : tantôt à l'aide des lèvres et des dents seulement (carnassiers, ruminants, etc.); tantôt à l'aide des mains (hommes, singes, etc.); tantôt à l'aide de la langue (tamanoir, caméléon); tantôt à l'aide d'une trompe constituée par le prolongement du nez (éléphant); chez d'autres, les aliments sont saisis par des palpes qui entourent la bouche (insectes) ou par des bras ou tentacules (mollusques céphalopodes, polypes, etc.).

Quoi qu'il en soit, les aliments sont ainsi portés dans la bouche. Chez l'homme et les autres mammifères, cette cavité a une forme ovalaire et est limitée en avant par les lèvres, sur les côtés par les joues et les mâchoires, en haut par le palais, en bas par la langue, en arrière par le voile du palais qui la sépare de l'arrière-bouche ou pharynx. Les aliments liquides ne séjournent pas dans la bouche, mais les aliments solides doivent, dans la plupart des cas, y être broyés et mêlés à la salive. Chez les oiseaux, les matières nutritives ne font que passer dans le bec, qui ne les divise que très-imparfaitement. Au contraire, chez les mammifères, ainsi que dans beaucoup d'autres groupes, les dents jouent un rôle important.

8. **Mastication. Dents.** — La division mécanique des aliments se fait surtout au moyen des dents qui, le plus ordinairement, arment le bord préhensile des mâchoires. Ces petits corps sont disposés de façon à pouvoir agir les uns sur les autres, à la manière de pinces, ou des branches de ciseaux, et à pouvoir ainsi broyer ou couper les corps que les mouvements des joues et de la langue ramènent sans cesse entre eux. Les dents se développent dans l'épaisseur des os de la mâchoire et dans l'intérieur d'un petit sac appelé capsule dentaire *a* (*fig.* 1); elles naissent sur un mamelon vasculaire ou bulbe *b*, qui adhère par sa base aux parties molles et communique directement avec les vaisseaux sanguins des régions voisines. Ce bulbe, garni d'une tunique propre, présente la forme de la dent et reçoit des nerfs de nombreux vaisseaux sanguins *c*. La pulpe dentaire, c'est-à-dire ce qui deviendra la dentine ou ivoire *d*, se développe à sa surface. Enfin des sels calcaires viennent durcir ces parties, les vaisseaux disparaissent alors, et le bourgeon dentaire est divisé en deux portions, l'une centrale et vasculaire, l'autre périphérique et non vasculaire.

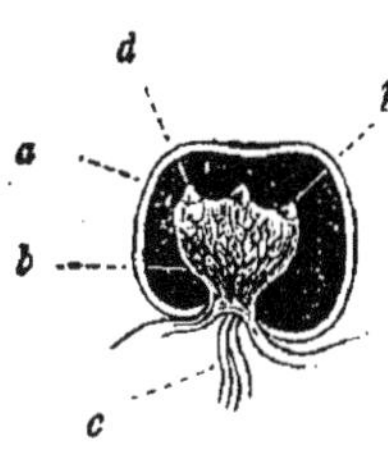

Fig. 1.

La dent se trouve donc fixée dans une cavité osseuse nommée alvéole; la partie ainsi contenue porte le nom de *racine;* elle peut présenter une ou plusieurs pointes; la partie extérieure prend le nom de *couronne*. Enfin, entre la racine et la couronne on remarque souvent un petit étranglement que l'on nomme le *collet.*

Les dents sont constituées par divers tissus qui ont pour éléments principaux une matière organique et des sels calcaires (phosphate et carbonate de chaux, fluorure de calcium). Ces tissus peuvent varier beaucoup. Le corps de la dent est formé par une substance désignée sous le nom d'*ivoire* ou dentine. Cette matière est creusée d'une foule de petits canalicules parallèles entre eux et dirigés du centre à la périphérie de la dent. A la surface de la dentine se dépose ordinairement une autre matière appelée *émail;* elle se compose de petits prismes accolés les uns aux autres et ressemblant à des colonnes de basalte; sa richesse en sels calcaires et sa dureté sont beaucoup plus grandes que celles de la dentine. Elle revêt la couronne de la dent; la racine n'en offre jamais. Enfin, vers l'extrémité de cette racine ou même autour de la couronne, chez quelques animaux tels que les ruminants, on voit se développer une troisième matière analogue au tissu osseux, creusée de cavités étoilées et qui porte le nom de *substance corticale* ou *cément.*

Les dents peuvent manquer; quelques poissons en sont privés. Parmi les batraciens et les reptiles, les crapauds et les tortues n'en présentent pas. Il en est de même chez quelques mammifères, tels que les fourmiliers, les pangolins, les échidnés et les baleines. Beaucoup d'animaux avalent leurs aliments sans les mâcher; aussi leurs dents sont-elles disposées de façon seulement à saisir et à retenir la proie qui tend à s'échapper. Elles ont alors toutes la même forme et ressemblent à des cônes simples ou recourbés. Les reptiles et les poissons présentent ordinairement ce mode d'organisation. Dans ce cas, on remarque souvent que presque tous les os qui circonscrivent la cavité bucale portent des dents. Mais chez les animaux qui, tout en se nourrissant d'une proie vivante, ont besoin de déchirer les chairs et de broyer les os avant de les avaler, on trouve dans le système dentaire une complication beaucoup plus grande. Il y a division du travail physiologique, et certaines dents servent exclusivement à retenir la proie; d'autres à couper les chairs, et d'autres à les broyer et à les diviser. C'est ainsi que chez les carnivores il existe :

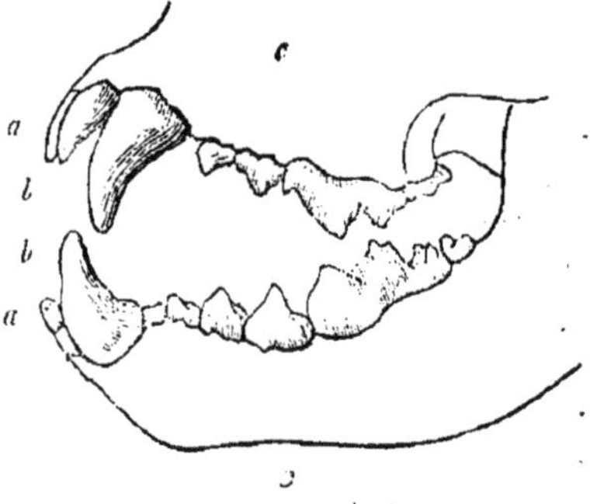

Fig. 2.

1° Des incisives *a* (*fig.* 2) terminées par un bord mince et tranchant;

2° Des canines *b* placées de chaque côté, en arrière des précédentes, en général longues et pointues, servant à s'implanter dans les chairs et à les déchirer.

3° Des molaires ou mâchelières *c*, situées en arrière des canines, destinées à broyer et à hacher les aliments, et présentant ordinairement plusieurs racines.

Chez certains carnassiers, tels que les chats, les différences entre ces trois sortes de dents sont très-tranchées; mais chez d'autres animaux elles peuvent s'effacer, et les dents peuvent se ressembler beaucoup plus entre elles. C'est ainsi que chez l'homme la différence entre les incisives et les canines est très-peu marquée.

Le régime alimentaire suivi par les animaux coïncide en général avec des dispositions dentaires particulières.

Chez ceux qui se nourrissent de viande, les canines sont longues et pointues; les molaires tranchantes à la manière de ciseaux (*fig.* 2)

Chez ceux qui mangent des insectes, les molaires sont hérissées de petites pointes s'engrenant les unes dans les autres (hérissons).

Chez ceux qui se nourrissent d'herbes, la couronne des molaires est large, plate; sa surface est striée; les canines manquent le plus souvent.

Chez les animaux dont le régime est frugivore, la couronne de ces dents est large et garnie de mamelons arrondis qui se remarquent chez l'homme, le singe, le sanglier, etc.

Chez les animaux destinés à ronger des corps durs, tels que des racines, des écorces, les enveloppes de certains fruits, les incisives prennent un grand développement, tandis que les canines manquent complétement (rat, castor).

Les dents qui se montrent dans les premiers temps de la vie sont ordinairement destinées à tomber pour être remplacées par d'autres. On désigne les premières sous le nom de *dents de lait* ou de première dentition, et les secondes sous le nom de *dents de remplacement* ou de seconde dentition. Chez l'homme les dents de lait apparaissent vers la fin de la première année; elles sont au nombre de 20.

4 incisives à chaque mâchoire (*fig.* 3), — 2 canines, — 4 molaires.

Vers l'âge de 7 ans la seconde dentition commence son évolution. Quand elle est achevée, on trouve 32 dents, car au lieu de 2 molaires

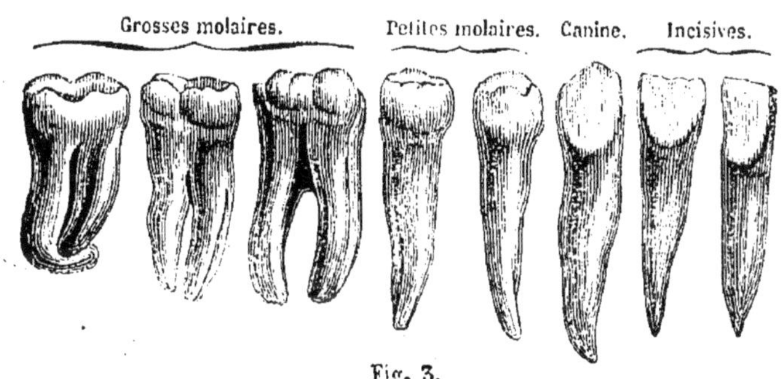

Fig. 3.

il en existe 5 de chaque côté, ce qui porte leur nombre à 20. Les deux premières portent le nom de *fausses molaires* ou *prémolaires;* les autres celui de *vraies molaires* (*fig.* 3).

Chez beaucoup de poissons la production des dents paraît illimitée, et derrière chacun de ces corps il en existe plusieurs en voie de développement destinées à se remplacer successivement. C'est ainsi que chez les requins on voit 4 ou 5 rangées de dents dont les dernières sont couchées contre la membrane muqueuse de la bouche.

Chez l'homme et la plupart des animaux la dent arrivée à son développement cesse de croître et s'use de plus en plus. Chez d'autres, tels que les rongeurs, on remarque que les incisives s'accroissent pendant toute la vie; ce résultat est dû à ce que la communication entre le bulbe et le système circulatoire a été conservée, tandis que dans l'autre cas les vaisseaux sanguins du bulbe s'étaient atrophiés, et par conséquent le travail nutritif ne pouvait se continuer dans la dent

Chez les vertébrés les plus élevés en organisation, la mâchoire inférieure seule est mobile, la mâchoire supérieure étant complétement fixée au crâne. Cependant, chez les reptiles et les poissons, la mâchoire supérieure peut exécuter différents mouvements.

Les muscles destinés à relever la mâchoire inférieure sont très-puissants; ils s'attachent d'un côté à ces os et d'un autre côté aux parties latérales de la tête, au-devant des oreilles; les principaux sont ordinairement au nombre de deux, le *masseter* et le *temporal.*

Leur force est considérable chez certains animaux tels que le lion, ou leur volume est énorme. Les muscles destinés à abaisser la mâchoire sont au contraire très-faibles; en effet, ils n'ont aucune résistance à vaincre et le poids seul de cet os tend à l'abaisser; ils se fixent d'une part sur la mâchoire, d'autre part sur l'hyoïde et par l'intermédiaire de cet os sur le sternum.

9. **Insalivation.** — A mesure que la mastication s'effectue, les aliments ainsi divisés par l'action des dents se mêlent à la salive.

La *salive* est un liquide aqueux contenant des sels et une matière organique particulière, la ptyaline, sécrétée par des glandules logées dans l'épaisseur des parois de la cavité buccale et par des glandes situées aux environs de la bouche. Chez l'homme il en existe trois paires, qui en raison de leur position, ont reçu le nom de *glandes parotides*, de *glandes sous-maxillaires* et de *glandes sublinguales.*

Les parotides sont les plus volumineuses, elles sont placées au-devant du conduit auditif, en arrière de la branche montante de la mâchoire; le produit de leur sécrétion est versé dans la bouche par un conduit appelé *canal de Sténon*, qui s'ouvre à la face interne de la joue, vis-à-vis de la deuxième grosse molaire supérieure.

Les glandes sous-maxillaires (*fig.* 4) moins grosses que les précédentes, sont situées sous le plancher de la bouche en dedans de l'angle de la mâchoire. Leur conduit, appelé *canal de Warton* s'ouvre sur le côté du frein de la langue.

Les glandes sublinguales (*fig.* 4) moins développées que les précédentes, sont situées également sous le plancher de la bouche de chaque côté du frein de la langue. Elles donnent naissance à un assez grand nombre de conduits excréteurs.

La salive fournie par ces différentes glandes ne jouit pas des mêmes propriétés. Comme nous le verrons plus loin, celle des glandes parotides est très-aqueuse, celle des sous-maxillaires très-gluante.

Les glandes salivaires manquent chez certains animaux, on ne les rencontre pas chez les poissons qui, vivant dans l'eau, ne pourraient utiliser leur salive pour les besoins de la digestion. Chez les batraciens l'appareil salivaire est rudimentaire. Il en est de même chez les reptiles. Chez quelques-uns de ces animaux il se complique davantage et est détourné de ses fonctions pour sécréter une matière toxique et constituer les glandes à venin.

Chez les mammifères supérieurs la quantité de salive qui arrive dans la bouche est très-considérable, surtout pendant le travail masticatoire; elle imbibe les aliments, en dissout quelques-uns et facilite le glissement des corps durs ou rugueux.

10. **Déglutition.** — Lorsque les matières alimentaires ont été suffisamment mâchés par les mouvements de la langue et des joues, elles se réunissent en une petite pelote que l'on désigne sous le nom de *bol alimentaire*. C'est dans cet état qu'elles passent dans le pharynx ou arrière-bouche. Nous avons déjà dit que chez l'homme et les mammifères la cavité buccale était séparée de l'arrière-bouche par un repli membraneux nommé voile du palais (*fig. 4*), l'ouverture qui permet la communication porte le nom d'isthme du gosier.

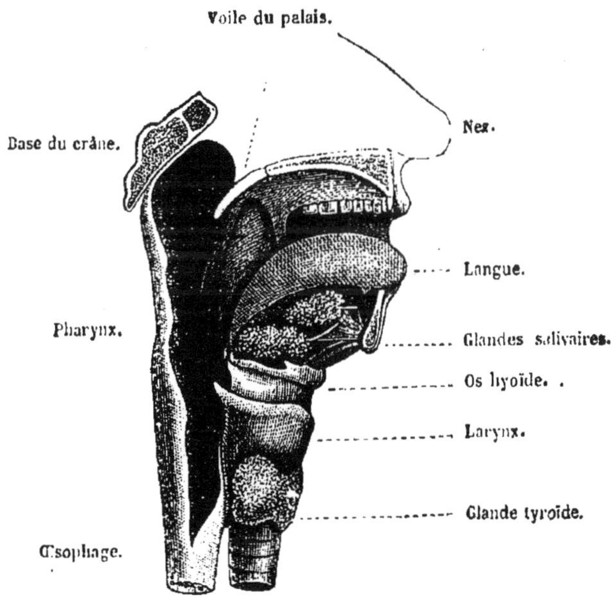

Fig. 4.

Le pharynx a souvent été comparé à un carrefour, parce que les voies aériennes s'y rencontrent et s'y croisent avec les voies digestives. En effet, à la partie supérieure il communique avec les fosses nasales par les arrières-narines, en avant avec la bouche, en bas et en arrière avec l'œsophage, en bas et en avant avec la trachée-artère par une ouverture appelée glotte.

11. *Mécanisme de la déglutition.* — Le bol alimentaire doit traverser le pharynx pour se rendre dans l'œsophage sans tomber dans la trachée et sans remonter dans les fosses nasales. Ce résultat est obtenu à l'aide d'un ensemble de mouvements qui s'exécutent tout naturellement sans que l'individu en ait conscience : le voile du palais se relève et se place devant les arrière-narines, qui se trouvent ainsi fermées; la glotte s'élève et vient se placer sous la base de la langue pendant qu'une petite soupape, située à l'entrée de la glotte et nommée *épiglotte* s'abaisse et ferme cette ouverture. De cette façon l'entrée de l'œsophage reste seule béante

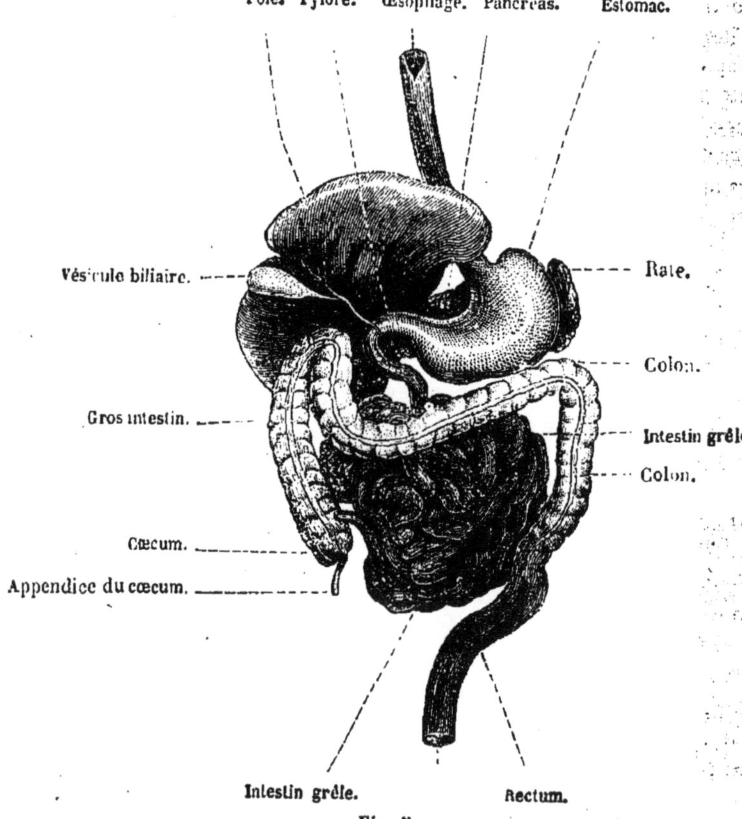

Fig. 5.

et le bol alimentaire, pressé et dirigé par la contraction des fibres musculaires du pharynx traverse rapidement ce conduit.

Lorsque cet ensemble de mouvements ne s'effectue pas d'une façon convenable et *qu'on avale de travers*, c'est parce que quelques gouttes de liquide, ou quelques parcelles de matières solides pénétrent dans la trachée, et déterminent de violents accès de toux et de suffocation.

12. *Œsophage.* — L'*œsophage* (*fig.* 5), dans lequel arrivent ensuite les aliments, est un long tube membraneux qui, logé d'abord derrière la trachée, passe ensuite derrière le cœur et les poumons, traverse le muscle diaphragme et débouche dans l'estomac. Ses parois sont revêtues de deux plans de fibres musculaires, l'un disposé longitudinalement, l'autre circulairement. Le bol alimentaire poussé peu à peu par la contraction successive des fibres de ce long tube, arrive dans l'estomac, où il *ne tombe* pas par le seul fait de la pesanteur, comme on l'a cru longtemps.

13. *Estomac.* — L'*estomac*, qui, chez l'homme, forme une poche simple, se divise souvent en un certain nombre de compartiments.

Chez l'homme cet organe est logé dans l'abdomen, au-dessous du diaphragme; il est dirigé transversalement de gauche, à droite, et présente deux ouvertures, l'une située à gauche communiquant avec l'œsophage et nommée *cardia*, l'autre débouchant dans l'intestin, nommée *pylore*, et placée à droite. Les parois de l'estomac sont garnies de fibres musculaires formant plusieurs couches distinctes. La membrane muqueuse, qui le revêt à l'intérieur, est criblée de petites ouvertures, communiquant avec des glandules nommées follicules gastriques et chargées de sécréter un liquide acide nommé suc gastrique, dont l'action est des plus importantes dans le travail digestif, comme nous le verrons plus tard.

Chez les ruminants, l'estomac présente une beaucoup plus grande complication et se divise en quatre poches, désignées sous les noms de *panse*, de *bonnet*, de *feuillet* et de *caillette* (*fig.* 6 et 7).

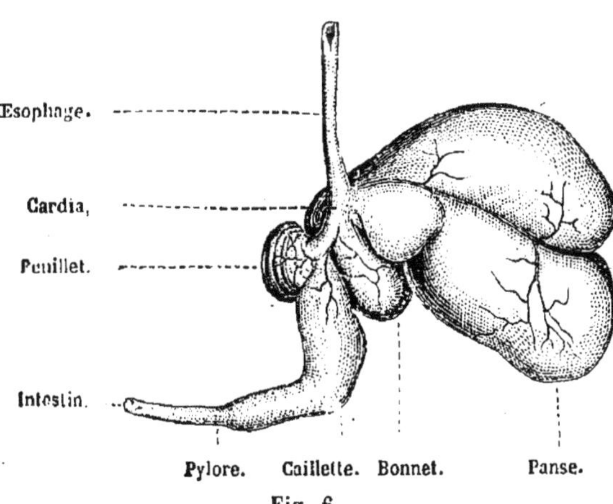

Fig. 6.

La panse présente un très-grand développement et sert de magasin pour l'herbe et le fourrage que l'animal vient de manger. Le bonnet communique largement avec la panse; le feuillet dépend de la caillette. C'est dans ce dernier estomac que se dirigent les aliments que l'animal a ruminés. Les animaux qui présentent ce mode d'organisation commencent par broyer incomplétement les végétaux qu'ils mangent et qui se rendent dans la panse. Au bout de quelques heures, ce réservoir se contracte et force les matières qu'il contient à remonter dans la bouche sous forme de petites pelotes qui sont alors complétement triturées, mêlées à la salive, et descendent dans le feuillet et dans la caillette, sans s'arrêter dans la panse. Ce phénomène est dû au mode de terminaison de l'œsophage; en effet, ce conduit s'ouvre dans l'estomac par une sorte de gouttière qui se prolonge jusqu'au feuillet; lorsque des matières solides et incomplétement mâchées arrivent dans l'estomac elles dilatent l'ouverture laissée entre les lèvres de cette gouttière et tombent dans la panse; si elles sont, au contraire, plus liquides et mieux divisées elles coulent sans écarter ces lèvres et tombent dans le feuillet.

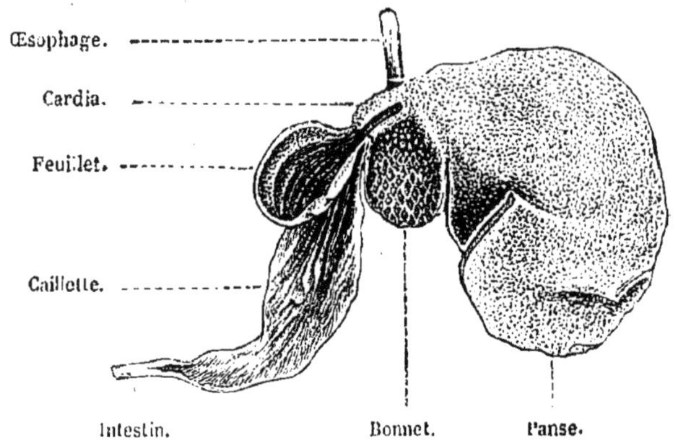

Fig. 7.

Chez les oiseaux, outre l'estomac, on voit un autre réservoir à parois très-musculeuses et destiné à broyer les grains et les aliments durs. Il porte le nom de *gésier*. Chez quelques-uns on voit aussi, à la partie inférieure du cou, une poche servant de réservoir aux matières alimentaires et désignée sous le nom de *jabot*.

14. *Intestins.* — L'*intestin*, qui fait suite à l'estomac, se présente sous la forme d'un long tube membraneux et reployé sur lui-même. Sa longueur varie suivant les animaux; chez ceux qui se nourrissent de chair, il est plus court que chez ceux qui mangent de l'herbe; c'est ainsi que chez le lion il n'a que trois fois la longueur du corps, tandis que chez le mouton, il a vingt-huit fois cette longueur, et que chez l'homme, dont le régime est intermédiaire, sa longueur ne dépasse pas sept fois celle du corps. Il est logé dans l'abdomen, où il est entouré et retenu par les replis d'une membrane séreuse fine et transparente appelée *péritoine;* ses parois sont revêtues de fibres musculaires, qui par leur contraction font cheminer les matières contenues dans son intérieur.

Le tube intestinal se divise en deux parties distinctes, l'*intestin grêle* et le *gros intestin*.

L'intestin grêle, ainsi nommé à cause de son petit calibre, fait suite à l'estomac; il a été subdivisé en trois parties : 1° le *duodénum;* 2° le *jéjunum* et l'*iléon.* Mais ces divisions sont complétement arbitraires. La membrane muqueuse qui tapisse les parois de l'intestin grêle est hérissée d'une foule de petits prolongements coniques désignés sous le nom de *villosités*, et entre ces dernières on voit de petits follicules servant à sécréter un liquide particulier, que l'on a appelé suc intestinal. Enfin il existe un certain nombre de replis transversaux destinés à augmenter la surface intestinale absorbante et que l'on nomme *valvules conniventes.*

Deux glandes, le foie et le pancréas versent leurs produits dans le duodénum.

15. *Foie.* — Le *foie* est une glande volumineuse, d'un tissu rouge foncé et granuleux. Il est situé dans l'abdomen au-dessous du diaphragme qui le sépare des poumons. Chez la plupart des vertébrés, on voit à la face inférieure de cette glande, un petit réservoir, appelé *vésicule du fiel,* dans lequel s'accumulent les produits de la sécrétion du foie, connus sous le nom de bile. Ce liquide est versé dans le duodénum, à peu de distance du pylore par le *canal cholédoque.* La bile présente une couleur verdâtre, une saveur amère qui lui a fait donner le nom vulgaire d'*amer de bœuf;* sa consistance est filante et sa réaction alcaline.

16. *Pancréas.* — Le *pancréas* était autrefois nommé glande salivaire abdominale, parce que sa texture rappelle jusqu'à un certain point celle des parotides. Il est situé derrière l'estomac au-devant de la colonne vertébrale. Il sécrète un liquide aqueux appelé suc pancréatique et qui est versé dans le duodénum par le *canal de Wirsung;* quelquefois ce conduit se confond avec le canal cholédoque, mais le plus souvent il en est distinct.

17. *Gros intestin.* — Le gros intestin fait suite à l'intestin grêle et s'en distingue par son calibre plus considérable et par sa forme dilatée et boursouflée; il en est séparé par un repli membraneux qui permet le passage des matières de haut en bas, ou d'arrière en avant, mais les empêche de revenir sur leurs pas; ce repli porte le nom de *valvule iléo-cæcale* ou des apothicaires. On a distingué dans le gros intestin trois parties, le *cæcum*, le *colon* et le *rectum.*

Le cæcum est remarquable par l'existence d'un appendice étroit en forme de cul de sac, désigné sous le nom d'appendice cæcal, qui s'ouvre dans cette partie du gros intestin. Le colon se replie plusieurs fois et se continue avec le rectum; ce dernier se termine tantôt par une ouverture spéciale, connue sous le nom d'anus, comme chez la plupart des mammifères; tantôt il s'ouvre dans une chambre appelée *cloaque* et dans laquelle débouchent aussi les organes urinaires et reproducteurs, ainsi qu'on peut le voir chez les oiseaux et chez quelques mammifères tels que les monotrèmes.

PHYSIOLOGIE DE LA DIGESTION.

Nous allons maintenant examiner les phénomènes essentiels de la digestion, c'est-à-dire les phénomènes chimiques par lesquels les matières alimentaires prises au dehors deviennent solubles et absorbables.

18. **Nature des aliments.** — L'aliment est une substance destinée à réparer les pertes de l'économie et à entretenir les tissus. — L'eau et les matières minérales doivent donc être rangées dans cette classe; mais elles doivent y occuper une place spéciale. Les autres aliments sont puisés dans le règne organique, soit végétal, soit animal, et ils doivent se diviser en trois groupes : les aliments sucrés ou amylacés, les aliments gras et les aliments azotés. Les deux premiers ne contiennent que du carbone, de l'hydrogène et de l'oxygène; les autres renferment aussi de l'azote. — Les aliments gras et sucrés ou *ternaires* sont surtout destinés à la combustion respiratoire; les aliments azotés ou *quaternaires*, appelés aussi aliments plastiques, servent principalement à la réparation des tissus. Ils sont indispensables à l'entretien de la vie; et un animal qui en est privé et auquel on continue à donner des aliments ternaires ne tarde pas à mourir de faim.

En général, les matières alimentaires ne peuvent être absorbées telles qu'elles sont ingérées; il faut qu'elles subissent une série de transformations sous l'influence des sucs digestifs : c'est ainsi que

1° *La salive agit sur les matières amylacées;*

2° *Le suc gastrique sur les matières azotées;*

3° *Le suc pancréatique et la bile sur les matières grasses.*

19. **Action de la salive.** — Si l'on mâche pendant quelque temps de l'amidon, on ne tarde pas à remarquer que la saveur de ce corps se modifie et devient sucrée; si l'on cherche quelles sont les transformations qu'il a subies, on verra qu'il s'est formé une certaine quantité de sucre. — Cette transformation de l'amidon et des fécules en sucre est due à la *ptyaline*, principe particulier de la salive, appelée aussi diastase animale, à cause de sa ressemblance avec la diastase qui se produit dans les graines en voie de germination, et qui possède les mêmes propriétés. Mais, chose remarquable, ce n'est que la salive mixte, c'est-à-dire le mélange de la sécrétion des glandes salivaires et des glandules de la bouche, qui peut produire cet effet. Cette action est faible et ne contribue que peu au travail digestif. — La salive des glandes parotides prise à part ne sert qu'à humecter les aliments : aussi est-elle très-liquide. La salive des glandes sublinguales et sous-maxillaires est très-visqueuse et facilite le glissement des corps durs.

20. **Action du suc gastrique.** — Réaumur et l'abbé Spallanzani, célèbre physiologiste de Modène, firent connaître, les premiers, l'action du suc gastrique. Avant eux on croyait que les aliments étaient simplement

broyés dans l'estomac. Réaumur démontra que de la viande renfermée dans de petits tubes rigides percés de trous était aussi bien digérée que dans les circonstances ordinaires. Spallanzani fit plus : à l'aide de petites éponges, attachées à un fil et qu'il fit avaler à des oiseaux, il alla puiser du suc gastrique dans l'estomac. Il put ensuite, à l'aide de ce liquide et en dehors du corps de l'animal, faire des *digestions artificielles* de viande.

L'action dissolvante du suc gastrique est due à un principe particulier nommé *pepsine*, qui, combiné à un acide tel que l'acide chlorhydrique ou lactique, jouit de la propriété de dissoudre l'albumine, la fibrine, le gluten et les autres matières azotées, et de transformer ces matières en une masse semi-fluide appelée chyme.

21. **Action du suc pancréatique et de la bile.** — On croyait anciennement que la digestion des matières grasses était due exclusivement à la bile : mais, depuis, on a vu que l'on pouvait, dans certains cas, oblitérer le canal cholédoque et empêcher la bile d'arriver dans l'intestin, sans pour cela entraver la digestion des graisses. — M. Cl. Bernard découvrit que le suc pancréatique jouit de la propriété d'émulsionner les matières grasses, c'est-à-dire de les diviser en particules d'une ténuité extrême, et de les dédoubler en acides gras et en glycérine; il vit que l'absorption des graisses se fait dans l'intestin à partir du point où le canal de Wirsung y verse le suc pancréatique, et que si l'on détruit le pancréas, les animaux ne tardent pas à mourir dans un état d'amaigrissement extrême. Le suc pancréatique agit aussi et d'une manière très-active sur les matières amylacées et les transforme en glucose.

La digestion des matières grasses est donc due à l'action de la bile aussi bien qu'à celle du suc pancréatique. Le premier de ces liquides non-seulement peut en dissoudre une certaine proportion, mais encore, en mouillant les parois de l'intestin, il permet aux matières huileuses de les traverser plus facilement.

22. Le *suc intestinal*, c'est-à-dire celui que sécrètent les follicules contenues dans les parois de l'intestin grêle, agit aussi dans le travail digestif; il vient en aide au suc gastrique et dissout les matières azotées qui ont échappé à l'action de ce dernier liquide.

APPAREIL DIGESTIF DES ANIMAUX INFÉRIEURS.

L'appareil digestif peut être beaucoup plus simple et n'être constitué que par un sac s'ouvrant pour recevoir les aliments, se fermant pendant la digestion et se rouvrant pour l'élimination du résidu que les sucs digestifs n'ont pu attaquer.

23. **Zoophytes.** — Chez les êtres les plus inférieurs nous trouvons ce mode d'organisation. Chez la plupart des polypes radiaires (zoophytes), le tube digestif ne se compose que d'une cavité occupant presque tout le

corps de l'animal, se terminant en cul-de-sac et ne communiquant avec l'extérieur que par un seul orifice remplissant tour à tour les fonctions d'une bouche et d'un anus. Un des exemples les plus curieux de cette disposition est fourni par les hydres d'eau douce, ou polypes à bras.

24. **Hydres.** — Chez ces petits animaux on voit à la partie antérieure du corps une ouverture entourée d'un certain nombre de bras que l'animal agite sans cesse pour saisir au passage les corpuscules qui flottent autour de lui et qui peuvent servir à sa nourriture. Cette ouverture *o* débouche dans une vaste cavité en forme de sac, dans lequel s'effectue le travail digestif (*fig.* 8). Tremblay a vu que si l'on retourne ces petits êtres comme un doigt de gant, de sorte que la surface digestive devienne extérieure, et que ce qui était primitivement la peau, forme les parois de la cavité stomacale, l'animal ne meurt pas et la digestion continue à s'effectuer avec autant de facilité qu'auparavant. Cette expérience curieuse prouve que chez ces êtres inférieurs toutes les parties de l'organisme jouissent des mêmes propriétés digestives et que les fonctions ne sont pas encore localisées dans des appareils spéciaux.

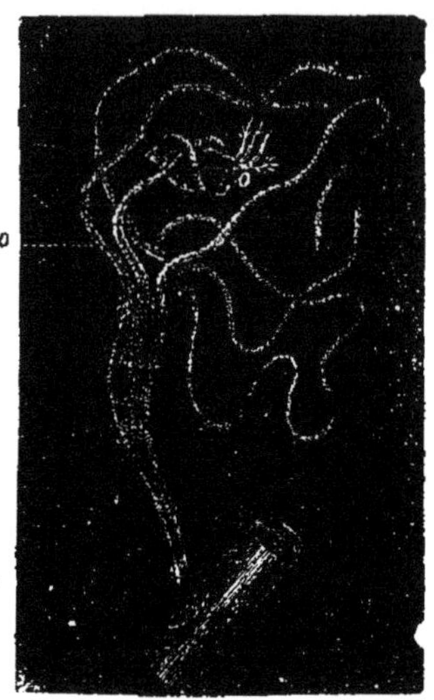

Fig. 8.

25. **Méduses.** — Chez les acalèphes ou méduses, la poche stomacale se complique par l'adjonction de loges ou de canaux trop étroits pour livrer passage aux aliments, et dans lesquels les matières élaborées peuvent seules pénétrer; il y a dans ce cas une sorte de circulation des principes devenus absorbables. Mais ici encore il n'existe qu'une seule ouverture pour l'introduction et la sortie des matières.

26. **Corail.** — Chez d'autres zoophytes, tels que le corail la portion stomacale tend à se séparer de plus en plus de la portion irrigatoire du système digestif; en effet, le sac destiné à recevoir les aliments est étranglé vers sa partie médiane, et au moyen de la contraction de fibres musculaires, peut même se fermer complétement, de façon que c'est dans cette première cavité que s'effectue la digestion et que la seconde ne sert qu'à recevoir les produits élaborés. Les parois de cette première cavité présentent de petites glandules destinées à sécréter un suc digestif.

27. **Oursins.** — Enfin, sans quitter l'embranchement des zoophytes, nous trouvons un perfectionnement de plus. Il consiste dans l'adjonction d'un orifice servant à l'expulsion du résidu qui n'a pu être utilisé dans la

digestion. C'est ainsi que chez les oursins, ou châtaignes de mer, si communs sur nos côtes, l'appareil digestif peut prendre le nom de tube, car il traverse le corps de l'animal.

Chez les mollusques et les articulés, l'appareil digestif présente toujours cette forme tubulaire, et offre deux orifices, l'un destiné à l'introduction des aliments, l'autre à l'expulsion des fèces. Ce conduit présente ordinairement une ou plusieurs dilatations, dont la principale constitue l'estomac

ABSORPTION.

Absorption en général. — Absorption par les vaisseaux chilifères et par les veines.

28. **Absorption en général.** — *L'absorption est une fonction par laquelle les animaux font pénétrer dans leur organisme les liquides ou les gaz qui sont en contact avec eux, ainsi que les principes élaborés pendant la digestion.*

Lorsque les sucs digestifs ont agi sur les aliments et les ont transformés en une masse pulpeuse et demi-fluide appelée chyle, alors commencent les phénomènes de l'absorption destinés à faire pénétrer dans la masse du sang les matières élaborées pendant la digestion.

Tous les tissus vivants sont plus ou moins perméables, c'est-à-dire que tous laissent passer les liquides à travers leur substance après la mort aussi bien que pendant la vie. Ce fait est connu pour ainsi dire de tout temps. Les parois des vaisseaux sanguins aussi bien que celles des vaisseaux chylifères ou lymphatiques sont plus ou moins perméables et s'imbibent des liquides qui baignent leur surface. Il ne suffit cependant pas que ces parois soient perméables, il faut encore, pour que les liquides les traversent, qu'ils soient poussés dans les interstices des tissus par une force motrice quelconque.

L'influence de la capillarité doit entrer en première ligne dans l'explication de ce phénomène. On sait en effet que l'eau et d'autres liquides s'élèvent dans les tubes étroits dits capillaires, malgré l'influence de la pesanteur, qui tend à les faire tomber. On peut regarder les tissus organiques de l'économie comme criblés de petites ouvertures que nous ne pouvons voir à l'aide de nos moyens d'investigation ordinaires, et en communication les unes avec les autres. On peut donc considérer ces espèces de petits canalicules comme autant de tubes capillaires dont les parois tendent à attirer les liquides Lorsque cette première puissance a ainsi agi, les forces osmotiques entrent en jeu.

29. **Phénomènes d'osmose.** — Les phénomènes d'*osmose*, découverts par Dutrochet, jouent en effet un grand rôle dans la marche des liquides de l'organisme. — On remarque que si deux liquides de densités différentes se trouvent en présence, séparés seulement par une membrane

animale ou végétale, ils tendent à se mêler, des courants s'établissent à travers la membrane; en général ceux qui vont du liquide le moins dense vers le plus dense sont plus rapides que les autres. De sorte que le liquide dont la densité est la plus forte augmente de volume aux dépens du liquide dont la densité est moindre.

Si par exemple on place une dissolution de sucre ou de gomme dans l'intérieur d'une petite vessie à laquelle est fixé un long tube, et si l'on plonge ce petit appareil dans de l'eau pure, cette dernière traversera plus facilement les parois du sac que ne pourra le faire la dissolution du sucre; le liquide s'accumulera alors dans l'intérieur de l'appareil et s'élèvera dans le tube. En même temps une certaine proportion de la solution sucrée sortira de la vessie pour aller se mêler en faible proportion à l'eau extérieure.

Ces phénomènes considérés dans leur ensemble prennent le nom d'*osmose*. On appelle *endosmose* le courant du liquide plus dense vers le liquide moins dense, et *exosmose* le courant en sens contraire.

Chez les animaux ainsi que chez les végétaux les actions osmotiques s'exercent à chaque instant. En effet, la plupart des sucs élaborés que l'on rencontre dans les tissus vivants peuvent agir sur les liquides environnants, comme la dissolution sucrée agissait sur l'eau; et une fois que ces liquides ont pénétré dans les vaisseaux, ils sont entraînés par le torrent circulatoire et se répandent dans l'organisme.

L'absorption chez l'homme se fait de deux manières : par les veines et par les *vaisseaux lymphatiques*. Ces derniers sont répandus dans tout le corps; ils naissent dans l'épaisseur des organes, se réunissent en branches, puis en troncs, et vont se jeter dans les veines. Dans leur intérieur se trouvent des replis membraneux ou valvules servant à régler le cours de la lymphe, car ils peuvent s'ouvrir dans le sens du cours de ce liquide, mais se ferment quand ils sont poussés en sens contraire.

Les vaisseaux lymphatiques qui naissent dans l'intestin et qui sont destinés à l'absorption des matières digérées, portent le nom de vaisseaux chylifères.

30. **Absorption par les vaisseaux chylifères.**— Si l'on ouvre l'abdomen d'un animal en voie de digestion, on voit un grand nombre de petits vaisseaux blanchâtres ramper à la surface du mésentère de l'intestin grêle. Ces vaisseaux naissent dans l'intérieur des villosités intestinales, se réunissent en branches, puis en troncs, traversent de petites masses formées par le pelotonnement de ces vaisseaux et appelées ganglions, puis vont déboucher dans un canal qui remonte dans l'abdomen et le thorax, le long de la colonne vertébrale, et va s'ouvrir dans la veine sous-clavière gauche. Ce tronc est appelé *canal thoracique*.

Quand l'animal est à jeun, ces petits vaisseaux connus des anatomistes sous le nom de chylifères ou lactés, ne s'aperçoivent pas; leurs parois sont transparentes et se confondent avec les lames du péritoine entre lesquelles ils rampent. L'aspect lactescent qu'ils présentent au moment de la digestion est dû seulement à la présence du chyle dans leur intérieur.

Le *chyle* offre en général une couleur blanche et opaline, due à la présence de particules graisseuses qui s'y trouvent suspendues; il est puisé dans l'intestin grêle par les villosités, puis passe dans les vaisseaux chylifères, traverse les ganglions pour se rendre dans le canal thoracique, qui le conduit jusqu'au système circulatoire. Dans ce trajet, la constitution du chyle se modifie considérablement. Au sortir de l'intestin il contient une quantité notable d'albumine; mais à mesure qu'il chemine dans les vaisseaux, il se charge de fibrine; de sorte que lorsqu'il est extrait du corps, il se coagule comme du sang.

31. **Absorption par les veines.** — La plupart des liquides qui arrivent dans l'estomac sont absorbés directement par les veines qui serpentent dans l'épaisseur des parois de ce viscère et des intestins grêles. Chez quelques animaux c'est même la seule voie par où se fait l'absorption. On a cru longtemps qu'elle devait être la seule; puis quand on eut découvert les vaisseaux lymphatiques, on tomba dans l'excès contraire et on nia complétement l'action absorbante des vaisseaux sanguins. Un physiologiste célèbre, Magendie, démontra que les vaisseaux sanguins étaient pourvus de parois perméables et qu'ils pouvaient servir au transport des matières liquides du dehors dans l'économie. Pour cela il coupa toutes les parties molles, ainsi que les os de la jambe d'un chien, ne laissant cette partie en communication avec le reste du corps que par l'artère et la veine qu'il avait ménagées à dessein; de cette manière il avait détruit tous les vaisseaux lymphatiques; il injecta alors sous la peau de la jambe ainsi préparée de l'extrait de noix vomique; l'absorption de cette substance toxique se fit presque instantanément et l'animal mourut; en liant les veines de la jambe, il constata que l'on pouvait retarder presque indéfiniment l'empoisonnement, mais qu'aussitôt après que la ligature était défaite, les effets de la noix vomique se faisaient sentir. L'expérience était concluante, cependant on lui objecta que le long des parois des veines et des artères de la jambe, conservées dans cette opération, il pouvait y avoir encore quelques lymphatiques. Pour répondre à cette objection, Magendie remplaça la veine et l'artère par des tubes de verre, dans lesquels circulait le sang et qui établissaient la communication entre le corps et la jambe de l'animal en expérience. De cette manière l'absorption du poison déposé dans le pied ne pouvait être attribuée qu'aux veines.

DU SANG.

32. **Composition du sang.** — Le sang peut être appelé le liquide nourricier de l'économie. En effet, c'est lui qui entretient la

vie des organes et qui fournit les matériaux nécessaires à leur nutrition.

Chez l'homme et les animaux supérieurs, le sang présente une couleur rouge intense; c'est un liquide fluide pendant la vie, et qui, après la mort, se coagule, c'est-à-dire se prend en une masse solide que l'on nomme le *caillot*, tandis qu'il reste un liquide jaunâtre que l'on appelle le *sérum*.

Le caillot se compose des globules du sang emprisonnés dans les mailles de la fibrine coagulée.

La *fibrine* est une substance albuminoïde qui, pendant la vie, paraît être en dissolution dans le sang, mais aussitôt après la mort, au bout de quelques minutes, devient insoluble, se prend en masse et retient les globules qui se trouvent en suspension dans le sang. D'abord le caillot est peu dense et très-chargé de sérum; puis peu à peu les mailles de la fibrine se resserrent et expriment le liquide qu'elles contenaient; aussi, si l'on veut empêcher la coagulation du sang, il faut enlever la fibrine. Cette opération ne présente aucune difficulté; il suffit pour cela de battre le sang au sortir de la veine, avec des baguettes; la fibrine s'y attache, et la formation du caillot devient impossible. La fibrine que l'on obtient ainsi se présente sous la forme de filaments blancs et élastiques. On peut encore se procurer cette substance d'une autre manière. Si l'on jette du sang sur un filtre, après y avoir mêlé du sucre ou du sel pour retarder la coagulation, les globules ne pourront pas passer à travers les pores du papier, et lorsque la fibrine se coagulera, elle formera dans le liquide filtré un caillot blanc ou jaunâtre.

33. **Globules du sang.** — Les globules du sang avaient été entrevus en 1665, par Malpighi, qui les avait pris pour des gouttelettes de graisse Un autre micrographe, Leuwenhoeck, reprit cette étude et reconnut leur véritable nature.

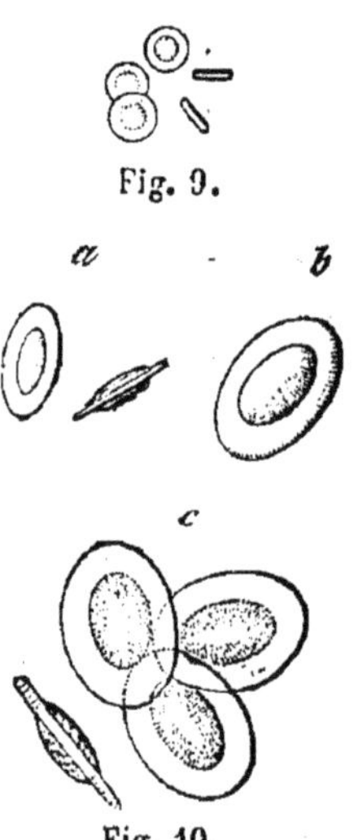

Fig. 9.

Fig. 10.

Ces globules, en général d'une petitesse extrême, varient de forme et de grandeur suivant les animaux. Chez les mammifères ils ont la forme d'un disque, et sont très-petits; chez l'homme (*fig.* 9), ils atteignent $\frac{1}{125}$ de millimètre; chez la chèvre, $\frac{1}{250}$ de millimètre; ils présentent la forme d'une lentille biconcave; aussi la dépression qu'ils offrent au centre a-t-elle été longtemps prise pour un noyau. Chez les oiseaux *a* (*fig.* 10), les batraciens *b*, les reptiles et les poissons *c*, les globules du sang sont elliptiques. Chez les oiseaux ils sont plus grands que chez les mammifères; enfin chez les poissons et les batraciens, leur taille augmente beaucoup. Ainsi, chez le Protée, batracien qui vit dans les lacs souterrains de la Carniole, ils atteignent $\frac{1}{17}$ de millimètre.

Chez tous ces animaux on trouve un noyau au centre du globule.

Il est une exception très-remarquable à noter, c'est que parmi les mammifères, qui ont d'ordinaire les globules du sang circulaires, la famille des caméliens, c'est-à-dire les chameaux et les lamas, présentent des globules elliptiques.

Il paraîtrait aussi que parmi les poissons, les globules du sang des lamproies seraient circulaires. Ces globules ont toujours les mêmes dimensions chez le même animal.

Indépendamment de ces corpuscules auxquels le sang doit sa couleur rouge on trouve aussi dans ce liquide de grands globules incolores appelés *globules blancs* et d'autres beaucoup plus petits nommés *globulins*. Leur importance est d'ailleurs assez faible.

Le sérum du sang contient de l'albumine que l'on peut facilement faire coaguler par la chaleur, et des sels minéraux que l'on extrait par l'évaporation du liquide débarrassé de l'albumine.

Chez tous les vertébrés le sang est rouge et présente à peu près la même composition. (Chez l'amphioxus, cependant le sang est blanc.) Chez les invertébrés, dans la plupart des cas, le sang est incolore; lorsqu'il est coloré, il doit sa coloration, non pas aux globules, mais au liquide. Ces différences de teintes ne sont d'ailleurs d'aucune importance physiologique, car dans des espèces d'annélides très-voisines on trouve du sang, tantôt vert, tantôt rouge, tantôt bleu, tantôt blanc.

34. Propriétés physiologiques et usages du sang. — Le sang est l'agent indispensable de l'activité vitale. Sans lui aucune fonction ne peut s'exécuter, et s'il vient à faire défaut, l'animal tombe dans un état de faiblesse extrême, puis meurt.

C'est ainsi que si l'on ouvre une artère, et que l'on laisse le sang s'écouler, l'animal s'affaiblit peu à peu, perd le sentiment et le mouvement, et si l'on n'arrête pas l'écoulement de ce liquide, la mort arrive par *hémorraghie*, quand l'animal a perdu environ $\frac{1}{20}$ de son poids. Mais si après avoir oblitéré l'artère, on fait rentrer dans les vaisseaux, à l'aide d'une seringue, le sang qui vient de s'écouler, on verra l'animal se relever, et au bout de quelques instants, ses fonctions se rétabliront, comme si rien ne s'était passé. Cette expérience avait donné aux médecins du dix-septième siècle, la pensée de guérir les maladies par la *transfusion*, c'est-à-dire en substituant au sang d'un malade, le sang d'un animal bien portant. Le plus souvent ils choisissaient du sang de bœuf ou de mouton, pour l'injecter dans les veines de l'homme, et toujours leurs expériences étaient suivies de la mort du patient. Enfin, un arrêt du parlement défendit ces expériences. Il y a près de trente ans, ce sujet a été repris, et l'on a vu que les expériences de transfusion pouvaient réussir, lorsque l'on employait le sang d'un animal de la même espèce que celui sur lequel on expérimentait; que, dans le cas contraire, la mort était la conséquence infaillible de l'opération. On a constaté également que du sang privé de globules n'agissait pas, et que du sang dépouillé de fibrine, ranimait l'animal, mais ne le rétablissait jamais complétement.

Quand le sang, par une cause quelconque, ne peut plus se rendre dans un organe, cet organe, ne tarde pas à s'atrophier et à périr; si, pendant un instant seulement, le cerveau ne reçoit plus de sang, l'animal tombe en syncope.

Au contraire, lorsqu'un organe ou une partie quelconque du corps reçoit beaucoup de sang, quand la circulation y est rapide, cette partie prend un grand développement; c'est pour cette raison que l'exercice musculaire qui active la circulation a, en général, pour résultat l'augmentation de volume des membres qui en sont le siége.

Si l'on examine le sang dans les différentes parties du corps, on ne lui trouve pas partout le même aspect; tantôt il est d'un rouge vif, quelquefois, au contraire, il est noirâtre. Le premier porte le nom de sang artériel, le second celui de sang veineux. Les usages de ces deux sangs ne sont pas les mêmes dans l'économie. Ainsi le sang noir ne peut entretenir la vie des organes; si l'on fait arriver du sang noir au cerveau, l'animal tombe en léthargie. Le sang rouge, en agissant sur l'économie, devient noir. Celui-ci, en traversant les poumons, redevient rouge. D'après ces résultats, on voit combien il est nécessaire que le sang circule dans l'organisme, et qu'après avoir été en contact avec les organes, il puisse venir se revivifier dans les poumons.

Pour que la circulation puisse s'effectuer, il faut que le liquide nourricier soit contenu dans un système de cavités, et qu'il y soit mis en mouvement d'une manière quelconque.

CIRCULATION DU SANG.

Phénomènes généraux de la circulation. — Appareil circulatoire. — Cœur. — Artères. — Veines. — Appareil circulatoire dans les diverses classes du règne animal. — Mécanisme de la circulation.

35. Chez les animaux supérieurs, le système circulatoire arrive à un haut degré de perfection. Nous allons d'abord l'étudier dans sa plus grande complication, puis nous suivrons ses modifications dans les différents groupes du règne animal.

Chez les animaux supérieurs, la circulation se fait au moyen d'un organe d'impulsion, le *cœur*, et de vaisseaux, les *artères* et les *veines*.

Les *artères* servent à porter le sang du cœur dans l'épaisseur des organes.

Les *veines* rapportent le sang des organes au cœur.

Les artères se divisent à l'infini et se terminent par des ramuscules extrêmement déliés, désignés sous le nom de *vaisseaux capillaires*, qui se continuent avec les premières ramifications des veines, de façon à former un cercle continu.

On appelle *grande circulation* celle qui se fait dans tout le corps, qui sert à la nutrition des tissus, et *petite circulation* celle qui se fait dans les poumons, et qui ne sert qu'à la respiration. Il y aura donc deux ordres de vaisseaux capillaires : l'un dans les poumons, l'autre dans l'épaisseur des organes.

36. **Cœur.** — Chez l'homme et chez les mammifères, le cœur (*fig.* 11 et 12) est logé dans le thorax, entre les poumons; sa forme a de l'analogie

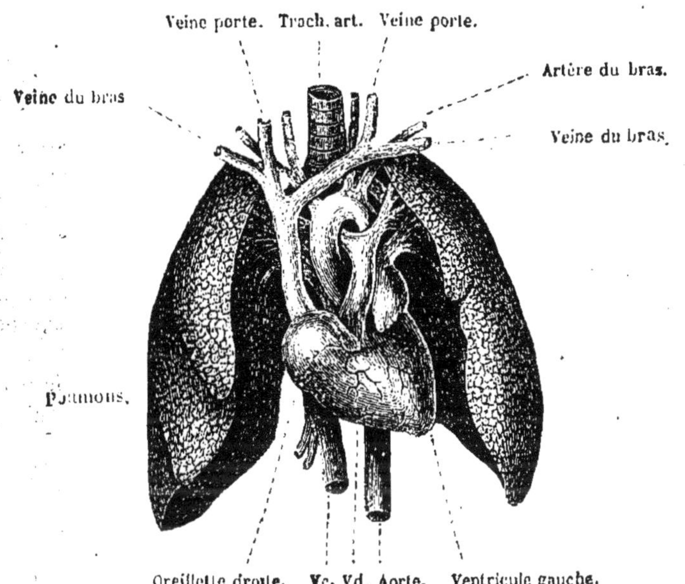

Fig. 11. — Cœur et poumons.

avec celle d'une poire; sa pointe regarde à gauche et en bas. Il est enveloppé dans une membrane séreuse, fine et transparente, nommée *péricarde*, et est suspendu par les gros vaisseaux qui naissent à sa partie supérieure.

Le cœur chez les oiseaux et chez les mammifères est creusé à son intérieur de quatre cavités : deux supérieures, appelées *oreillettes*, et deux inférieures ou *ventricules*. Les oreillettes communiquent chacune avec le ventricule placé au-dessous; mais elles sont complétement séparées l'une de l'autre. Il en est de même pour les ventricules.

Les parois musculaires du cœur sont très-épaisses, surtout dans la partie inférieure qui constitue les ventricules. Chez la plupart des mammifères les fibres musculaires se continuent sans interruption d'un ventricule à l'autre, de façon à les unir d'une manière intime. Chez le dugong ils sont en grande partie séparés ainsi que les oreillettes, de sorte

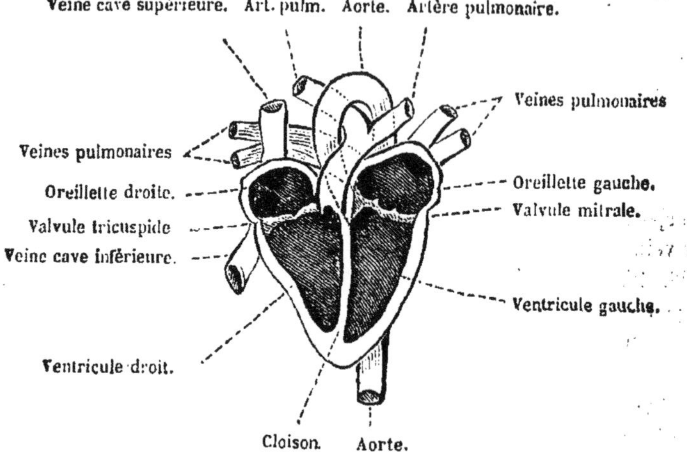

Fig. 12. — Coupe du cœur.

qu'il semble y avoir deux cœurs simples. Les parois du ventricule gauche sont plus puissantes que celles du ventricule droit. Car, comme nous le verrons, elles doivent déployer plus de force que celles de ce dernier ventricule. Ces cavités communiquent avec les oreillettes placées au-dessus par des orifices appelés *auriculo-ventriculaires*, et fermés par des valvules (*fig.* 14). Les parois des oreillettes sont peu musculaires et presque membraneuses. En effet, elles doivent seulement envoyer le sang aux ventricules placés au-dessous d'elles; la force qu'elles ont à déployer est donc peu considérable.

37. **Veines et artères.** —Les vaisseaux sanguins sont, comme nous l'avons dit, de deux sortes :

1° Les artères qui, du cœur, portent le sang aux extrémités;

2° Les veines qui, des extrémités, rapportent le sang au cœur.

Les artères et les veines sont formées d'une membrane interne, mince et analogue aux membranes séreuses, et d'une membrane externe, formée de tissu cellulaire.

Dans les artères, entre ces deux tuniques, on en trouve une troisième d'un tissu jaune et très-élastique, qui donne à ce vaisseau des propriétés toutes spéciales. Effectivement, à raison de l'élasticité de ce tissu, les artères ne reviennent jamais sur elles-mêmes. Si, par hasard, elles viennent à être entamées; l'ouverture reste béante et ne se referme pas. Les veines qui, au contraire, manquent de la tunique élastique, ont des parois flasques qui reviennent facilement sur elles-mêmes; aussi, lorsqu'elles sont blessées, l'ouverture ne reste pas béante, et la cicatrisation s'effectue rapidement.

A mesure que les artères s'éloignent du cœur, elles se divisent en branches de plus en plus ténues. Les veines marchent en sens inverse et, par conséquent, se réunissent en branches de plus en plus grosses, pour se terminer au cœur par deux gros troncs. On a comparé ces deux systèmes de vaisseaux à un arbre dont le tronc serait courbé de façon que les dernières branches viendraient se confondre avec les dernières ramifications des racines.

On appelle *vaisseaux capillaires* l'assemblage de tubes déliés qui est interposé entre les dernières ramifications des artères et les premières des veines.

38. *Distribution des artères.* — Toutes les artères qui se distribuent au corps naissent par un seul tronc qui part du ventricule gauche et qui a reçu le nom d'artère *aorte* (*fig.* 11 et 12). Cette artère remonte vers la base du cou, puis se courbe en bas en formant la *crosse de l'aorte*, enfin elle descend le long de la colonne vertébrale jusque dans l'extrémité de l'abdomen où elle se divise en deux branches. Dans ce trajet elle donne naissance à un grand nombre d'artères, dont les plus importantes sont :

1° Les *artères carotides*, qui portent le sang à la tête;

2° Les artères qui se rendent aux membres antérieurs, et qui, à raison des régions qu'elles traversent, ont été désignées sous le nom de *sous-clavières*, *axillaires*, *brachiales*, *radiales* et *cubitales;*

3° Les *artères intercostales*, qui partent de chaque côté de l'aorte et suivent le bord des côtes.

4° Le *tronc cœliaque*, qui se divise en trois branches principales qui se rendent au foie, à l'estomac;

5° Les *artères mésentériques*, supérieure et inférieure, qui se rendent aux intestins grêles et au gros intestin;

6° Les *artères rénales*, qui se ramifient dans les reins.

7° Enfin les *artères iliaques*, qui peuvent être considérées comme le résultat de la bifurcation de l'aorte; elles se rendent aux membres inférieurs. Dans la cuisse elles prennent le nom d'artères *fémorales*, puis se divisent en plusieurs branches qui se ramifient dans la jambe et le pied.

39. *Distribution des veines.* — Les veines sont plus grosses et plus nombreuses que les artères; elles les accompagnent en général dans leur trajet. Le long d'une seule artère on voit souvent deux veines : il y en a aussi un grand nombre placées superficiellement. Cette disposition a sa raison d'être, car les artères dont les blessures ne peuvent pas se cicatriser doivent être mieux protégées et situées plus profondément. Les

veines se réunissent pour former deux gros troncs qui s'ouvrent dans l'oreillette droite du cœur et qui sont désignés sous le nom de *veines caves inférieure* (*fig.* 11) et *supérieure*.

Il existe dans l'intérieur des veines, des replis membraneux, disposés en manière de soupapes ou *valvules*, et destinés à empêcher le sang de revenir sur ses pas.

Si une pression accidentelle se fait sur une veine, la circulation, au lieu d'être ralentie, est alors activée; car le sang, ne pouvant revenir sur ses pas, est poussé vers le cœur.

Chez les mammifères et les oiseaux, ce système de valvules est très développé; chez les poissons il manque.

Les veines de l'intestin présentent des particularités importantes à noter : après s'être réunies en tronc, elles pénètrent dans le foie, s'y ramifient de nouveau, à la manière des artères, pour se réunir ensuite et déboucher dans la veine cave inférieure. Ce système de canaux est appelé *système de la veine porte*. Il est à remarquer qu'il est complétement dépourvu de valvules.

40. **Circulation pulmonaire.** — C'est à l'aide de tout cet ensemble de veines et d'artères que se fait la grande circulation. La petite, ou circulation pulmonaire, s'effectue à l'aide d'un vaisseau appelé *artère pulmonaire* (*fig.* 12), qui, partant du ventricule droit, se rend aux poumons; le sang revient ensuite dans l'oreillette gauche par la *veine pulmonaire*, d'où il passe dans le ventricule gauche pour pénétrer ensuite dans l'aorte.

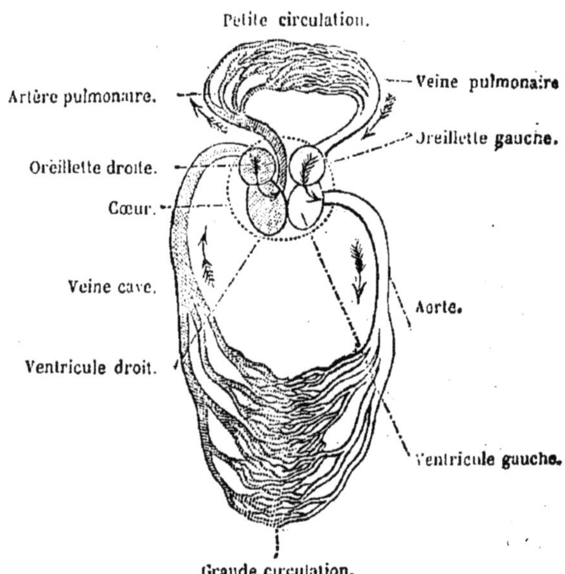

Fig. 13. — Figure théorique de la circulation dans les Mammifères.

Par conséquent, si nous suivons rapidement la marche du fluide sanguin (*fig.* 13), nous verrons qu'après avoir servi à la nutrition des organes et s'être dépouillé de son oxygène, il revient dans l'oreillette droite par les veines caves supérieure et inférieure, passe dans le ventricule droit qui en se contractant le lance dans l'artère pulmonaire; après avoir subi l'influence vivifiante de l'air il revient dans l'oreillette gauche par les veines pulmonaires et passe dans le ventricule gauche, qui l'envoie dans l'aorte.

Le côté droit du cœur n'est donc traversé que par du sang veineux, le côté gauche que par du sang artériel.

41. **Mécanisme de la circulation.** — Si nous cherchons maintenant à nous rendre compte du mécanisme de la circulation, nous verrons que le sang est mis en mouvement par la contraction du cœur; que l'élasticité des artères transforme ce mouvement intermittent en un mouvement continu, et enfin que la direction du courant est réglée par le jeu des valvules.

La contraction des deux ventricules se fait en même temps, puis leurs parois se relâchent; c'est alors que les deux oreillettes se contractent. La contraction porte le nom de *systole*, la dilatation celui de *diastole*. Chez le cheval, le bœuf et les gros mammifères, les mouvements de systole et de diastole sont assez espacés; au contraire chez les petits animaux tels que la souris, le lapin, le chien, etc., ces mouvements sont très-rapprochés en un mot, le *cœur bat vite*. Le ventricule gauche, en se contractant, tend à expulser le sang qui le remplit, or il communique : 1° avec l'oreillette gauche; 2° avec l'aorte. Ces deux orifices sont garnis de valvules; la *valvule mitrale* (*fig.* 14), qui bouche l'orifice auriculo-ventriculaire ne peut s'ouvrir que de haut en bas; les valvules *sygmoïdes*, placées à l'entrée de l'aorte, s'ouvrent au contraire de bas en haut; le sang pressé par la contraction du ventricule s'échappera par conséquent par cet orifice, et lorsqu'il aura pénétré dans l'aorte, il ne pourra retourner en arrière, car les valvules sygmoïdes se seront refermées. Le sang qui aura distendu les parois de l'artère sera alors poussé en avant par l'élasticité propre à ce vaisseau et porté dans le réseau artériel.

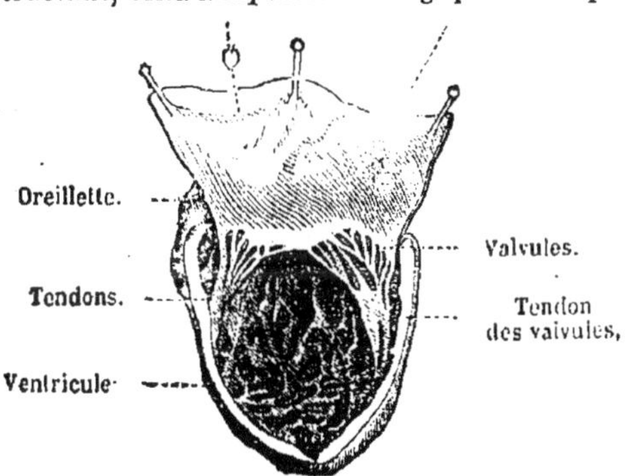

Fig. 14.

Dans les veines, le cours du sang est facilité par le jeu des valvules. Ce liquide ensuite arrive dans l'oreillette droite par les veines caves inférieure et supérieure; de là il passe dans le ventricule droit. Il existe entre ces deux cavités une soupape nommée *valvule tricuspide*, qui empêche le sang de refluer du ventricule dans l'oreillette et le dirige dans les artères pulmonaires.

42. **Phénomène du pouls.** — Le choc que l'on sent en posant le doigt sur certaines artères, et que l'on connaît sous le nom de *pouls*, est produit par l'ampliation du vaisseau sous l'influence de chaque ondée lancée par le cœur. Pour que ce phénomène puisse être perçu il faut que l'artère soit comprimée entre deux objets résistants, un os et le doigt de l'expérimentateur.

La découverte de la circulation du sang date de 1619 et est due à Harvey, médecin du roi d'Angleterre Charles Ier; il fit connaître d'une façon évidente le cours du sang dans les artères et dans les veines, mais il ne put découvrir quelle voie suivait ce liquide pour passer de l'un de ces systèmes de canaux dans l'autre.

Malpighi (1669), en examinant au microscope le poumon d'une grenouille vivante, y vit que les artères se divisaient à l'infini et que leurs dernières ramifications se continuaient avec les premières ramifications des veines; il vit les globules du sang circuler dans ce *réseau capillaire*; dès cet instant rien ne restait à expliquer dans le phénomène de la circulation.

Chez tous les animaux la circulation ne s'effectue pas d'une manière aussi parfaite que chez l'homme et les mammifères. Chez tous les vertébrés cependant le mécanisme général de la circulation paraît dériver du type général que nous venons d'étudier chez les mammifères et les oiseaux; mais chez les invertébrés il peut en être autrement, et le sang ou plutôt le liquide nourricier pourra, comme nous le verrons plus loin, être simplement répandu entre les organes. Quelquefois même l'organe d'impulsion, ou cœur, pourra manquer complètement.

43. **Circulation des reptiles.** — Chez les reptiles (*fig.* 15 et 16), le cœur se compose de trois cavités : un ventricule et deux oreillettes, et à cause de cette disposition le corps reçoit un mélange de sang veineux et de sang artériel; en effet, le sang veineux venant des diverses parties du corps se rend dans l'oreillette droite, et de là passe dans le ventricule unique. En même temps le sang artériel venant des poumons arrive dans l'oreillette gauche, puis dans le ventricule; là, les deux sangs se mêlent. Alors le ventricule, en se contractant, envoie à la fois le fluide nourricier en partie aux poumons et en partie au corps.

Chez les crocodiles (*fig.* 17), le cœur ressemble à celui des mammifères et des oiseaux, et présente quatre cavités : deux ventricules et deux oreillettes. Malgré cette particularité d'organisation, la partie antérieure du corps seule reçoit du sang artériel pur, la partie postérieure ne reçoit qu'un mélange de ce sang avec le sang veineux; ce résultat est dû à ce que de chaque ventricule part une artère aorte, et

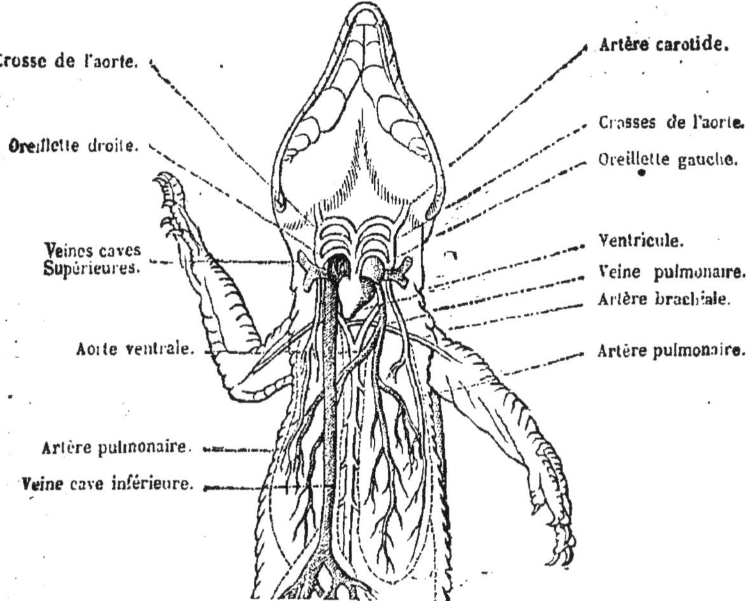

Fig. 15. — Circulation du Lézard.

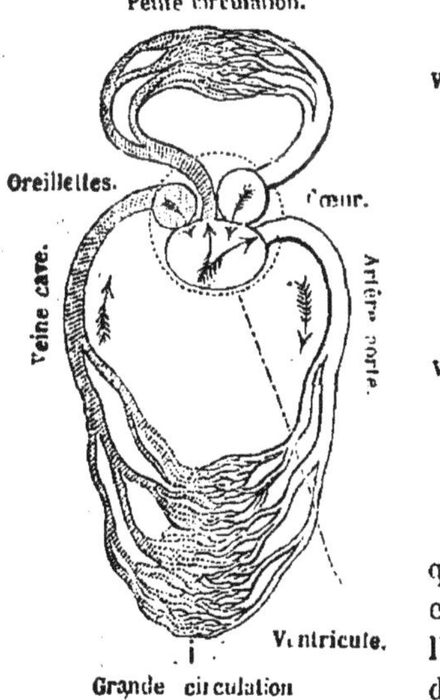

Fig. 16.
Circulation des Reptiles.

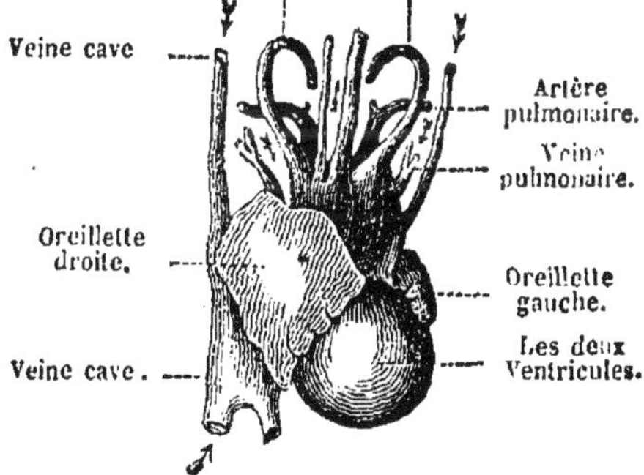

Fig. 17. — Cœur de Crocodile.

que ces vaisseaux communiquent entre eux ; l'une reçoit donc du sang veineux, l'autre du sang artériel; mais à peu de distance du cœur, ces deux vaisseaux se réunissent et les deux sangs se mélangent Quelques branches partent de l'aorte artérielle avant son point de réunion avec sa congénère, et se rendent dans la tête, c'est ainsi que cette partie reçoit seule du sang artériel.

44. Circulation des poissons. — Chez les poissons (*fig.* 18, 19),

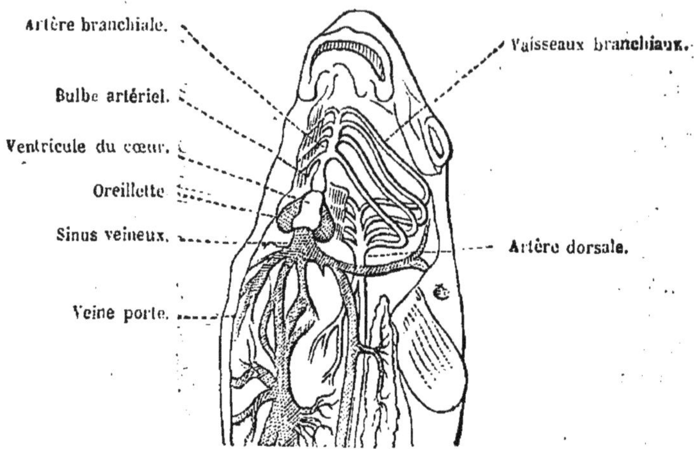

Fig. 18. — Circulation dans les Poissons.

le cœur se compose d'un seul ventricule et d'une seule oreillette et n'est jamais traversé que par du sang veineux ; en effet, le ventricule, par sa contraction, chasse le sang dans l'appareil branchial, où il subit l'influence vivifiante de l'air; de là il se rend dans les différents vaisseaux de l'organisme, se réunit ensuite dans une espèce de sinus situé au-dessous de l'oreillette, passe dans celle-ci pour être de nouveau poussé dans le ventricule. Le cœur n'est traversé, chez ces animaux, que par du sang veineux

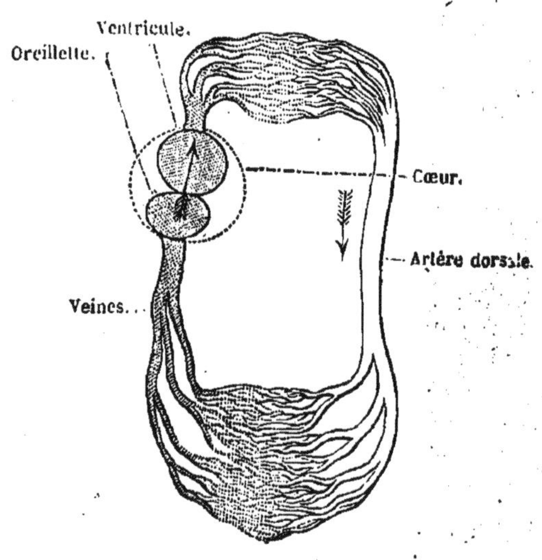

Fig. 19. — Circulation des Poissons.

45. — Circulation des invertébrés. — Chez les invertébrés

l'appareil circulatoire est loin de présenter les degrés de perfectionnement et de complication que nous venons de rencontrer chez les animaux vertébrés. Chez la plupart il n'existe de vaisseaux sanguins que sur une faible partie du parcours du sang, de façon que celui-ci tombe dans les lacunes qui existent entre les organes.

46. **Vers.** — Cependant chez les vers l'appareil vasculaire est clos et se compose de vaisseaux disposés longitudinalement le long du corps et reliés entre eux par quelques branches transversales. Il n'existe pas de cœur; mais les parois des vaisseaux sont contractiles, et mettent ainsi le sang en mouvement. Chez tous les autres articulés, le système circulatoire n'est pas complet, c'est-à-dire que les vaisseaux perdent leurs parois sur une partie de leurs parcours, et le sang tombe dans les interstices des organes.

47. **Insectes.** — Chez les insectes (*fig.* 20), il existe sur le dos un vaisseau contractile suspendu par des brides musculaires, et présentant de distance en distance des étranglements. Des ouvertures sont placées sur les côtés et garnies de valvules qui ne s'ouvrent que d'arrière en avant.

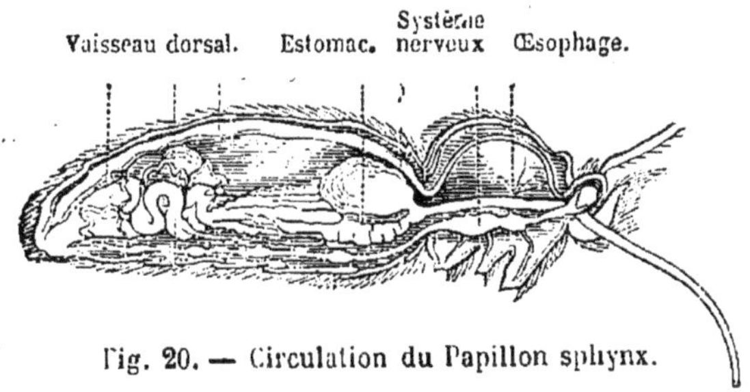

Fig. 20. — Circulation du Papillon sphynx.

Ce vaisseau porte le nom de *vaisseau dorsal;* le sang y entre aussi bien par son extrémité postérieure que par les ouvertures latérales, puis est chassé en avant par ses contractions jusque dans la région céphalique, où il tombe alors dans le système lacunaire. Chez ces animaux il n'y a ni artères ni veines.

48. **Arachnides.** — Chez les arachnides on voit quelques canaux s'ajouter au vaisseau dorsal et le système vasculaire se compliquer de plus en plus.

49. **Crustacés.** — Chez les crustacés les plus inférieurs on trouve encore un vaisseau dorsal; mais chez les écrevisses et les crabes il existe un cœur situé dans la région thoracique et donnant naissance à un grand nombre d'artères, dont les branches terminales perdent leurs parois et se confondent avec les lacunes. Le sang se rend ensuite dans les branchies, puis, par un système particulier de tubes, revient au cœur, qui ne se

compose que d'un ventricule (*fig.* 21). Cet organe est donc encore aortique, c'est-à-dire artériel, et le cercle vasculaire est incomplet.

50. **Mollusques**. — Chez tous les mollusques (*fig.* 22) la circulation est également en partie lacunaire, et le système vasculaire manque de parois sur une partie plus ou moins longue de son trajet. Le cœur se compose d'un ventricule et d'une ou de deux oreillettes, il est situé sur le trajet du sang artériel et donne naissance à des artères qui portent le fluide nourricier dans l'épaisseur des organes. De là le sang tombe dans les lacunes, puis arrive dans les

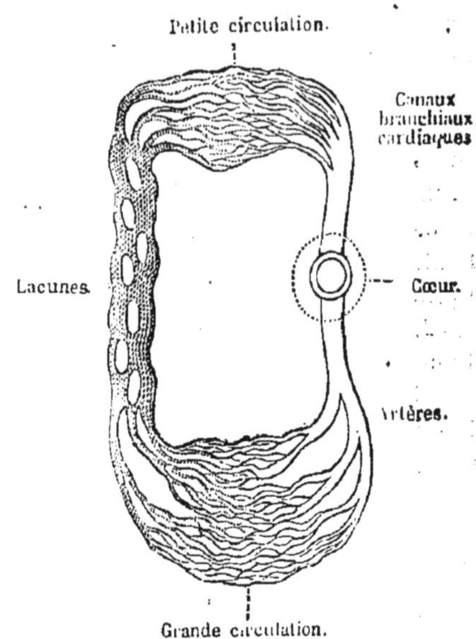

Fig. 21. — Circulation des Crustacés.

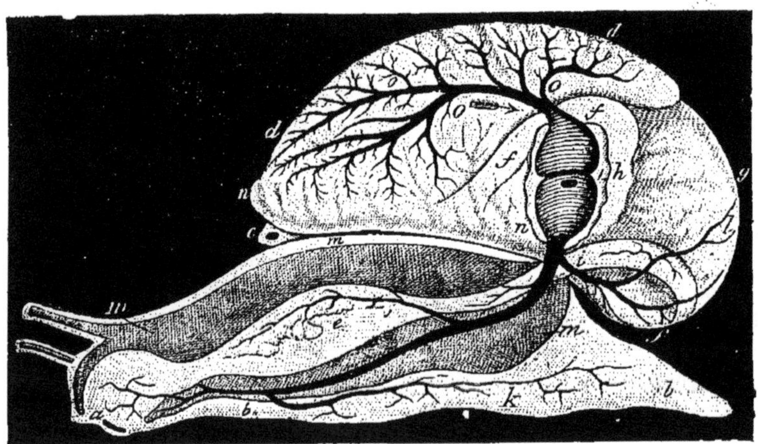

Fig. 22. — Circulation du Colimaçon [1].

[1] *a* bouche. — *bb* pied. — *c* l'anus. — *dd* poumon. — *e* estomac. — *ff* intestin. — *g* foie. — *h* cœur. — *i* artère aorte. — *j* artère gastrique. — *l* artère hépatique. — *k* artère du pied. — *mm* cavité abdominale jouant le rôle de sinus veineux. — *nn* canal irrégulier portant le sang de la cavité abdominale au poumon. — *oo* vaisseau qui porte le sang artériel du poumon au cœur.

organes respiratoires où il se canalise de nouveau pour retourner à l'oreillette.

51. **Molluscoïdes.** — Chez les molluscoïdes le tube intestinal est suspendu dans la cavité générale du corps, et c'est dans cette dernière que se trouve renfermé le liquide nourricier, qui chez quelques-uns des animaux de ce groupe est mis en mouvement par une sorte de cœur en forme de tube, qui se contracte indifféremment dans un sens ou dans l'autre, et pousse le sang tantôt de droite à gauche, tantôt de gauche à droite.

52. **Zoophytes.** — Enfin nous avons déjà vu (parag. 23) que chez beaucoup de zoophytes il n'existait aucune différence entre l'appareil digestif et l'appareil circulatoire, et que les matières élaborées pendant la digestion étaient ballottées pendant un certain temps dans la cavité intestinale.

RESPIRATION

Phénomènes chimiques de la respiration. — Asphyxie. — Appareil de respiration aérienne des mammifères, des oiseaux des batraciens, des Reptiles. — Respiration branchiale, trachéenne et cutanée.

53. — *La* RESPIRATION *est une fonction par laquelle le sang veineux chargé d'acide carbonique et impropre à la nutrition des organes perd, dans des organes spéciaux, cet acide carbonique, et se charge d'oxygène qu'il utilise ensuite pour la combustion vitale.*

54. **Phénomènes chimiques de la respiration.** — Nous avons dit que le sang noir, en passant dans l'appareil respiratoire où il se trouve en contact avec l'air, se change en sang rouge, c'est-à-dire en sang artériel. Le sang artériel contient beaucoup plus d'oxygène que le sang veineux, qui est riche en acide carbonique. L'air est donc nécessaire à l'entretien de la vie de tous les êtres organisés, animaux ou végétaux. Quand ce fluide vient à manquer, les êtres vivants ne tardent pas à mourir d'asphyxie. Les animaux qui habitent le fond des eaux respirent au moyen de l'air qui est en dissolution dans ce liquide; et si l'on fait bouillir l'eau de façon à en chasser les gaz qu'elle tenait en dissolution, elle devient impropre à entretenir la vie des poissons et des autres animaux aquatiques qui, au bout d'un court espace de temps, meurent asphyxiés.

L'air qui nous entoure est composé de 21 parties d'oxygène et de 79 d'azote; l'oxygène seul est utilisé dans la respiration, l'azote ne sert qu'à affaiblir son action trop puissante; car à l'état de pureté il serait impropre à l'entretien de la vie.

Si l'on examine les changements que l'air a subis pendant son passage à travers les poumons, on voit qu'il a perdu de l'oxygène et qu'il s'est chargé d'acide carbonique; ce dernier gaz ne peut servir à la respiration : un animal que l'on y plonge ne tarde pas à mourir. Aussi, lorsque dans un espace clos on enferme des êtres vivants, l'air change bientôt de nature, il se charge d'acide carbonique et devient irrespirable. L'air qui a traversé les poumons contient en outre une certaine quantité de vapeur d'eau dont il est facile de constater la présence en expirant sur un corps froid qui en détermine la condensation.

55. — Lavoisier démontra, le premier, les analogies qui existent entre la combustion du charbon et les phénomènes de respiration. Quand le charbon brûle dans l'air, il absorbe l'oxygène et il se produit de l'acide carbonique Dans la respiration le même gaz prend naissance, donc les phénomènes respiratoires sont des phénomènes de combustion. Lavoisier constata que la quantité d'oxygène absorbée n'était pas remplacée par une quantité équivalente d'acide carbonique; il en conclut que l'excès d'oxygène s'était combiné à de l'hydrogène pour former de l'eau.

Ce célèbre chimiste pensait que la combustion respiratoire avait lieu dans les poumons. William Edwards démontra que cette manière de voir était inadmissible, puisque si l'on plonge, pendant quelque temps, un animal dans de l'azote, le dégagement d'acide carbonique continue toujours à se produire. On reconnut alors que cette combustion respiratoire avait lieu dans l'intérieur de tous les organes, et, que dans les poumons, il ne se faisait qu'un échange entre les gaz du sang et ceux de l'air. En effet, le liquide nourricier qui a servi à l'entretien des tissus s'y charge d'acide carbonique, il revient aux poumons; là il se produit de véritables phénomènes d'osmose à travers les parois minces et perméables des vésicules pulmonaires entre les gaz de l'atmosphère et ceux que le sang retient, soit à l'état de dissolution, soit à l'état de combinaison lâche. L'acide carbonique est exhalé tandis que l'oxygène est absorbé, puis transporté dans l'intérieur du corps, où il sert à la combustion, et, là, se change en acide carbonique.

56. **Asphyxie.** — Nous avons déjà eu l'occasion de dire que lorsqu'un animal était soustrait à l'influence vivifiante de l'air, il ne tardait pas à mourir asphyxié.

Tantôt l'asphyxie arrive par le fait seul de la privation d'oxygène et par l'impossibilité où est le sang, resté noir, de servir à la nutrition des tissus; l'asphyxie est dite *négative*, elle se produit quand un animal est plongé dans de l'hydrogène, dans de l'azote ou dans un autre gaz qui n'agit pas comme poison.

Tantôt l'asphyxie est *positive*, c'est-à-dire qu'elle résulte de l'action directe d'un gaz délétère et impropre à la respiration, tel que l'oxyde de carbone, l'acide sufhydrique, le chlore, etc. Le protoxyde d'azote, de même que l'oxygène, transforme le sang veineux en sang artériel; mais il produit, quand on le respire, des désordres nerveux, analogues à ceux de l'ivresse, et qui lui ont fait donner le nom de *gaz hilariant*.

Appareil respiratoire des mammifères. — D'après l'examen des faits qui précèdent on comprend donc qu'il est nécessaire que l'air se renouvelle facilement et continuellement dans l'appareil respiratoire. Cet appareil varie beaucoup suivant les animaux chez lesquels on l'étudie. Nous allons d'abord l'examiner dans sa plus grande complication, c'est-à-dire chez l'homme et chez les mammifères.

Chez ces animaux l'appareil respiratoire se compose :

1° De parties essentielles :

Les poumons et leurs conduits ;

2°. De parties accessoires :

Les muscles qui déterminent l'entrée et la sortie de l'air dans les poumons.

58. **Poumons.** — Les Poumons (*fig.* 23), au nombre de deux, sont logés dans le thorax de chaque côté du cœur. Ils sont enveloppés dans une membrane séreuse, appelée *plèvre*, qui tapisse également les parois thoraciques ; ils se composent d'une multitude de petites cellules ou vésicules dans les parois desquelles existe un riche réseau capillaire ; chacune de ces petites vésicules reçoit un petit conduit aérien, ces conduits se réunissent en branches de plus en plus grosses nommées *bronches*, qui débouchent elles-mêmes dans un tronc nommé *trachée-artère*.

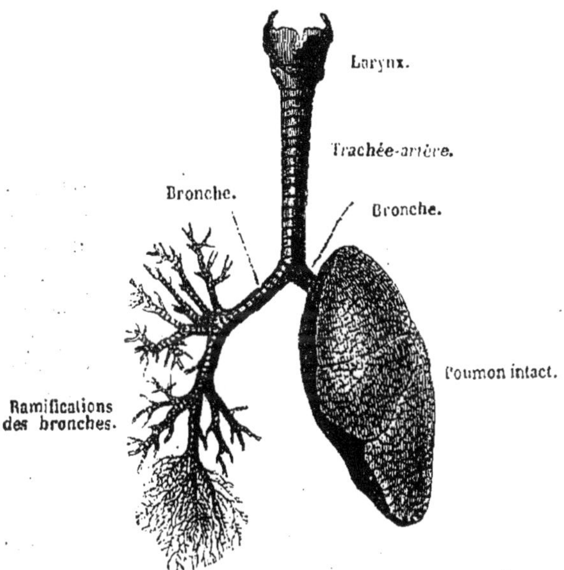

Fig. 23. — Appareil respiratoire de l'Homme.

59. **Trachée-artère.** — La trachée-artère (*fig.* 23), est un tube qui part de l'arrière-bouche, descend le long du cou en avant de l'œsophage ; il est formé d'une suite d'anneaux cartilagineux, interrompus en arrière, de façon à ce que la trachée ne puisse comprimer le tube alimentaire, et

qu'elle ne puisse s'affaisser et rendre ainsi le passage de l'air difficile. Intérieurement elle est tapissée par une membrane muqueuse qui se continue avec celle de la bouche, mais dont la structure est différente. En effet, les cellules dont elle est couverte sont hérissées de cils vibratiles continuellement en mouvement. Ce tube se termine supérieurement par le larynx, organe producteur de la voix.

La longueur de la trachée varie beaucoup suivant les espèces; chez la girafe, par exemple, son développement est considérable, tandis que chez l'ours et beaucoup d'autres animaux dont le cou est court le larynx se termine presque aux poumons.

60. **Mécanisme de l'inspiration et de l'expiration.** — L'entrée de l'air dans les voies respiratoires est déterminée par le jeu des parois de la chambre thoracique qui fonctionnent comme une pompe, tantôt aspirante, tantôt foulante. Ces parois sont formées sur les côtés, par les *côtes* et les *muscles intercostaux*, en bas par le muscle *diaphragme.*

61. **Diaphragme.** — Chez les mammifères, c'est le diaphragme (*fig.* 24) qui concourt avec le plus de puissance aux mouvements respiratoires. Ce muscle présente la forme d'une voûte séparant le thorax de l'abdomen; il prend ses points d'attache sur les côtes et sur la partie lombaire de la colonne vertébrale. En se contractant il se tend, et par conséquent s'applatit; le volume de la cavité thoracique est alors augmenté.

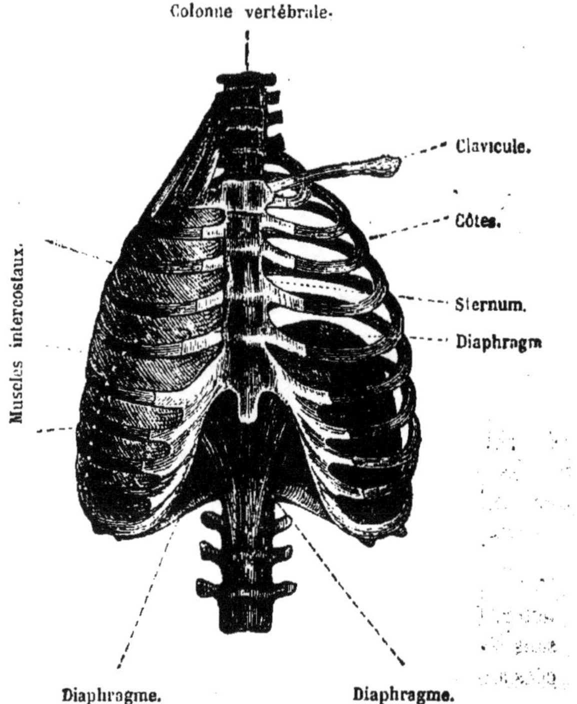

Fig. 24. — Cage thoracique de l'Homme.

62. **Côtes.** — Les côtes (*fig.* 24) qui, réunies au sternum, constituent la charpente solide du thorax ne sont pas immobiles; dans l'état de

repos elles sont obliques et leur partie médiane est plus basse que leurs points d'insertion; par l'action de certains muscles et principalement des intercostaux, elles peuvent s'élever; le diamètre transversal de la poitrine est alors augmenté, et le sternum est poussé en avant. Or, comme les poumons se trouvent placés dans une cavité complétement close, et que la seule communication avec l'extérieur se fait par la trachée-artère, l'air se précipite dans les poumons pour remplir le vide qui se forme dans la cage thoracique.

La manière dont l'air est expiré est beaucoup plus simple; lorsque la contraction des muscles inspirateurs cesse, le tissu du poumon étant élastique, tend à revenir sur lui-même et expulse les gaz contenus dans les vésicules. Le nombre des mouvements d'inspiration varie beaucoup suivant les animaux :

Chez la baleine il est de 4 ou 5 par minute. Chez le cheval et le bœuf, de 10 ou 12. Chez l'homme, de 16 à 20. Chez le chien, de 20 à 25.

63. **Appareil respiratoire des oiseaux.** — L'appareil respiratoire des oiseaux (*fig.* 25), présente des dispositions importantes à

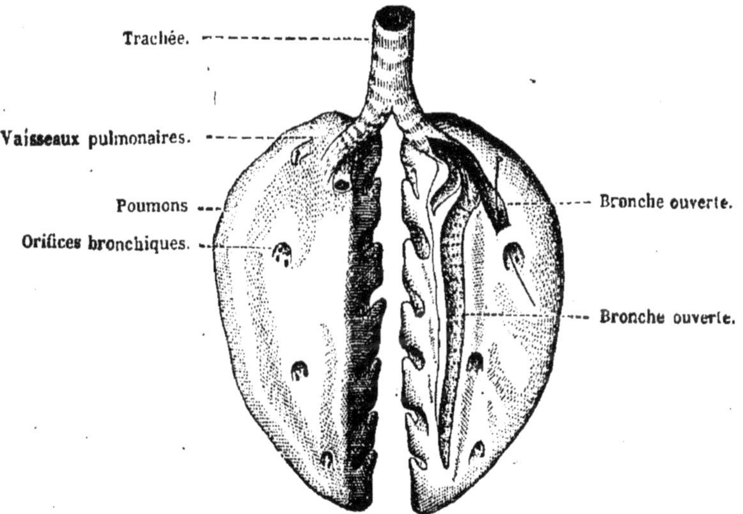

Fig. 25. — Poumons d'Oiseau.

noter. Quelques-uns des gros troncs bronchiques traversent le poumon sans s'y terminer et débouchent dans de grandes poches aériennes placées au-devant du cou, ainsi que dans l'abdomen. L'air peut ainsi arriver jusque dans l'intérieur des os. Le renouvellement de l'air dans ces cavités se fait très-facilement, de sorte qu'un oiseau peut respirer par un orifice accidentel pratiqué dans une des poches abdominales.

Le muscle diaphragme n'est représenté chez les oiseaux que d'une manière très-imparfaite, et les mouvements d'inspiration s'effectuent principalement au moyen des côtes. De plus, les poumons. au lieu d'être libres dans la cavité thoracique, sont adhérents aux côtes.

64. **Appareil respiratoire des reptiles et des batraciens.** — Chez la plupart des reptiles et des batraciens les poumons se présentent sous la forme d'un sac; on y remarque quelques aréoles, mais la division en cellules s'y observe rarement. Chez quelques-uns d'entre eux, les grenouilles par exemple, où il n'y a pas de côtes, l'animal avale l'air et l'introduit dans ses voies aériennes par des mouvements de déglutition.

65. **Respiration branchiale.** — *Poissons.* — Chez les poissons, qui sont destinés à vivre dans l'eau, la respiration ne se fait plus à l'aide des poumons, mais au moyen d'organes appelée *branchies*, consistant en prolongements frangés et membraneux d'une structure extrêmement délicate, très-riches en vaisseaux sanguins et logés dans une cavité située de chaque côté du corps en arrière de la tête, et où l'eau peut facilement circuler, puis s'échapper au dehors par des ouvertures appelées *ouïes*.

66. *Crustacés.* — Chez les crustacés la respiration s'effectue de la même manière, et les branchies sont en général placées sous la carapace de chaque côté du corps.

67. *Vers.* — Chez beaucoup de vers on remarque à la surface du corps des prolongements en forme de panaches ou de franges, où le sang se rend en abondance et subit l'influence de l'air dissous dans l'eau.

68. *Mollusques.* — Chez la plupart des mollusques la respiration se fait également à l'aide de branchies, tantôt logées dans une cavité spéciale, tantôt flottant librement à l'extérieur.

Quelques mollusques, tels que le limaçon respirent à l'aide de poumons.

69. **Respiration trachéenne.** — *Insectes.* — Chez les *insectes* (*fig.* 26), chez les *myriapodes* et chez un grand nombre d'*arachnides* ce n'est plus le sang qui va chercher l'air, c'est au contraire l'air qui circule dans des canaux pour se mettre en contact avec le sang. On voit le long des flancs de l'animal de petites boutonnières, appelées *stigmates*, servant d'orifices à des tubes qui se ramifient de plus en plus et se rendent dans toutes les parties de l'économie. Ces tubes ou *trachées* se composent d'une tunique interne, d'une tunique externe de nature cellulaire et d'une tunique moyenne élastique constituée par un fil roulé en spirale entre la membrane externe et l'interne; ce fil sert à maintenir les trachées toujours béantes.

Les tuniques des trachées ne paraissent pas soudées les unes aux autres, il existe souvent entre elles des espaces vides. Quelques auteurs ont pensé que le sang, en circulant entre ces membranes, subissait l'influence de l'air et que c'était ainsi que s'effectuait la respiration. Mais ce fait n'est pas encore suffisamment prouvé, car la lame de sang, qui peut s'introduire dans l'intervalle laissé entre les tuniques des trachées est tellement faible, que l'effet que pourrait produire son oxygénaiton sur la masse du sang serait presque nulle.

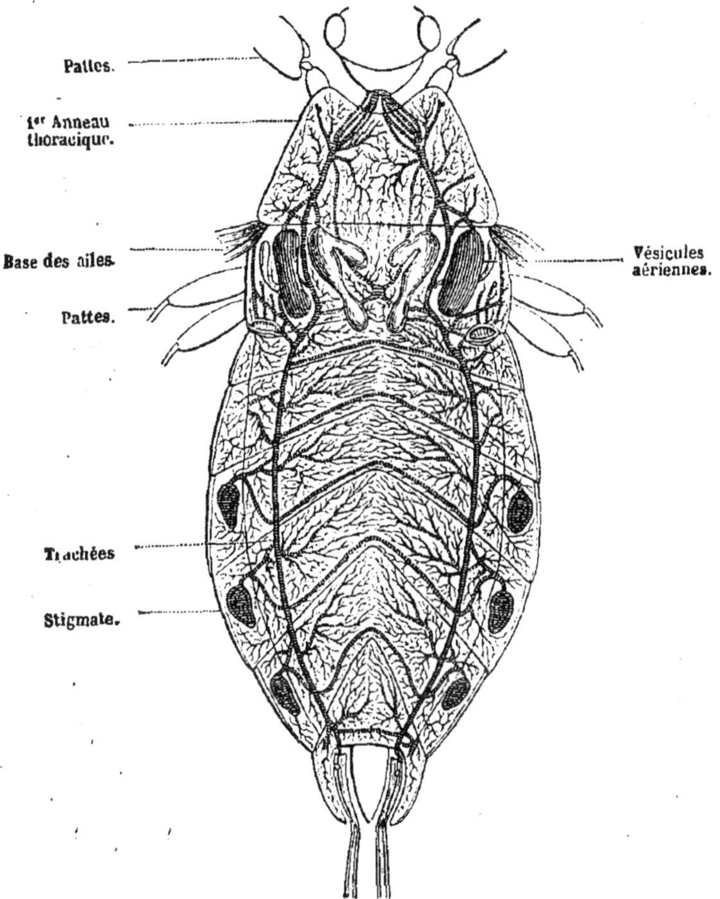

Fig. 26. — Appareil trachéen d'insecte (le Nèpe).

70. *Arachnides.* — Quelques arachnides respirent à la fois par des trachées et par de petits sacs appelés *poches pulmonaires*. Quelques-uns, les araignées ordinaires et les scorpions, par exemple, respirent uniquement à l'aide de ces poches pulmonaires, qui sont logées dans l'abdomen. A raison de cette particularité on les désigne sous le nom d'arachnides pulmonaires.

71. **Respiration cutanée.** — Enfin quelques êtres, d'une organisation dégradée, ne présentent ni poumons, ni branchies, ni trachées. L'échange entre les gaz du liquide nourricier et ceux de l'air se fait à travers la peau. — La peau peut, chez beaucoup d'animaux pourvus de poumons, venir en aide à ces organes et servir jusqu'à un certain point à la respiration. Les grenouilles, par exemple, peuvent vivre longtemps après l'ablation de leurs poumons; mais chez beaucoup d'animaux la peau seule sert à la respiration. Parmi ces derniers on peut citer les zoophytes, et même parmi les annelés, quelques vers sont dans le même cas, les sangsues, par exemple. On a cru pendant quelque temps que de petites poches situées sur les côtés du corps de ces dernières représentaient l'appareil respiratoire; il est connu aujourd'hui que ces petits organes sont des dépendances de l'appareil génital.

CHALEUR ANIMALE

72. — Comme nous l'avons vu, Lavoisier avait reconnu que la respiration n'est qu'un phénomène de combustion dans lequel l'oxygène de l'air brûle le carbone et l'hydrogène de l'organisme pour donner naissance à de l'acide carbonique et à de l'eau. Or, toute combustion entraîne nécessairement une production de chaleur; les animaux sont donc de véritables foyers permanents. Mais tous ne le sont pas au même degré : les uns, tels que l'homme, les oiseaux et les mammifères, produisent beaucoup de chaleur; les autres, tels que les poissons, les reptiles n'en produisent que peu. Cette différence est facilement appréciable, aussi avait-on désigné les premiers sous le nom d'*animaux à sang chaud*, tandis que l'on appelait les autres *animaux à sang froid.* Cette dénomination n'est pas l'expression exacte de la vérité, en ce que les animaux à sang froid produisent une quantité de chaleur faible, il est vrai, mais que l'on peut cependant facilement constater.

73. **Animaux à température constante.** — Les mammifères et les oiseaux, que l'on appelait animaux à sang chaud, ont cela de spécial que leur température est à peu près indépendante des variations de température du milieu ambiant. Aussi doit-on les désigner plutôt sous le nom d'*animaux à température constante.*

74. *Animaux hybernants.* — Certains mammifères ne peuvent produire que peu de chaleur; aussi, en été, leur température s'élève autant que celle des autres animaux de la même classe; mais en hiver elle s'abaisse beaucoup, et ils se refroidissent jusqu'à ce qu'ils tombent dans un état de torpeur et d'engourdissement qui dure autant que le froid. Ces animaux, appelés *hybernants* sont assez nombreux; ce sont : les marmottes, les ours, les blaireaux, les loirs, les chauve-souris, les hérissons, etc.

La température propre de l'homme est d'environ 37° centig. Celle des mammifères varie entre 36° et 39°. Les oiseaux produisent plus de chaleur, leur température est d'environ 40° à 42°.

75. **Animaux à température variable.** — Les reptiles et les poissons produisent une quantité de chaleur très-faible; elle varie, suivant les espèces, mais elle dépasse rarement 1 à 2 degrés. Aussi ne doit-on pas les appeler animaux à sang froid, mais *bien à température variable.*

Les animaux invertébrés jouissent aussi de la faculté de produire de la chaleur; chez les abeilles cela est facile à constater, et la température des ruches est toujours plus élevée que celle de l'air.

La température propre des insectes ailés est plus élevée que celle des autres articulés. — Les mollusques et les zoophytes produisent aussi une certaine quantité de chaleur, mais beaucoup moindre que les insectes.

76. La température de tous les organes d'un même individu n'est pas identique; elle est plus élevée là où le sang circule avec plus d'activité, par conséquent où la combustion vitale est la plus active. La température d'un muscle qui se contracte est plus élevée que celle du même muscle au repos. — Les organes intérieurs sont plus chauds que les organes placés à la périphérie, ce qui s'explique facilement parce que les causes de refroidissement y sont moins intenses.

77. L'évaporation qui se fait à la surface du corps sert à contre-balancer les effets de la chaleur extérieure et à empêcher la température du corps de s'élever au-dessus de son terme fixe. L'air ambiant peut être extrêmement chaud sans que la température intérieure varie, et cela parce que l'évaporation, étant très-active, enlève une grande quantité de calorique. Lorsque l'air est sec, les animaux peuvent supporter des températures très-élevées. Ainsi on a vu des hommes entrer dans des fours chauffés à 120°, et y rester quelques instants; mais si l'air est humide, l'évaporation cutanée se fait difficilement, et les animaux résistent mal à l'action d'une haute température.

FONCTIONS DE RELATION

78. — Les fonctions de nutrition ne servent qu'à l'accroissement des organes, et à la réparation journalière des tissus; indépendamment de ces fonctions, il en existe d'autres destinées à mettre l'animal en rapport avec le monde extérieur; on les appelle *fonctions de relation.*

Les animaux sont tous doués d'une *volonté* parfaitement indiquée; sous son influence, ils dirigent leurs mouvements vers tel ou tel but. Ces mouvements s'exécutent à l'aide de muscles qui sont doués de la propriété de se contracter, c'est-à-dire de se raccourcir et d'agir sur les pièces solides, sur les leviers qui constituent la charpente de l'animal.

De plus, les animaux, comme nous l'avons déjà dit, ont conscience des impressions extérieures, en un mot, *ils sentent.*

La volonté et la sensibilité sont sous la dépendance du *système nerveux.* Aussi allons-nous commencer l'étude des fonctions de relation par celle de ce système.

SYSTÈME NERVEUX

79. — Le système nerveux est chargé de présider aux phénomènes du mouvement et de la sensibilité.

Ce système se compose de deux parties, l'une appelée système nerveux de la *vie animale* ou *cérébro-spinal*, l'autre, système nerveux de la *vie organique*, ou *grand sympathique*, ou *système ganglionnaire.* Ce dernier se rend aux organes de nutrition et est chargé de veiller à l'exécution des mouvements dont nous n'avons pas conscience et sur lesquels notre volonté n'agit pas, comme ceux du cœur, des intestins, de l'estomac, etc.

Chez les animaux vertébrés de même que chez les invertébrés, il existe un système nerveux; mais le plan fondamental de son organisation diffère complétement.

Chez les vertébrés, les deux systèmes, celui qui préside à la vie de relation, aussi bien que celui de la vie de nutrition, sont au-dessus du tube digestif.

Chez les invertébrés, le cerveau et le système de la vie de nutrition sont au-dessus du tube intestinal, tandis que les autres parties du système de la vie de relation sont au-dessous.

80. **Système nerveux des vertébrés.** — Le système de la vie de relation se compose de deux parties bien distinctes : les masses centrales ou *axe cérébro-spinal* et les filets périphériques ou *nerfs.*

AXE CÉRÉBRO-SPINAL.

L'axe cérébro-spinal, placé sur la ligne médiane du corps, occupe l'intérieur de la tête et de la colonne vertébrale; il comprend le cerveau, les lobes optiques, le cervelet, la moelle allongée et la moelle épinière.

81. **Cerveau.** — Le *cerveau* (*fig.* 27) occupe toute la partie antérieure et supérieure du crâne.

82. *Membranes du cerveau.* — Le cerveau s'appuie en avant sur les voûtes orbitaires et en arrière sur un repli de la *dure-mère,* membrane fibreuse très-résistante qui tapisse l'intérieur du crâne et du canal formé par les vertèbres, et qui sert à protéger l'axe cérébro-spinal et à le maintenir en place; aussi forme-t-elle, dans ce but, différents replis, dont deux principaux : *la tante et la faux du cerveau;* le premier est transversal, et sépare le cervelet du cerveau et soutient ce dernier or-

gane ; le second, situé sur la ligne médiane, est vertical, et sépare le cerveau en deux hémisphères.

La dure-mère ne protégerait pas suffisamment la substance cérébrale, aussi celle-ci est-elle entourée d'une membrane séreuse, l'*arachnoïde*, qui sécrète un liquide appelé céphalo-rachidien, dans lequel est suspendu l'axe cérébro-spinal, qui se trouve ainsi parfaitement à l'abri.

Indépendamment de ces deux membranes, le cerveau et le cervelet sont immédiatement enveloppés par la *pie-mère*, que l'on peut considérer plutôt comme un lacis de vaisseaux sanguins que comme une membrane. Elle pénètre dans tous les replis du cerveau.

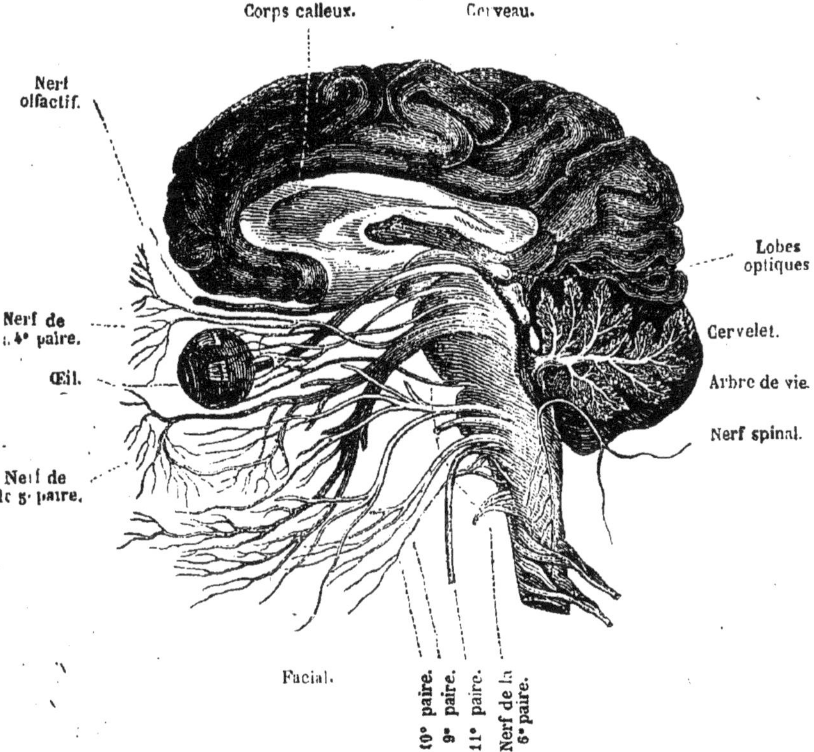

Fig. 27. — Coupe du Cerveau.

83. ***Hémisphères cérébraux.*** — Comme nous venons de le dire, le cerveau est divisé, par la faux cérébrale, en deux moitiés latérales nommées hémisphères du cerveau. Ces deux masses sont coupées en dessous par deux scissures qui les divisent chacune en trois lobes désignés sous les noms d'antérieur moyen et postérieur.

La surface du cerveau est remarquable par la présence d'un nombre considérable de replis, arrondis, flexueux, ondulés, nommés *circonvolutions du cerveau* (*fig.* 27). La couche extérieure est formée de substance grise, tandis qu'au contraire toute la partie centrale est constituée par de la substance blanche.

Si l'on écarte un peu les hémisphères cérébraux on verra sur la ligne médiane une large bande de substance blanche réunissant ces deux moitiés, et désignée sous le nom de *mésolobe* ou *corps calleux* (*fig.* 27). Si on coupe cette commissure, on verra que le cerveau n'est pas constitué par une masse pleine, mais qu'il est creusé à l'intérieur de cavités appelées *ventricules*. Ces ventricules sont au nombre de quatre; l'un, situé sur la ligne médiane en avant et au-dessous du corps calleux, porte le nom de cinquième ventricule ou *sceptum lucidum*, à cause de la transparence de ses parois; deux autres, placés au-dessous et des deux côtés du corps calleux, sont beaucoup plus grands et portent le nom de ventricules latéraux; enfin, sur la ligne médiane, au-dessous du corps calleux, se trouve une autre cavité connue sous le nom de ventricule moyen ou troisième ventricule.

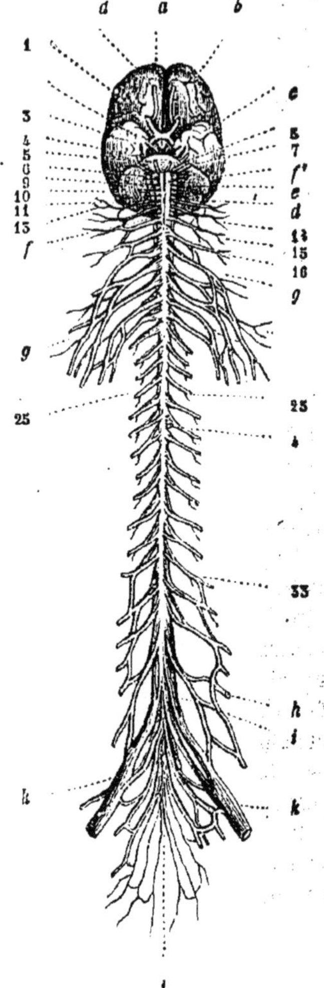

Fig. 28. — Axe cérébro-spinal de l'Homme[1].

84. **Cervelet.** — Le cervelet (*fig.* 27 et 28) est logé dans les fosses occipitales, dont il reproduit la forme. Aussi est-il plus large que haut; il est divisé en deux moitiés ou hémisphères cérébelleux par une rainure, et, sur la ligne médiane, il présente un enfoncement profond qui loge l'origine de la moelle épinière, ainsi qu'un

[1] Système cérébro-spinal vu par sa face antérieure, les nerfs étant coupés à peu de distance de leur origine. — *a* cerveau. — *b* lobe antérieur de l'hémisphère gauche du cerveau. — *c* lobe moyen. — *d* lobe postérieur. — *e* cervelet. — *f'* moelle allongée. — *f* moelle épinière. — 1 nerfs de la 1re paire ou olfactifs. — 2 nerfs de la 2e paire ou optiques. — 3 nerfs de la 3e paire. — 4 nerfs de la

lobe moyen. — Si l'on fait une coupe du cervelet on trouvera de même que dans le cerveau la matière grise entourant la matière blanche; cette dernière, en se ramifiant, forme ce que l'on appelle *l'arbre de vie*, auquel on donnait autrefois une importance qu'il n'a réellement pas. Le cervelet recouvre une cavité appelée quatrième ventricule; les pédoncules cérébelleux se continuent avec la moelle allongée; ils semblent passer sous une espèce de pont formé par une large bande de substance blanche qui s'étend d'un hémisphère à l'autre et est connue sous le nom de *pont de Varole* ou *protubérance annulaire*.

Entre le cervelet et le cerveau, se trouvent quatre éminences arrondies, disposées par paires et nommées *tubercules quadrijumeaux* ou *lobes optiques* (*fig.* 27).

85. **Moelle épinière.** — La moelle épinière (*fig.* 28) est la partie de l'axe cérébro-spinal logée dans le tube vertébral; elle s'étend jusqu'à la première ou deuxième vertèbre lombaire, à la partie supérieure elle se renfle et porte le nom de *moelle allongée*. On y remarque dans cette partie six éminences: deux *pyramides antérieures* et deux *postérieures*, séparées par les *corps olivaires*.

La moelle épinière se présente sous la forme d'un long cordon irrégulièrement cylindrique muni de deux renflements, l'un supérieur ou brachial, répondant à la naissance des nerfs des membres antérieurs, l'autre inférieur ou lombaire correspondant à la naissance des nerfs des membres postérieurs. La moelle épinière se termine inférieurement par un faisceau nerveux qui a reçu le nom de *queue de cheval*. Dans toute son étendue la moelle donne naissance à des nerfs qui sortent du canal vertébral par les trous de conjugaison et se distribuent dans les différentes parties du corps.

De même que le cerveau et le cervelet, la moelle se compose de substance grise et de substance blanche; mais, contrairement à ce que l'on observe pour l'encéphale, c'est cette dernière qui entoure l'autre.

ORGANES PÉRIPHÉRIQUES OU NERFS.

Les nerfs partent tous de la moelle épinière ou de la base du cerveau, et sortent soit de la base du crâne, soit des trous de conjugaison des vertèbres; par ce fait seul, on les a divisés en *nerfs rachidiens* et *nerfs crâniens*.

4e paire. — 5 nerfs trifaciaux ou de la 5e paire. — 6 nerfs de la 6e paire. — 7 nerfs faciaux. — 8 nerfs acoustiques. — 9 nerfs glosso-pharyngiens. — 10 nerfs pneumo-gastriques. — 11 et 12 nerfs des 11e et 12e paires. — 13, 14, 15, 16 nerfs cervicaux. — *g* nerfs cervicaux formant le plexus brachial. — 25 nerfs de la partie dorsale de la moelle épinière. — 33 l'une des paires de nerfs lombaires. — *h* nerfs lombaires et sacrées formant des plexus. — *i* et *j* queue de cheval. — *k* nerf sciatique se rendant aux membres inférieurs.

86. **Nerfs crâniens.** — On compte 12 paires de nerfs crâniens (*fig.* 27).

La 1re paire ou *nerfs olfactifs* se rend dans les fosses nasales.

La 2e paire forme les *nerfs optiques*, qui naissent sous le lobe moyen et entre-croisent leurs fibres avant de sortir du crâne, de sorte que le nerf gauche passe à droite, et réciproquement. L'épanouissement de ces nerfs dans l'œil forme la *rétine.*

Les nerfs de la 3e paire servent aux mouvements de l'œil, et portent le nom de *nerfs oculo-moteurs communs.*

Les *nerfs pathétiques* ou de la 4e paire servent aussi aux mouvements de l'œil.

Les nerfs de la 5e paire ou *trijumeaux* naissent de la moelle allongée, et se ramifient dans toute la face.

La 6e paire est celle des *nerfs oculo-moteurs externes*, qui se distribuent aux muscles de l'œil.

La 7e paire constitue les *nerfs faciaux.*

La 8e paire ou *nerfs acoustiques* sert à l'audition.

La 9e paire forme les nerfs *glosso-pharyngiens*, qui se distribuent dans les muscles de la langue et dans les parties voisines.

La 10e paire, nommée *nerf vague* ou *pneumo-gastrique*, naît de la moelle allongée, descend le long du cou jusque dans la poitrine et l'abdomen, en envoyant des branches aux organes de la respiration et de la digestion.

La 11e paire forme le *nerf spinal*, et se distribue au muscle trapèze.

La 12e paire ou *nerf hypoglosse* sert aux mouvements de la langue.

87. **Nerfs rachidiens.** — Les nerfs rachidiens (*fig.* 28) sont au nombre de 31 paires : 8 paires cervicales, 12 dorsales, 5 lombaires, 6 sacrées.

Ces nerfs naissent de la moelle épinière par deux racines, composées chacune de plusieurs faisceaux. L'une de ces racines, l'antérieure, est plus petite que la postérieure ; elles convergent l'une vers l'autre. La postérieure présente avant son point de réunion un petit renflement ou ganglion composé en majeure partie de substance médullaire grise.

Les nerfs sont formés d'un nombre immense de fibres cylindriques, constituées par une sorte de gaîne transparente, la névrilème, dans laquelle se trouve la substance cérébrale ou pulpe nerveuse. Les nerfs, de même que les vaisseaux sanguins, s'anastomosent, mais sans se mêler ; les fibres d'un faisceau vont simplement s'accoler à celles d'un autre sans perdre leur enveloppe ou névrilème. Ils vont ainsi en se ramifiant de plus en plus ; la plupart se terminent en anse, c'est-à-dire qu'ils reviennent sur leurs pas.

88. **Système grand sympathique.** — Chez l'homme et chez les mammifères, le système nerveux de la vie organique ou de nutrition porte le nom de système *grand sympathique* ou *ganglionnaire:* il est formé d'une série de petites masses de tissus nerveux ou ganglions qui commencent dans l'intérieur du crâne, puis envoient des filets qui vont

les relier à d'autres ganglions, dans le cou et le long de la colonne vertébrale, de façon à former une double chaîne depuis la tête jusqu'au bassin. De ces ganglions émanent des filets qui constituent des plexus dont le principal est le *plexus solaire*, qui envoie lui-même des branches aux différents organes de l'appareil digestif.

89. **Système nerveux des mammifères.** — Chez tous les mammifères, le système nerveux ne présente pas ce degré de perfectionnement; le rapport des parties et leur disposition essentielle ne sont pas constantes, mais le volume de la masse cérébrale, et surtout le développement des circonvolutions paraît être en raison directe de l'intelligence. Chez les insectivores et les rongeurs, la surface du cerveau est presque lisse, tandis que chez les carnassiers et les quadrumanes, les circonvolutions sont bien développées.

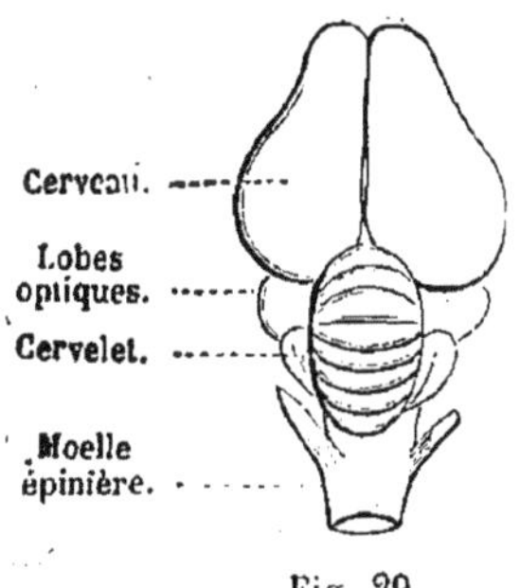

Fig. 29.
Cerveau d'Autruche.

Chez les mammifères didelphiens, le corps calleux manque complètement.

90. **Oiseaux.** — Dans la classe des oiseaux (*fig.* 29), l'encéphale est peu développé, les hémisphères n'offrent pas de circonvolutions, et, de même que chez les mammifères didelphiens, le corps calleux manque. Les lobes optiques prennent un grand accroissement; ils débordent les lobes cérébraux. La protubérance annulaire ou pont de varole ne se trouve plus.

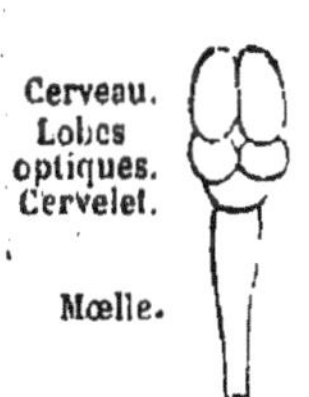

Fig. 30.
Cerveau de Reptile.

91. **Reptiles et batraciens.** — Chez les reptiles et les batraciens (*fig.* 30), l'encéphale est encore moins développé, les hémisphères cérébraux sont lisses, les lobes olfactifs se développent beaucoup, et les lobes optiques sont en général très-grands, et placés en arrière des hémisphères; le cervelet est très-réduit.

92. **Poissons.** — Chez les poissons, la masse cérébrale est encore moins développée, les lobes olfactifs et les lobes optiques égalent en volume les hémisphères cérébraux; ces diverses parties sont placées par paires les unes à la suite des autres.

93. **Système nerveux des invertébrés.** — Nous avons déjà dit que le système nerveux des invertébrés différait complétement de celui des vertébrés, en ce que chez eux le cerveau et le système viscéral étaient supérieurs au tube digestif, tandis que le reste du système de la vie de relation lui était inférieur, de façon que, par leur réunion, ces parties constituent autour de ce tube une sorte d'anneau appelé *collier œsophagien.*

Le système nerveux des animaux articulés offre ce caractère fondamental, que les parties similaires se répètent dans le sens de la longueur. L'animal se compose d'une série d'anneaux semblables, qui renferment chacun les mêmes éléments, c'est-à-dire deux ganglions nerveux réunis entre eux par des commissures, et réunis aux précédents, ainsi qu'aux suivants par des connectifs.

94. *Insectes.* — Chez les insectes les plus simples (*fig.* 31, A), on trouve dans la tête deux ganglions soudés entre eux et placés au-dessus du tube digestif; ils envoient des filets qui les réunissent à la paire de ganglions de l'anneau suivant, située au-dessous du tube intestinal. L'œsophage se

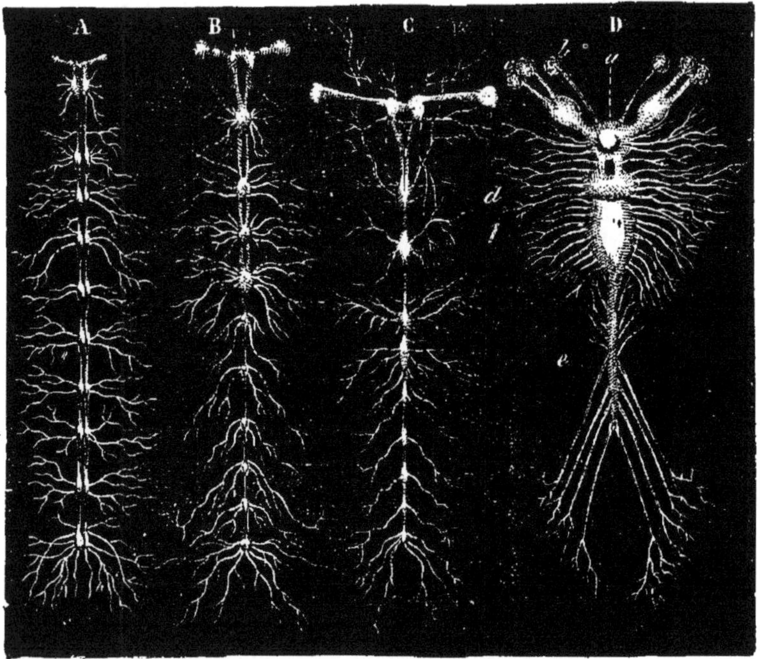

Fig. 31. — Système nerveux des Insectes[1]

trouve ainsi entouré par une sorte d'anneau dont nous venons de parler sous le nom de *collier œsophagien;* puis, dans chaque segment de corps existent deux ganglions, un de chaque côté de la ligne médiane. Mais, à mesure que l'organisme se perfectionne, le système nerveux tend à se

[1] A système nerveux d'un forficule (perce-oreille). — B système nerveux d'une sauterelle. — C système nerveux d'un lucane cerf-volant. — D système nerveux d'une punaise des bois. — *a* ganglions cérébroïdes soudés. — *b c* nerfs des yeux. — *d* ganglions thoraciques. — *e* ganglions abdominaux.

concentrer par la soudure d'un nombre plus ou moins grand de ganglions en une seule masse (*fig.* 31, B, C, D). Ainsi, chez la pentatome grise, ou punaise des bois (*fig.* 31, D), arrivée à son état parfait, au lieu de la longue suite de petits ganglions que l'on trouvait chez sa larve, on voit que la plupart de ces petits corps se sont réunis pour former un cerveau et des centres nerveux considérables, d'où partent de longs filets qui se ramifient dans les différentes parties du corps.

95. *Crustacés.* — Le système nerveux des crustacés est construit sur le même plan que celui des insectes, et suit les mêmes procédés de perfectionnement. Chez quelques-uns, la chaîne ganglionnaire s'étend uniformément d'une extrémité du corps à l'autre, fournissant deux ganglions par anneau; mais, chez les animaux de cette classe les plus élevés en organisation, tous ces ganglions post-œsophagiens se fondent en une seule masse, placée dans le thorax; c'est ce qui se remarque chez certains crabes.

96. *Vers.* — Chez les annélides, on trouve une chaîne ganglionnaire, tantôt double, tantôt simple, et résultant alors de l'accolement sur la ligne médiane des deux ganglions latéraux.

97. *Mollusques.* — Chez les mollusques, le système nerveux se compose d'un petit nombre de ganglions réunis entre eux par des connectifs, mais disposés sur un tout autre plan que celui des articulés; cependant on y retrouve toujours le collier œsophagien, formé par les filets nerveux qui relient les ganglions cérébraux placés au-dessus du tube intestinal aux autres ganglions placés au-dessus de ce tube.

98. *Zoophytes.* — Chez les zoophytes, le système nerveux existe quelquefois, mais est alors presque rudimentaire; le plus souvent il paraît manquer complétement.

99. **Usages du cerveau.** — En étudiant les différents groupes du règne animal, on a remarqué que l'intelligence était en raison directe du développement des hémisphères du cerveau et des circonvolutions qui les couvrent et en augmentent la surface. D'après ce fait, on a regardé les hémisphères comme le siége des facultés intellectuelles et de la mémoire; les expériences de Ch. Bell, de Magendie et de M. Flourens confirment cette opinion. Ce dernier observateur, ayant enlevé les hémisphères cérébraux d'un oiseau, remarqua que l'animal perdait toute spontanéité dans les mouvements. — Sur les mammifères, les résultats obtenus étaient les mêmes, et en enlevant les hémisphères, on enlevait à l'animal l'*initiative*, la *spontanéité* et la *mémoire*. — La substance cérébrale est par elle-même complétement insensible : on peut la couper et la déchirer sans que l'animal en ait aucune conscience. Dans certaines maladies, on a été obligé de retrancher des parties du cerveau, et cela sans que les malades souffrissent aucunement.

Un hémisphère cérébral peut cependant être détruit tout entier sans que les facultés intellectuelles s'en ressentent d'une manière appréciable

D'après un observateur dont les idées eurent pendant quelque temps une grande vogue, chaque circonvolution cérébrale devrait être considérée comme un organe particulier, siége de l'une des facultés de notre intelligence. Il y aurait eu ainsi la circonvolution de la mémoire, celle du vol, celle du meurtre, etc. Pensant que le crâne se moulait exactement sur le cerveau, Gall en était arrivé à dire que, par l'examen des saillies de la boîte crânienne, on pouvait arriver à juger des facultés, des inclinations et même du caractère des hommes. L'observation n'a pas confirmé ces vues de l'esprit; on a remarqué que les bosses du crâne ne correspondent pas exactement à des saillies du cerveau, et la science actuelle range la phrénologie ou craniologie à côté de l'astrologie et de l'alchimie.

100. **Usages du cervelet.** — Le cervelet paraît destiné à régler et à coordonner les mouvements. Si on enlève cet organe par couches successives, l'ablation des premières couches est suivie d'un peu de faiblesse et de désharmonie dans les mouvements. Aux couches moyennes, il se manifeste une agitation générale, mais sans convulsions; l'animal voit et entend, mais exécute des mouvements brusques et déréglés. Quand on arrive aux dernières couches, l'animal perd la faculté de marcher ou de voler, de rester debout ou en équilibre; placé sur le dos, il s'agite sans pouvoir se relever: il voit le corps qui le menace, mais ne peut l'éviter; donc la volonté, le sentiment et la conscience persistent, la *coordination des mouvements* est abolie.

101. **Usages de la moelle allongée et de la moelle épinière.** — La moelle allongée présente une grande importance physiologique; en effet, on peut enlever le cerveau et le cervelet d'un animal sans le tuer, mais si on arrive à piquer un point spécial de la moelle allongée, l'animal meurt comme foudroyé. M. Flourens a déterminé exactement la position de ce point et lui a donné le nom de *nœud vital.*

La moelle épinière peut être considérée comme le conducteur du principe nerveux, elle conduit la volonté du centre à la périphérie, et ramène les sensations de la périphérie aux centres. Si on lie la moelle épinière, on abolit la sensibilité des parties placées au-dessous de la ligature, les parties situées au-dessus continuent à sentir et à se mouvoir.

102. **Usages des nerfs.** — Les nerfs sont également des conducteurs. Si on détruit les nerfs qui se rendent à une partie du corps, cette partie sera paralysée, elle ne sentira plus et ne pourra exécuter aucun mouvement.

103. **Nerfs moteurs et sensitifs.** — Nous avons vu que chaque nerf naissait de la moelle épinière par deux racines, l'une partant des faisceaux postérieurs, l'autre des faisceaux antérieurs. Chacune de ces racines a des fonctions particulières, la première est chargée de transmettre la sensibilité, l'autre la volonté. Si l'on coupe la racine postérieure seule d'un nerf, toute la partie animée par ce nerf ne sentira plus. Mais ce

membre pourra agir sous l'influence de la volonté, et les muscles se contracteront ; si, au contraire, on coupe la racine antérieure, la partie animée par ce nerf ne pourra exécuter aucun mouvement, mais elle sera sensible à toutes les impressions extérieures.

La force motrice se propage toujours en suivant la direction des fibres primitives des nerfs du centre vers la circonférence. Si, par exemple, on pique ou on excite le nerf se rendant à la jambe d'une grenouille, toute la portion placée au delà du point piqué se contractera; plus haut, au contraire, il n'y aura pas de mouvement.

Si l'on pique un nerf, on rapportera le sentiment de la douleur aux parties auxquelles ce nerf se distribue. Ce fait explique pourquoi les amputés se plaignent souvent de douleur dans les doigts du pied ou de la main qu'ils n'ont plus; cela tient à ce que le tronc nerveux dont les branches se distribuaient aux doigts est excité, soit par la compression, soit par une autre cause.

104. **Nerfs du grand sympathique.** — Les nerfs du grand sympathique agissent sur les organes de la vie de nutrition, sans que nous en ayons aucune conscience. Les mouvements des intestins, de l'estomac, la sécrétion des humeurs par les glandes, la contractilité des vaisseaux sanguins est placée sous la dépendance du système grand sympathique. M. Cl. Bernard a remarqué que si l'on coupe les filets du grand sympathique, les vaisseaux sanguins se dilataient beaucoup dans toute la partie où se rendaient ces nerfs; la chaleur animale y augmentait, et quelquefois même il s'y manifestait des phénomènes inflammatoires; ces phénomènes sont dus à ce que par cette opération on avait détruit les nerfs qui présidaient à la contractilité des artères et des veines.

Les nerfs du grand sympathique sont complétement insensibles, on peut les piquer et les déchirer sans que l'animal en ait conscience; les nerfs de la vie de relation sont au contraire d'une sensibilité exquise.

ORGANES DES SENS

Organes du toucher, du goût, de l'odorat, de l'ouïe, de la vue. — Fonctions de leurs parties essentielles. — De la voix, organe producteur des sons.

Après avoir examiné le système nerveux, nous devons étudier quelles sont les sensations qu'il est destiné à percevoir et à transmettre au cerveau, on admet ordinairement cinq sortes de sens : 1° le *toucher*, 2° le *goût*, 3° l'*odorat*, 4° l'*ouïe*, 5° la *vue*.

SENS DU TOUCHER.

105. — Le toucher est le sens fondamental et peut-être même le sens unique. En effet, si notre œil peut voir, c'est qu'il est conformé de manière à pouvoir toucher la lumière; si notre oreille entend, c'est qu'elle

peut toucher les ondes sonores. Ce sont donc là des modifications du sens du toucher.

La sensibilité tactile telle qu'elle existe dans les différentes parties de la surface de notre corps suffit pour nous faire juger de la consistance, de la température et de quelques autres propriétés des corps qui se mettent en contact avec nous; dans quelques cas, c'est une sensation obtuse désignée sous le nom de *tact;* d'autres fois, les parties douées de cette sensibilité jouent un rôle plus complet; des mouvements soumis à l'influence de la volonté nous permettent de multiplier et de varier les points de contact avec les objets extérieurs; on donne alors à ce sens le nom de *toucher.*

Ces parties plus sensibles sont en général les mains et surtout les doigts et quelquefois les lèvres. C'est par l'intermédiaire de la peau que cette faculté s'exerce.

106. **Structure de la peau.** — La peau qui enveloppe complétement le corps se compose de deux couches : 1° l'*épiderme*, 2° le *derme.*

L'épiderme est la couche la plus superficielle, c'est une sorte de vernis organisé qui recouvre le derme; cette couche est par elle-même complétement insensible, elle est formée d'utricules dont les plus superficielles se dessèchent et dans certains cas ressemblent à de petites écailles. La couche profonde est au contraire molle, et les utricules dont elle se compose contiennent la matière pigmentaire de la peau. Certains anatomistes ont considéré cette couche profonde comme étant une membrane particulière qu'ils désignaient sous le nom de réseau muqueux de la peau ou réseau de Malpighi.

L'épiderme est percé d'un grand nombre de petites ouvertures appelées pores, qui livrent passage à la sueur, liquide secrété par de petites glandes placées sous l'épiderme. Les saillies qu'on y voit correspondent aux papilles du derme. L'épiderme peut acquérir une épaisseur considérable, lorsqu'il est exposé à des frottements repétés; l'on sait que l'épiderme de la plante des pieds et de la paume des mains offre chez certaines personnes une épaisseur assez grande pour leur permettre de prendre et de retenir quelques instants des charbons ardents. Mais alors la sensibilité tactile est très-obtuse; au contraire, là ou elle est bien développée, comme au bout des doigts, aux lèvres, aux paupières, l'épiderme est très-mince.

Le *derme* se présente sous la forme d'une membrane assez épaisse, très-souple et d'une grande ténacité. Un grand nombre de nerfs s'y ramifient et se rendent dans de petites saillies appelées papilles de la peau. C'est par l'intermédiaire de ces saillies que la sensibilité s'exerce.

Lorsque l'épiderme a été enlevé soit par une brûlure soit par un vésicatoire ou une ampoule, on voit parfaitement ces petites éminences disposées régulièrement et douées d'une sensibilité exquise.

107. **Poils.** — C'est dans l'épaisseur et au-dessous du derme que sont logées les racines des poils, elles sont constituées par une petite capsule en cul-de-sac, à la partie inférieure de laquelle existe une petite papille; de chaque côté on voit des glandules destinées à sécréter une matière grasse dont le poil se trouve ainsi enduit.

Les poils peuvent acquérir des dimensions considérables et former alors les piquants du porc-épic et du hérisson, ils peuvent en se soudant ensemble constituer les larges écailles qui recouvrent le corps des tatous et des pangolins.

La corne qui arme le nez du Rhinocéros, les cornes persistantes des ruminants tels que les bœufs, les antilopes, les moutons, etc., sont formées aussi par des poils agglutinés. Les ongles sont des organes du même genre.

108. **Organes du toucher chez les différents animaux.** — Les organes où la sensibilité tactile est le plus développée, varient suivant les animaux : chez l'homme et le singe ce sont les mains, chez les chevaux ce sont les lèvres, chez l'éléphant la trompe, chez les insectes et les crustacés ce rôle paraît dévolu aux antennes, chez les mollusques ce sont les tentacules.

La sensibilité tactile nous permet de juger de la consistance des corps, de leur grosseur, etc. Elle vient en aide au sens de la vue, et quand celui-ci fait défaut le tact se perfectionne.

SENS DU GOUT.

109. — Le sens du goût nous donne la perception des saveurs; il paraît exister chez tous les animaux, puisque chaque espèce recherche et reconnaît les aliments qui lui conviennent et ne s'y trompe point. Chez l'homme, la *langue* est le siége principal de ce sens. Cet organe placé dans la bouche est formé par un grand nombre de muscles enlacés; il est recouvert d'une membrane muqueuse; à sa surface se remarquent des papilles dans lesquelles se ramifient les filets du nerf lingual; c'est ce nerf qui est chargé de percevoir les saveurs, il ne sert qu'à cet usage, et il naît du nerf de la 5e paire. Un autre appelé nerf hypoglosse est chargé de présider aux mouvements de la langue.

Toutes les substances n'agissent pas sur les organes du goût, les unes sont très-sapides, d'autres ne le sont que peu ou pas; on a remarqué que les corps insolubles n'avaient aucune saveur, la dissolution paraît donc être une condition nécessaire pour qu'une matière puisse agir sur le goût.

SENS DE L'ODORAT.

110. **Fosses nasales.** — Le sens de l'odorat paraît exister chez la plupart, sinon chez tous les animaux. On sait que l'odeur de la viande et des matières en putréfaction attire de très-loin des mouches, des crus-

tacés, etc. L'odorat semble même les guider pour le choix de leurs aliments; mais on ne sait encore exactement quel est chez ces animaux le siége de ce sens. Chez l'homme, il s'effectue à l'aide des *fosses nasales* (*fig.* 32), situées sur le passage de l'air qui se rend aux organes respiratoires de façon à être continuellement mises en contact avec les particules odorantes suspendues dans l'air. Elles communiquent avec l'extérieur par deux ouvertures placées au-dessus de la bouche et nommées narines, et sont revêtues par une membrane muqueuse d'une grande délicatesse appelée *membrane pituitaire*, dont la surface est augmentée par un certain nombre de replis ou *cornets* formés par des lames osseuses dans l'intérieur des fosses nasales, et par des cavités ou sinus creusées dans l'épaisseur des os du front, de la mâchoire supérieure, etc. Enfin les fosses nasales débouchent en arrière du voile du palais, dans le pharynx. La membrane pituitaire reçoit des filets nerveux émanant de la première paire de nerfs crâniens ou nerfs olfactifs; ces filets très-nombreux passent à travers de petits pertuis d'une portion de l'os ethmoïde nommée pour cette raison *lame criblée*.

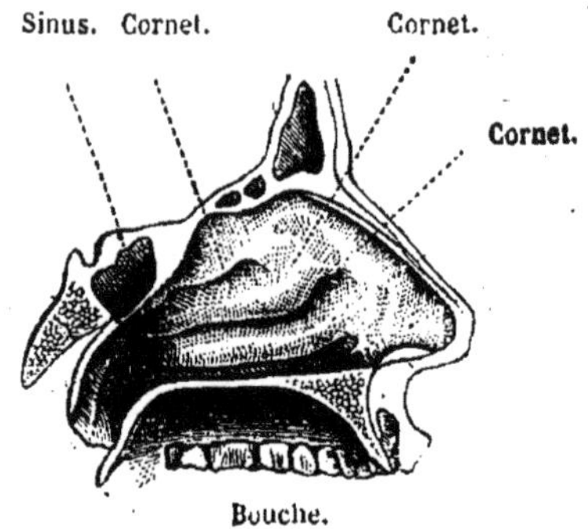

Fig. 32. — Fosses nasales.

Le sens de l'odorat médiocrement développé chez l'homme se perfectionne beaucoup chez certains mammifères tels que le chien, le renard, l'ours, etc. Dans ce cas, les cornets du nez prennent un plus grand accroissement et par ce fait, la surface de la membrane pituitaire est augmentée.

Chez certains animaux tels que l'éléphant, le tapir, le desman, le nez se développe beaucoup et s'allonge en une trompe.

Chez les mammifères aquatiques, le larynx peut remonter et s'appliquer contre l'ouverture postérieure des fosses nasales, de façon à permettre à la respiration de s'effectuer pendant que la bouche de l'animal est pleine d'eau.

La membrane pituitaire doit être continuellement humide, autrement l'on n'aurait aucune perception des odeurs. Aussi voit-on dans son épaisseur une quantité de follicules muqueux.

Le sens de l'odorat est lié de la façon la plus intime au sens du goût, il n'est personne qui n'ait remarqué combien ce dernier devenait obtus lors du rhume de cerveau, maladie qui consiste en un gonflement avec hypersécrétion de la membrane pituitaire.

SENS DE L'OUIE.

111. — Le sens de l'ouïe existe chez les invertébrés comme chez les vertébrés, et chez les animaux aquatiques, aussi bien que chez les animaux aériens. Il est de toute évidence que les insectes entendent, mais on ignore où réside le siége de ce sens. Chez les mollusques et chez certains annelés, on trouve des organes de l'ouïe rudimentaires, et consistant en une capsule fibreuse, pleine de liquide, où flottent de petits corpuscules solides, et à la surface de laquelle vient se rendre un nerf partant des ganglions voisins.

Chez l'homme, l'oreille, quoique d'une petitesse extrême, présente une grande complication. Cet organe est logé presque en entier dans l'épaisseur d'une saillie osseuse qui constitue la partie de l'os temporal appelée *rocher*. On divise l'appareil de l'audition en trois parties : l'oreille externe, l'oreille moyenne et l'oreille interne.

112. **Oreille externe.** — L'oreille externe (*fig.* 33) se compose du pavillon et du conduit auriculaire. Le *pavillon* est formé par une lame cartilagineuse, repliée ou enroulée sur elle-même, qui s'élargit en avant pour former la *conque;* la forme de cette partie varie suivant les animaux. Quelquefois elle peut manquer complétement, comme chez les oiseaux, les reptiles, etc. ; d'autres fois elle est très-développée et constitue une sorte de cornet, comme chez les ruminants, les carnassiers, etc. De petits faisceaux musculaires lui permettent d'exécuter certains mouvements. Le conduit auditif s'enfonce dans l'os temporal ; la peau qui le revêt est percée de nombreux pertuis qui débouchent dans des follicules sébacés, chargés de sécréter une humeur particulière épaisse et jaunâtre, nommée *cérumen*.

113. **Oreille moyenne.** — Le conduit auriculaire est terminé en cul-de-sac par une membrane bien tendue, qui le sépare de l'oreille moyenne (*fig.* 33) ; cette membrane, appelée *tympan*, est mince, transparente, et sert à recevoir et à transmettre les vibrations des ondes sonores à la caisse du tympan, cavité étroite, communiquant avec le pharynx ou arrière-bouche par un canal nommé *trompe d'Eustache*. Ce conduit permet à l'air extérieur de s'introduire dans la caisse du tympan. — A la partie la plus profonde de la caisse se voient deux autres ouvertures fermées par une membrane tendue ; l'une est ovale, l'autre ronde ; aussi les appelle-t-on *fenêtre ovale* et *fenêtre ronde ;* elles communiquent avec l'oreille interne.

Une chaîne de petits osselets s'étend de la fenêtre ovale à la membrane du tympan (*fig.* 34) ; ces osselets sont mus par de petits muscles, et peuvent ainsi tendre ou relâcher les membranes sur lesquelles ils s'appuient. Ces osselets sont au nombre de quatre. On désigne le premier, qui s'appuie sur le tympan, sous le nom de *marteau;* le second sous le nom d'*enclume ;* le troisième, appelé *os lenticulaire*, s'appuie sur l'*étrier*, qui lui-même est en contact avec la fenêtre ovale. — Cette chaîne d'osselets

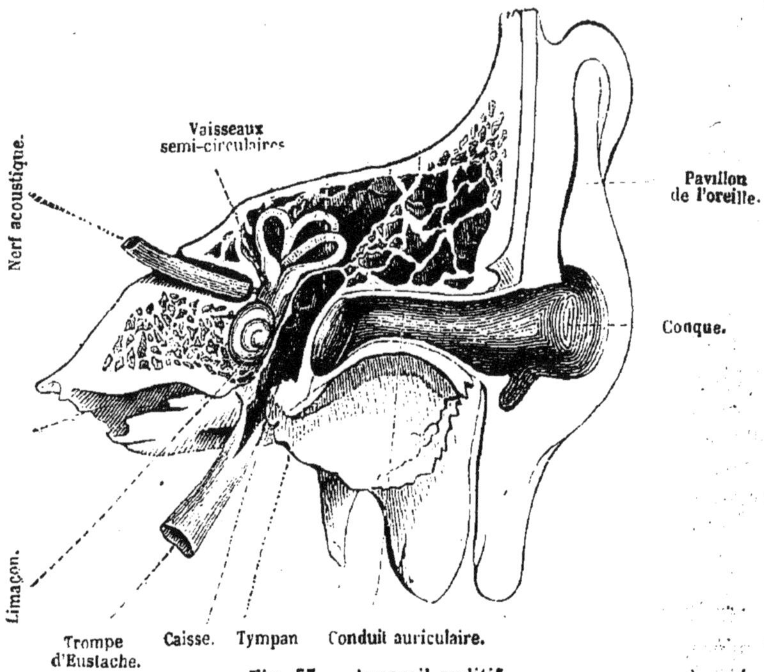

Fig. 33. — Appareil auditif.

transmet ainsi les vibrations de la membrane du tympan à la fenêtre ovale, c'est-à-dire à l'oreille interne.

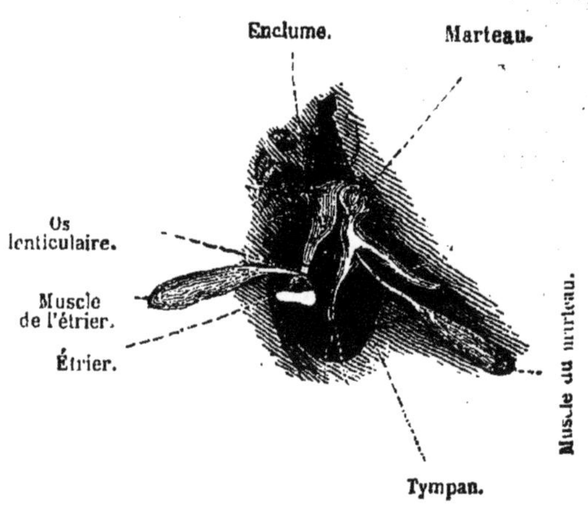

Fig. 34. — Caisse du tympan.

114. Oreille interne. — Cette dernière partie (*fig*.. 33) se compose du vestibule, des canaux semi-circulaires et du limaçon.

Le *vestibule* est situé au milieu; les canaux semi-circulaires et le limaçon y débouchent, les premiers en dessous, l'autre en dessus. Il communique avec la caisse du tympan par la fenêtre ovale, et il est rempli par un liquide.

Les *canaux semi-circulaires* sont au nombre de trois, et contiennent le même liquide que le vestibule.

Le *limaçon*, ainsi nommé à cause de sa forme enroulée sur lui-même, est divisé par une cloison intérieure en une sorte de double canal; il est rempli par un liquide, et communique avec la caisse du tympan. — Les nerfs de la huitième paire ou nerfs acoustiques se ramifient dans l'oreille interne.

Comme on le sait, le son résulte d'un mouvement vibratoire qu'éprouvent les corps sonores. Ces vibrations se transmettent à l'air, sont recueillies par la conque de l'oreille, qui les dirige par le conduit auriculaire jusqu'à la membrane du tympan; cette membrane entre alors en vibration. A l'aide de la chaîne d'osselets dont nous avons parlé, elle peut se tendre ou se relâcher de façon à vibrer plus ou moins facilement, suivant l'intensité des sons qui la frappent. L'air contenu dans la caisse du tympan vibre à son tour, et transmet les vibrations à l'oreille interne par l'intermédiaire des fenêtres ovale et ronde. C'est dans cette partie que se rendent les nerfs qui doivent porter au cerveau les impressions reçues.

SENS DE LA VUE.

115. — Le sens de la vue est celui à l'aide duquel nous percevons la lumière, et il s'effectue par l'intermédiaire de l'œil.

116. **Structure de l'œil des mammifères.** — Chez l'homme et chez les animaux supérieurs, l'œil est d'une assez grande complication (*fig.* 35). C'est un globe enveloppé de membranes épaisses et opaques, au nombre de trois. L'extérieure, de nature fibreuse, blanche et opaque, porte le nom de *sclérotique*, et est connue vulgairement sous le nom de *blanc de l'œil*. Chez l'homme, elle est flexible, mais chez d'autres animaux, tels que les oiseaux, les chéloniens, les sauriens, elle a de la tendance à s'ossifier et à constituer un anneau de petites

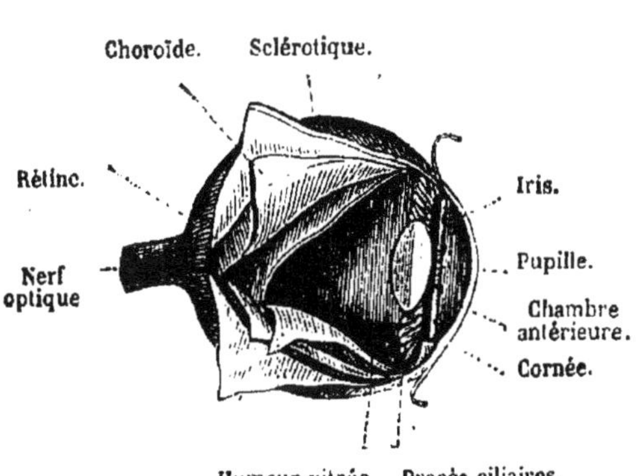

Fig. 35. — Globe de l'œil.

lames osseuses. A sa partie antérieure se voit une ouverture circulaire dans laquelle est enchâssée comme un verre de montre la *cornée transparente*, membrane, comme son nom l'indique, parfaitement transparente.

La deuxième membrane de l'œil porte le nom de *choroïde;* elle est chargée de matière pigmentaire et adhère à la face interne de la sclérotique. Au point où celle-ci se joint à la cornée, elle forme un cercle connu sous le nom de ligament ciliaire; à la partie antérieure de l'œil, elle se tend derrière la cornée et constitue un diaphragme nommé *iris;* le trou dont il est percé s'appelle *pupille*. L'iris varie de couleur suivant les individus; il peut se contracter ou se relâcher, et rend ainsi la pupille plus ou moins large, de façon à empêcher ou faciliter l'entrée des rayons lumineux. Ainsi, la pupille est-elle très-petite lorsque la lumière est vive, tandis qu'elle se dilate beaucoup le soir ou dans les lieux obscurs.

La troisième membrane de l'œil porte le nom de *rétine;* elle peut être considérée comme l'épanouissement du nerf optique après son passage à travers la sclérotique et la choroïde. Elle est semi-transparente et molle, et elle s'interrompt au voisinage de la cornée.

L'espace compris entre la cornée transparente et l'iris est rempli par l'*humeur aqueuse*, et porte le nom de chambre antérieure de l'œil.

En arrière de l'iris, la choroïde forme un grand nombre de replis désignés sous le nom de *procès ciliaires;* les extrémités de ces replis interceptent un espace circulaire destiné à loger le *cristallin*, contenu dans une capsule membraneuse parfaitement diaphane; sa forme est circulaire, et il ressemble à une lentille biconvexe; la dureté des couches qui le composent augmente de la circonférence au centre.

L'espace compris entre l'iris d'un côté, le cristallin et les procès ciliaires de l'autre, porte le nom de chambre postérieure de l'œil; elle est également remplie par l'humeur aqueuse. Enfin, dans toute la partie postérieure de l'œil, derrière le cristallin, se trouve une humeur parfaitement transparente, nommée *humeur vitrée*. contenue dans des cellules d'une ténuité extrême.

117. **Parties accessoires.** — Le globe de l'œil est logé dans l'orbite, cavité creusée dans les os du crâne et de la face; cette cavité est beaucoup plus grande que l'œil, de façon à permettre à celui-ci de s'y mouvoir facilement, et à contenir un amas de graisse qui sert de coussinet à cet organe.

118. *Muscles de l'œil.* — Les muscles qui mettent l'œil en mouvement sont au nombre de six : quatre servent à porter l'œil en haut, en bas, à gauche et à droite; deux sont affectés au mouvement de rotation. Ils s'insèrent d'une part sur la sclérotique, d'autre part à la partie postérieure des os de l'orbite.

119. *Paupières.* — En avant, l'œil est recouvert par une membrane nommée conjonctive ; c'est une continuation de la peau qui s'étend au-devant du globe oculaire, après avoir formé deux replis, l'un supérieur, l'autre inférieur, connus sous le nom de paupières ; la partie interne seule est modifiée, et porte le nom de *conjonctive*. Ces deux voiles sont destinés à protéger l'œil, et sont mis en mouvement par des muscles particuliers. Le bord libre des paupières est garni de poils, désignés sous le nom de *cils*, qui servent à arrêter les corps étrangers qui pourraient venir blesser la cornée. D'autres poils, nommés *sourcils*, et implantés dans la peau sur une saillie nommée arcade sourcillière, servent à empêcher la sueur qui coule du front d'arriver sur l'œil.

120. *Glandes lacrymales.* — Enfin un liquide est continuellement versé au-devant de l'œil. — Ce liquide, connu sous le nom de *larmes*, est sécrété par une glande située sous la voûte de l'orbite, au-dessus du globe de l'œil, et désignée sous le nom de glande lacrymale. Le liquide sécrété est versé au dehors par six ou huit canaux qui s'ouvrent au bord externe de la paupière supérieure ; il se répand ainsi uniformément au-devant de l'œil ; une partie s'évapore, l'autre se rend à l'angle interne de l'œil et de là coule dans les fosses nasales en traversant le *canal* et le *sac lacrymal*. Le canal lacrymal débouche par deux orifices (*points lacrymaux*) à l'angle interne de l'œil, près de la caroncule lacrymale ; l'un est situé à la paupière inférieure, l'autre à la paupière supérieure ; les canaux lacrymaux débouchent dans le sac lacrymal, qui se vide dans les narines, au-dessous du cornet inférieur. Lorsque des émotions vives, ou une cause accidentelle augmentent la sécrétion lacrymale, les larmes coulent en plus grande abondance dans les fosses nasales ; enfin, si leur sécrétion est plus abondante, elles débordent les paupières et coulent sur les joues.

Si maintenant on examine l'œil des autres animaux, on trouve des modifications importantes.

121. **Œil des oiseaux.** — Chez les oiseaux, l'œil est plus volumineux que chez les mammifères. La sclérotique s'est ossifiée en avant autour de la cornée, de façon à constituer un anneau solide. Dans l'intérieur de l'œil on voit une partie surajoutée : c'est une membrane plissée qui traverse l'humeur vitrée ; elle porte le nom de *peigne de l'œil*. Enfin, on observe chez ces animaux une troisième paupière à l'angle interne de l'œil.

122. **Yeux des articulés.** — Chez les animaux articulés, on distingue deux sortes d'yeux : 1° les yeux simples ou lisses ; 2° les yeux composés. — Les premiers, constitués par une cornée dont la face postérieure est enduite de pigment, sont en nombre variable.

Les autres sont formés par la réunion d'un grand nombre d'yeux simples ; aussi leur surface semble composée d'une foule de petites facettes.

123. **Mécanisme de la vision.** — L'œil des animaux supérieurs

peut se comparer à l'instrument d'optique connu des physiciens sous le nom de chambre noire. — On sait, en effet, que si, dans une chambre complétement obscure, on laisse passer un rayon lumineux par une ouverture devant laquelle on aura mis une lentille, on verra se former au foyer de cette lentille une image renversée des objets d'où venaient les rayons lumineux. L'œil est admirablement conformé à cet effet. Il se compose d'un globe complétement obscur, percé en avant d'un trou, la pupille, derrière lequel se trouve le cristallin, qui joue le rôle de lentille; enfin les images viennent se former sur une membrane nerveuse impressionnable, la rétine. Des rayons lumineux qui viennent frapper l'œil, une partie se réfléchit sur la cornée, l'autre traverse cette membrane, et comme sa densité est supérieure à celle de l'air, ils se rapprochent d'autant plus de la perpendiculaire, que la surface en est plus convexe. La densité de l'humeur aqueuse est également supérieure à celle de l'air, de sorte que les rayons lumineux convergent vers la pupille; celle-ci, en se dilatant ou en se resserrant, règle la quantité de lumière qui doit arriver dans l'œil; le soir elle se dilate beaucoup, le jour, et surtout au soleil, elle se contracte de façon à ressembler, soit à une simple fente (chat), soit à un petit trou (homme). Les rayons lumineux tombent alors sur le cristallin, organe qui réunit au plus haut degré les propriétés d'une lentille achromatique, et sert à réunir ces rayons sur la rétine, où ils viennent former une image renversée des objets, que nous croyons cependant apercevoir redressés. On a cherché à expliquer ce phénomène sans y arriver encore d'une manière satisfaisante.

Certaines personnes ne peuvent voir que les objets éloignés, ce qui dépend d'un défaut de convergence dans les faisceaux lumineux qui traversent l'œil; ce vice, connu sous le nom de presbytisme, peut se corriger en employant des verres convexes, qui tendent à suppléer au défaut de convergence des rayons. — Les myopes ne voient, au contraire, que les objets très-rapprochés, ce qui tient à ce que l'œil est trop réfringent, et que les rayons lumineux convergent trop fortement, de façon à se croiser avant d'arriver sur la rétine. On peut remédier à cet inconvénient en employant des lentilles concaves.

Nous jugeons de la position des objets par la direction des rayons lumineux et nous les plaçons dans leur prolongement. Nous apprécions leur grandeur par l'angle que font ces rayons. Aussi, plus nous sommes éloignés d'un objet, plus il nous paraît petit; plus nous nous rapprochons, plus il grandit. — Nous parvenons à juger des distances à l'aide de la grandeur apparente des objets que nous connaissons, et par leur netteté. Aussi, lorsqu'on se trouve dans un air très-pur, se trompe-t-on continuellement sur l'évaluation des distances. Enfin, nous constatons qu'un objet se meut, parce que la direction des rayons qui en émanent change et affecte successivement différents points de la rétine.

VOIX.

124. — **A la suite des organes des sens nous devons étudier le mécanisme** à l'aide duquel nous produisons les sons qui peuvent nous mettre en rapport avec le monde extérieur. L'homme seul jouit de la parole, les autres animaux n'émettent que des sons; c'est à l'aide du larynx que ces phénomènes se produisent.

125. **Larynx.** — Le *larynx* est un tuyau court placé à la partie supérieure de la trachée-artère de façon à être traversé par l'air qui se rend aux poumons ou qui en sort; il forme au-devant du cou une saillie appelée vulgairement pomme d'Adam. Ses parois sont formées de cartilages auxquels on a donné divers noms. Les cartilages *thyroïdes* sont placés latéralement et se réunissent en avant sur la ligne médiane; les cartilages *aryténoïdes* sont situés en arrière; le cartilage *cricoïde* est très-petit et compris entre la trachée et la partie inférieure du larynx. L'intérieur du larynx est tapissé par une membrane muqueuse qui forme un certain nombre de replis, disposés comme les lèvres d'une boutonnière; ils sont appelés *cordes vocales* ou ligaments inférieurs de la glotte; à l'aide des mouvements des cartilages ils peuvent se tendre ou se relâcher. Au-dessus des cordes vocales, se trouvent deux autres replis analogues appelés *ligaments supérieurs de la glotte;* entre les ligaments inférieurs et les ligaments supérieurs existent deux enfoncements qui portent le nom de *ventricules du larynx*. On désigne sous le nom de *glotte* l'espace compris entre ces quatre replis; au-dessus de la glotte se trouve l'*épiglotte*, sorte de petite soupape cartilagineuse, attachée au bord antérieur de la face interne du cartilage thyroïde; elle peut en s'abaissant fermer l'entrée du larynx.

126. Chez certain mammifères le larynx est pourvu de cavités accessoires servant au renforcement des sons; les singes hurleurs présentent cette disposition. Chez les oiseaux l'organe vocal est double; il existe deux larynx; l'un d'eux se trouve comme chez les mammifères à l'entrée de la trachée-artère, l'autre est situé à la partie inférieure de ce tube au-dessus de l'origine des bronches. C'est ce dernier qui sert à produire les sons, le larynx supérieur sert à les moduler. Aussi lorsque l'on coupe le cou d'un oiseau peut-il continuer à crier à l'aide de son larynx inférieur.

127. Galien, médecin célèbre de l'antiquité, démontra le premier que c'est dans le larynx que se produisent les sons; il reconnut que si l'on coupe les nerfs qui se rendent à cet organe, l'animal sur lequel on fait l'opération ne peut plus se faire entendre. On a reconnu depuis que ce sont surtout les cordes vocales qui agissent pour la production des sons, en se rapprochant et en s'écartant rapidement de façon à entrer en vibra-

tion rapide; plus les cordes vocales présentent de longueur, plus les vibrations seront lentes, et par conséquent plus le son sera grave; quand, au contraire, ces cordes sont courtes les sons sont aigus. Le pharynx, les fosses nasales et la langue modifient les sons et servent à la prononciation.

MOUVEMENTS

Muscles. — Leur structure et leur mode d'insertion. — Composition du squelette.

SYSTÈME MUSCULAIRE.

128. — Nous avons vu que la faculté d'exécuter des mouvements autonomiques était propre au règne animal. Ces mouvements s'exercent à l'aide de *muscles* qui agissent sur des pièces et des leviers solides, portant tantôt le nom d'os, tantôt celui d'écaille, de coquille, de cartilage.

129. **Muscles.** — Les muscles sont formés par des faisceaux de fibres primitives, rangées à côté les unes des autres, qui, vues au microscope, semblent souvent être formées d'une série de disques empilés.

La propriété caractéristique de chacune de ces fibres est de pouvoir se contracter, c'est-à-dire se raccourcir sous l'influence de la volonté ou de quelque cause excitante ou irritante.

Les muscles régis par la volonté reçoivent des nerfs de l'axe cérébro-spinal, tandis que ceux dont la contraction s'opère indépendamment de nous, et sans que nous en ayons conscience, reçoivent des filets du grand sympathique ou système ganglionnaire; vues à un fort grossissement, ces fibres présentent des différences; celles qui sont sous l'empire de la volonté ont un aspect strié, tandis que les autres sont lisses.

Les muscles sont composés surtout de fibrine; chez les animaux supérieurs ils ont une couleur rouge intense, due au sang qui les imprègne, leur teinte propre est cependant blanchâtre, comme on peut s'en assurer en enlevant le sang par des lavages ou la macération, ou bien encore en examinant le tissu musculaire d'animaux à sang incolore; celui des crustacés par exemple. L'on voit que chez l'écrevisse, le homard, la masse des muscles est complétement blanche.

130. **Tendons et aponévroses.** — Les fibres musculaires ne s'insèrent généralement pas directement sur les pièces solides du squelette; elles se terminent par une extrémité fibreuse, blanche, nacrée et résistante qui vient se fondre avec le périoste qui entoure les os. Cette partie porte le nom de *tendon* lorsqu'elle est allongée et peu élargie, et celui d'*aponévrose* lorsqu'elle est large et aplatie en forme de lame.

Quand un muscle se contracte il se raccourcit et, par conséquent, tend à rapprocher ses deux points d'attache ; lorsque l'un de ces points est fixe, l'autre seul est mis en mouvement.

La force d'action des muscles dépend : 1° de leur grosseur ; 2° de leur mode d'insertion. Ainsi un muscle agira d'une manière d'autant plus puissante qu'il sera inséré *moins obliquement* sur un os, et le maximum d'action sera obtenu lorsque le muscle s'insérera à angle droit. En effet, dans ce cas il n'y a pas de perte de force.

La longueur du bras de levier exerce aussi une grande influence sur la puissance musculaire ; en effet, la distance qui sépare le point d'insertion d'un muscle du point d'appui sur lequel se meut l'os, et de l'extrémité opposée du levier que cet organe représente, influe beaucoup sur sa puissance d'action.

On distingue parmi les muscles :

Les *fléchisseurs* qui déterminent la flexion d'un os sur un autre.

Les *extenseurs* qui, au contraire, redressent l'os.

Les *rotateurs* qui produisent les mouvements de rotation.

Les *abducteurs* qui écartent l'os.

Les *adducteurs* qui les rapprochent.

Il y a en général un certain nombre de muscles qui concourent à un même but, et un autre système de muscles destinés à opposer leur action et à rétablir le membre dans son premier état ; on les nomme muscles *antagonistes*.

Les muscles tirent en général leur nom, soit de leur forme, soit de leurs points d'insertion, soit de leurs usages.

Chez la plupart des vertébrés les muscles enveloppent le squelette, et sont situés sous la peau. Chez presque tous les invertébrés ainsi que chez les chéloniens, le squelette est extérieur et l'appareil musculaire intérieur.

SYSTÈME OSSEUX.

131. **Vertébrés.** — Chez les vertébrés le squelette est formé par la réunion d'un certain nombre de pièces solides qui restent quelquefois à l'état cartilagineux ; mais en général s'encroûtent de sels calcaires et constituent des os. Ces os sont formés d'une matière animale analogue à la gélatine et connue sous le nom d'*osséine* et de phosphate et de carbonate de chaux. Le premier de ces sels est beaucoup plus abondant que l'autre. Les os se développent par plusieurs centres nommés points d'ossification. Dans les os longs les extrémités connues alors sous le nom d'*épiphyses* restent longtemps distinctes du corps de l'os.

D'après leur forme on divise les os en os longs, os courts et os plats. Les premiers se présentent en général sous la forme d'un cylindre creux à l'intérieur et rempli d'une matière graisseuse, la *moelle*. Cette substance manque dans les os des oiseaux où la cavité intérieure ou médullaire est remplie par de l'air (voy. parag. 63). On remarque souvent à la surface des os, des saillies plus ou moins volumineuses nommées *apophyses* et destinées à donner attache aux muscles.

Les os sont entourés d'une membrane fibreuse et vasculaire, le *périoste* qui joue un rôle important dans la production du tissu osseux. En effet, si on enlève un os en laissant cette membrane intacte, la partie enlevée ne tardera pas à se reproduire. Le périoste paraît donc jouir de la propriété d'engendrer le tissu osseux. Les facettes articulaires sont arrondies, entourées de ligaments puissants destinés à empêcher les têtes d'os de se déplacer et à limiter leurs mouvements; de plus une membrane fine et délicate les revêt; elle sécrète une humeur appelée *synovie* qui sert à faciliter les glissements.

132. *Articulations.* — Les os s'articulent entre eux de diverses manières. Tantôt ils ne peuvent exécuter aucun mouvement. Les os du crâne sont dans ce cas, ils sont alors réunis par des sutures dont la forme varie. D'autres fois les articulations sont mobiles; celles des vertébrés le sont à peine et les mouvements s'exécutent par le jeu des cartilages intermédiaires (*articulation par continuité*). Les membres sont au contraire susceptibles de mouvements très-étendus. Les os simplement juxtaposés (*articulation par contiguïté*) peuvent se porter soit dans plusieurs sens, soit dans un seul; cela dépend de la forme des cavités circulaires qui reçoivent les têtes d'os, et des ligaments qui entourent et brident l'articulation.

On nomme *arthrodie* une articulation qui permet les mouvements dans tous les sens comme celle du bras; et *ginglyme* une articulation en charnière où le mouvement ne peut se faire que dans un sens comme celle du coude et de la jambe.

133. **Squelette.** *Tête.* — Le squelette des animaux vertébrés se compose d'un très-grand nombre d'os; il peut se diviser en trois parties fondamentales : la tête, le tronc et les membres.

La *tête* se compose du crâne et de la face. Le *crâne* (*fig.* 36) s'articule sur la colonne vertébrale et peut en être considéré comme la terminaison, huit os entrent dans la constitution de cette sorte de boîte. En haut et en avant le *frontal* ou *coronal* *f* (*fig.* 36);

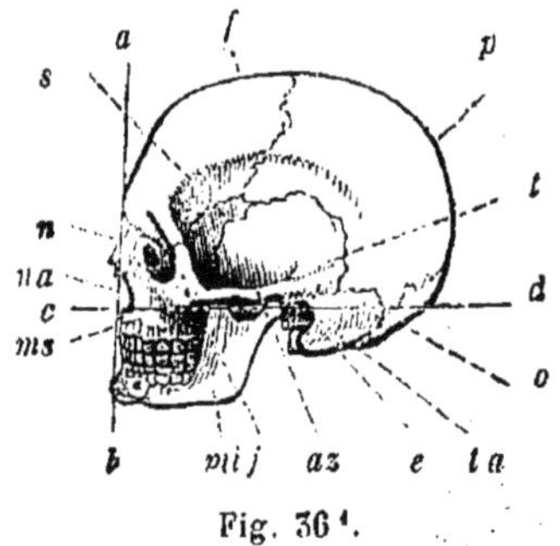

Fig. 36[1].

[1] *f* os frontal ou coronal. — *p* pariétal. — *t* temporal. — *o* occipital. — *s* sphéroïde. — *n* os nasal. — *ms* maxillaire supérieur. — *j* os jugal. — *mi* maxillaire inférieur. — *na* ouverture antérieure des fosses nasales. — *ta* trou auditif. — *az* arcade zygomatique, formée par une portion des os jugal et temporal. — *a*, *b*, *c*, *d* lignes indiquant l'angle facial.

sur les côtés et en dessus, les deux *pariétaux p;* à la partie inférieure et postérieure l'*occipital o;* sur les côtés et au-dessous des pariétaux, les deux *temporaux t.* Enfin, la base du crâne est formée en avant par l'*éthmoïde* et en arrière par le *sphénoïde.* L'occipital, les pariétaux et le frontal s'articulent entre eux par engrenage, c'est-à-dire à l'aide d'une série de saillies et d'enfoncements, qui s'emboîtent exactement. Les temporaux s'articulent, au contraire, avec le reste du crâne par juxtaposition; leur bord est taillé en biseau et s'appuie simplement sur les autres os. C'est dans l'épaisseur d'une portion du temporal que se trouve logé l'organe de l'ouïe; cette partie, d'une dureté extrême, porte le nom de *rocher;* sur la face externe du temporal se remarque une apophyse très-saillante appelée apophyse *zygomatique az*, qui concourt à former la pommette et donne attache aux muscles releveurs de la mâchoire inférieure. Cette dernière s'articule dans une cavité nommée cavité *glénoïde*, creusée dans le même os.

La *face* est formée par quatorze os différents qui circonscrivent des cavités destinées à loger les organes de la vue, de l'odorat et du goût. Ces os, excepté celui de la mâchoire inférieure, sont complétement immobiles.

Ce dernier, appelé *maxillaire inférieur* (*mi*), présente une ressemblance grossière avec un fer à cheval; on y distingue deux branches réunies sur la ligne médiane par une suture plus ou moins visible. La mâchoire inférieure est mue par des muscles puissants qui s'insèrent d'une part à l'angle inférieur de cet os, d'autre part sur les côtés du crâne.

Le *tronc* se compose d'une partie principale, la colonne vertébrale, et de parties secondaires, qui sont le sternum, les côtes et le bassin.

134. *Colonne vertébrale.* — La colonne vertébrale (*fig.* 38) s'étend de la tête à l'extrémité postérieure du corps; elle est formée par un grand nombre de petits os appelés vertèbres.

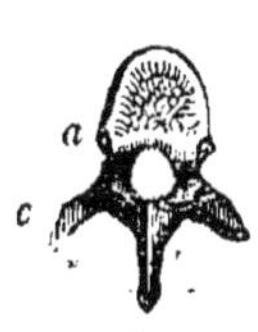

Fig. 37. Vertèbres.

Chez l'homme, chaque vertèbre (*fig.* 37) se compose d'un corps *a* placé en avant et d'une partie annulaire qui donne naissance à sept apophyses. L'une d'elles, placée en arrière sur la ligne médiane, se prolonge en une pointe destinée à donner attache à des muscles; elle porte le nom d'*apophyse épineuse b.*

Deux apophyses sont placées en dehors sur les côtés et sont appelées *apophyses transverses c.* Enfin, les *apophyses articulaires* sont au nombre de quatre, deux supérieures et deux inférieures, et elles servent à unir les vertèbres entre elles. — La partie annulaire de la vertèbre est destinée à contenir et protéger la moelle épinière; sur les parties latérales sont des échanerures qui, en se réunissant deux à deux, forment des *trous de conjugaison* destinés au passage des nerfs

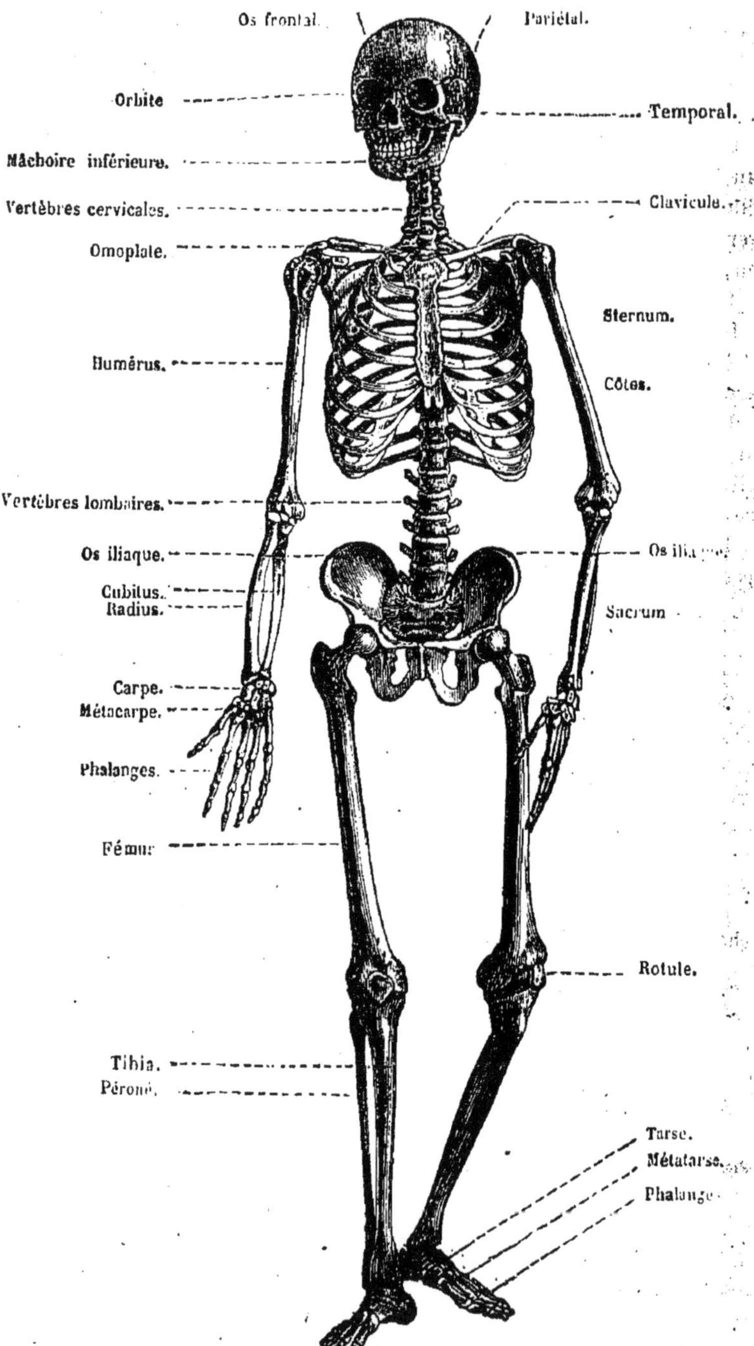

Fig. 38. — Squelette de l'Homme.

Les vertèbres de l'homme sont au nombre de trente-trois, à savoir : 7 cervicales, 12 dorsales, 5 lombaires, 5 sacrées, 4 coccygiennes.

La première vertèbre cervicale porte le nom d'*atlas*, elle ressemble à un anneau ; le corps et les apophyses épineuse et transverses y sont rudimentaires; elle s'articule avec les condyles de l'occipital. La seconde vertèbre ou *axis* présente en avant et en haut une saillie volumineuse ou *apophyse odontoïde* sur laquelle roule l'atlas.

Chacune des douze vertèbres dorsales porte deux côtes.

Les vertèbres lombaires sont grosses et trapues.

Les vertèbres sacrées sont soudées en un seul os connu sous le nom de *sacrum*. Les vertèbres coccygiennes sont très-petites et légèrement mobiles.

135. **Côtes.** — Les côtes (*fig.* 38), au nombre de 12 paires, sont des arcs osseux qui entourent la poitrine et forment la cage thoracique; elles peuvent exécuter des mouvements et servent au mécanisme de la respiration. (Voy. parag. 60).

La partie dorsale de ces os est complétement osseuse; au contraire, la partie antérieure est cartilagineuse; les sept premières côtes ou *côtes vraies* vont se réunir en avant à un os médian, connu sous le nom de *sternum*; les cinq suivantes ou *fausses côtes* ne s'étendent pas jusqu'à cet os. Chez quelques animaux, la grenouille par exemple (*fig.* 39), les côtes manquent, chez les serpents, au contraire, elles sont en nombre très-considérable, et il n'y a pas de sternum.

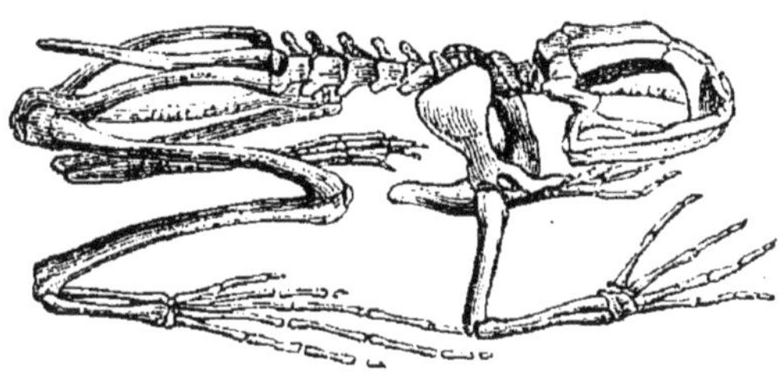

Fig. 39. — Squelette de Grenouille.

136. **Sternum.** — La forme du sternum (*fig.* 38) varie considérablement suivant les groupes d'animaux où on l'observe ; lorsqu'il doit donner attache à des muscles puissants, son étendue augmente;

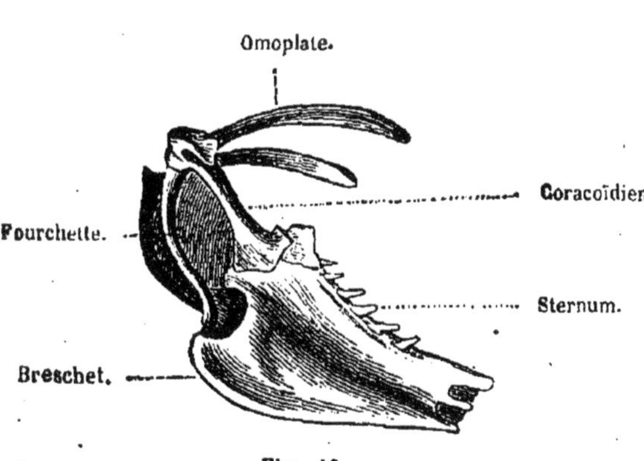

Fig. 40.

ainsi, chez les oiseaux (*fig.* 40), il s'étend au-devant du thorax et d'une partie de l'abdomen et présente sur la ligne médiane une crête saillante, connue sous le nom de *breschet*. Chez les oiseaux grands voiliers, ces parties sont beaucoup plus développées que chez ceux qui ne se servent que peu ou point de leurs ailes; chez l'autruche, qui est destinée à la course, le breschet manque complétement.

Parmi les mammifères, les chauves-souris sont pourvues d'un sternum très-large..

La colonne vertébrale en arrière, le sternum en avant, les côtes latéralement, forment une sorte de cage destinée à soutenir les membres antérieurs.

137. **Membres.** — Chez les animaux supérieurs, ces appendices sont au nombre de quatre, deux supérieurs ou thoraciques et deux inférieurs ou abdominaux; ils se composent d'une partie basilaire qui sert de point d'appui et d'un levier articulé.

138. *Épaule.* — La partie basilaire du membre supérieur nommée épaule se compose de deux os, l'omoplate et la clavicule. L'*omoplate* est un os plat, très-large et triangulaire; il est appliqué en arrière contre les côtes, sa face postérieure présente une crête saillante terminée par une apophyse nommée *acromion*, avec laquelle s'articule la clavicule; au-dessous de cette apophyse se trouve une cavité articulaire destinée à recevoir la tête de l'os du bras.

La *clavicule* s'étend de l'omoplate à la partie supérieure du sternum et sert à maintenir les épaules écartées; chez les animaux dont les membres thoraciques peuvent exécuter des mouvements de dehors en dedans et de dedans en dehors, la clavicule existe, elle manque au contraire chez ceux qui ne peuvent exécuter que des mouvements d'avant en arrière ou de haut en bas. Chez les chevaux, les ruminants, les chiens, etc., elle manque; elle se trouve au contraire chez l'homme, les singes, les rongeurs grimpeurs, tels que l'écureuil.

Chez les oiseaux qui doivent ramener violemment le bras vers la poitrine, la clavicule est double (*fig.* 40); l'une porte le nom de *fourchette;* celle de droite, se soude sur la ligne médiane avec celle de gauche, et l'espèce de triangle ainsi formé s'appuie sur la partie antérieure du sternum, l'autre, connue sous le nom d'os *coracoïdien*, est très-développée, elle s'articule solidement avec le sternum.

Le levier articulé qui s'appuie sur l'épaule se compose du bras, de l'avant-bras et de la main.

139. *Bras.* — Le bras est formé d'un seul os nommé *humérus*, il se termine supérieurement par une tête sphérique qui s'articule avec l'omoplate, sur laquelle il peut rouler dans tous les sens. Il est long et cylindrique et présente de nombreuses aspérités destinées à donner attache à divers muscles; les principaux sont, le *grand pectoral* qui porte le bras

en dedans et en bas; le *deltoïde*, qui le relève, et le *grand dorsal*, qui le porte en bas et en arrière. L'extrémité inférieure de l'humérus est aplatie et présente une série de poulies, avec lesquelles les os de l'avant-bras, s'articulent en *ginglyme angulaire*. C'est-à-dire qu'ils ne peuvent exécuter de mouvements que dans un sens, comme une sorte de charnière.

140. *Avant-bras.* — L'avant-bras est formé de deux os, le *cubitus* et le *radius*; ce dernier peut, chez l'homme, tourner sur le cubitus et porter la paume de la main en haut ou en *supination* et en bas ou en *pronation*. Le radius est très-élargi à son extrémité inférieure, où il s'articule avec les os du poignet; au contraire, il est mince à son extrémité supérieure.

Le cubitus forme presque exclusivement l'articulation du coude et se termine en arrière par une apophyse saillante nommée *olécrâne*, sur laquelle s'insèrent les muscles extenseurs de l'avant-bras, et qui limite l'extension de ce levier à une ligne droite, car, elle vient alors s'appuyer contre l'humérus. Chez certains animaux, le cubitus n'est pour ainsi dire représenté que par cette seule partie; cette particularité se trouve chez les chevaux et les ruminants. Chez les oiseaux, le cubitus est très-développé, et sert à l'insertion des grandes plumes de l'aile.

141. *Main.* — La main se compose de trois parties : le poignet ou carpe, le métacarpe et les doigts.

Le *carpe* joint l'avant-bras à la main; il est formé de huit petits os sur deux rangées de quatre chacune.

Le *métacarpe* constitue le corps de la main; il est formé par une rangée de petits os longs; leur nombre correspond ordinairement à celui des doigts : chez l'homme on en compte cinq. Chez le cheval (*fig.* 41), au contraire, on n'en voit qu'un seul, connu sous le nom de *canon*, et résultant de la soudure des métacarpiens médians; de chaque côté du canon on voit un petit stylet osseux représentant les métacarpiens latéraux.

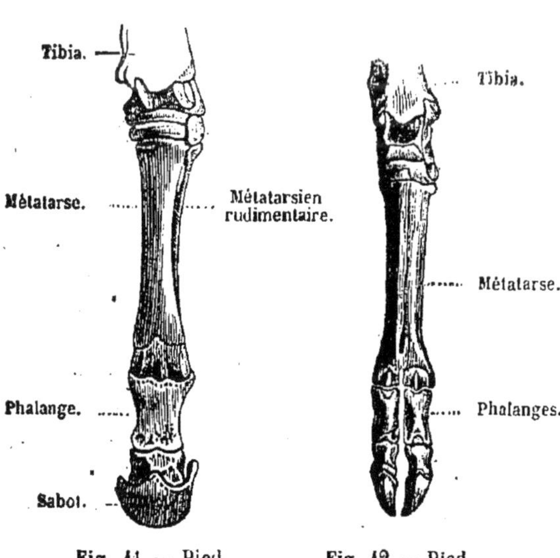

Fig. 41. — Pied de Cheval.

Fig. 42. — Pied de Ruminant.

Chez les ruminants (*fig.* 42), il existe également un canon, mais il présente à sa partie inférieure une poulie double et se termine par deux doigts au lieu d'un comme chez le cheval.

Les doigts sont constitués par de petits os placés à la suite les uns des autres et portant le nom de *phalanges*. Le pouce n'en a que deux; les autres doigts en ont chacun trois. La première prend le nom de *phalange*, la deuxième celui de *phalangine*, la troisième celui de *phalangette* et porte l'ongle.

Les membres inférieurs ou abdominaux sont construits sur le même plan que les membres thoraciques. Leur portion basilaire, qui représente l'épaule, porte le nom de *hanche*.

142. *Hanche.* — Cette partie est formée par un grand os plat, appelé os *iliaque*; en avant ces deux os se soudent entre eux et en arrière ils s'appuient sur le sacrum de façon à former une sorte de ceinture osseuse, qui porte le nom de *bassin;* sur les côtés se voit une cavité semi-sphérique appelée *cavité cotyloïde* et qui est destinée à loger la tête de l'os de la cuisse.

Le levier articulé qui s'appuie sur le bassin se compose de trois parties, la cuisse, la jambe et le pied.

143. *Cuisse.* — La *cuisse*, qui correspond au bras, ne se compose que d'un seul os, le *fémur*, analogue de l'humérus. Il offre à son extrémité supérieure une tête sphérique destinée à son articulation et portée sur un col oblique, et des tubérosités, désignées sous le nom de *trochanters* qui servent à l'insertion des muscles. Son extrémité inférieure est renflée et présente deux condyles arrondis qui s'articulent avec les os de la jambe pour constituer le genou.

144. *Jambe.* — La jambe, de même que l'avant-bras, est constituée par deux os, le *tibia* et le *péroné;* de plus, au-devant du genou se voit un petit os, la *rotule*, que l'on regarde comme l'analogue de l'apophyse olécrâne et qui sert à empêcher la jambe de se ployer trop en avant.

Le tibia est beaucoup plus fort que le péroné, il sert presque exclusivement à l'articulation du pied; aussi son extrémité est-elle disposée de façon à former un ginglyme très-serré.

Le péroné est un os très-long et très-grêle, il est placé en dehors du tibia; il est immobile et ne peut tourner sur cet os, comme le radius roulait sur le cubitus. Son extrémité inférieure est renflée et forme la *malléole* interne, ou *cheville* du pied; la malléole externe est formée par l'extrémité inférieure du tibia.

Chez quelques animaux, les chevaux et les ruminants par exemple, le péroné manque ou est rudimentaire; chez les oiseaux il se présente comme une simple baguette osseuse.

145. *Pied.* — Le *pied* se compose comme la main de trois parties . le tarse, le métatarse et les doigts. Le tarse est constitué par sept os.

L'*astragale* sert seul à l'articulation de la jambe, et repose sur le *calcaneum* ou os du talon ; les autres os sont plus petits et moins importants.

Le nombre des os du métatarse correspond en général à celui des doigts; chez l'homme on en compte cinq, chez les ruminants et le cheval, ils sont soudés en un seul os, ou *canon postérieur*.

Les doigts du pied portent le nom d'orteils et se composent de phalanges en nombre égal à ceux de la main. Chez les oiseaux, les os du métatarse et du tarse sont soudés en un seul os terminé inférieurement par une triple poulie sur laquelle s'articulent les doigts.

MODIFICATIONS DE L'APPAREIL LOCOMOTEUR POUR SERVIR A LA MARCHE, AU VOL, A LA NATATION ET A LA REPTATION DANS LES DIVERS ANIMAUX.

146. — Le genre de vie d'un animal entraîne nécessairement de profondes modifications dans la conformation de ses membres. Tandis que certains vertébrés sont destinés à se mouvoir sur un sol résistant, d'autres doivent se soutenir dans les airs, d'autres vivre dans l'eau ; enfin quelques-uns rampent à la surface de la terre. — Tous ces êtres ont un squelette formé à peu près des mêmes éléments; mais ces différentes parties peuvent se développer beaucoup ou s'atrophier.

147. **Marche.** — Chez les animaux qui vivent à la surface de la terre et qui ne rampent pas, le corps est soutenu par des membres. Chez l'homme, les membres postérieurs seuls servent à cet usage ; chez les mammifères, les membres antérieurs agissent aussi; dans ce cas, la station est beaucoup moins fatigante, car la base de sustentation est très-large, et l'animal n'a besoin que de peu d'efforts pour se maintenir en équilibre ; aussi voit-on des quadrupèdes, tels que des chevaux, passer facilement un temps très-long sans se coucher. Dans ce cas, il n'y a aucun avantage à ce que la base de chaque membre en particulier soit large ; elle serait alourdie, et son déplacement se ferait plus difficilement. Il est, au contraire, important que chaque levier soit grêle, et par conséquent léger. Chez les animaux coureurs, tels que les cerfs, les chevaux, etc. Chaque membre affecte la forme d'une tige rigide dont l'extrémité n'est que peu ou point renflée, et le nombre des doigts diminue de façon qu'il ne reste plus chez les chevaux qu'un seul os au métacarpe et au métatarse. — Mais, lorsque la station est bipède, il faut, pour que le corps conserve son équilibre, que la base de sustentation présente une certaine largeur et une certaine longueur, comme on le voit chez l'homme et les oiseaux.

148. **Vol.** — Quand un animal est destiné à se soutenir dans les airs, c'est à l'aide de ses membres antérieurs plus ou moins modifiés que ce mode de locomotion s'effectue. Quelques mammifères peuvent voler ; les chauves-souris sont dans ce cas. Ce résultat est obtenu

d'une manière assez simple (*fig.* 43) et sans que la nature ait recours à des instruments de création spéciale. Les os du bras et de l'avant-bras ne présentent aucune partculairité; mais les doigts s'allongent beaucoup,

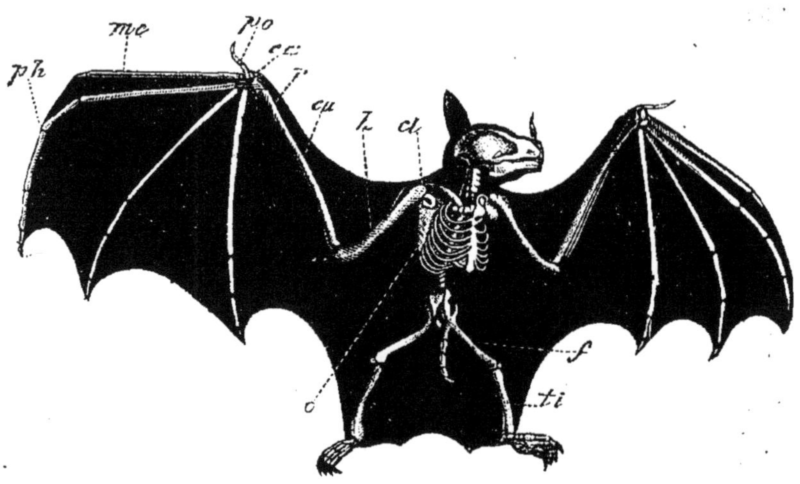

Fig. 43. — Squelette de Chauve-souris [1].

s'écartent et servent à soutenir, comme le feraient les baleines d'un parapluie, un repli de la peau des flancs qui se prolonge en arrière jusqu'au talon.

Quelques écureuils et les galéopithèques peuvent, non pas voler, mais se soutenir un instant dans les airs et retarder leur chute. Ce résultat est obtenu à l'aide d'un prolongement de la peau des flancs, qui s'étend en manière de parachute d'un membre à l'autre.

Chez les oiseaux, nous trouvons des parties spéciales : ce sont les plumes. Le squelette est aussi plus profondément modifié. — Les membres antérieurs forment des espèces de rames appelées ailes. L'humérus, le cubitus et le radius sont conformés, à peu de chose près, sur le même plan que chez des mammifères. Le carpe est rudimentaire; il ne se compose que de deux os. Le métacarpe est formé par un seul os qui présente deux branches soudées entre elles par leurs extrémités. Au côté radial de ce métacarpe s'insère un pouce rudimentaire, et à son extrémité se voient un doigt médian, composé de deux phalanges et un petit stylet, trace du doigt externe. Les grandes plumes de l'aile s'insèrent directement sur le cubitus, sur le métacarpe et sur les phalanges.

[1] *cl* clavicule. — *h* humérus. — *cu* cubitus. — *r* radius. — *ca* carpe — *po* pouce. — *me* métacarpe. — *ph* phalanges. — *o* omoplate. — *f* fémur. — *ti* tibia.

Quand un oiseau veut s'élever dans les airs, il élève l'humérus, l'avant-bras étant ployé, puis il étend ce dernier, et abaisse vigoureusement le bras. L'air, refoulé par ce mouvement, oppose une certaine résistance et fournit un point d'appui à l'aile. L'oiseau est ainsi soulevé. En répétant rapidement ce mouvement, il peut se mouvoir avec une grande vitesse dans le fluide ambiant. — La puissance musculaire que l'oiseau doit développer dans le mécanisme du vol entraîne différentes modifications dans la structure, non-seulement de ses membres antérieurs, mais encore de sa charpente osseuse. Comme nous l'avons déjà dit, le sternum s'élargit et se garnit d'une carène saillante pour présenter une large surface d'insertion aux muscles de l'aile. La clavicule est double, afin de former de puissants arcs-boutants à l'épaule (Voy. par. 136, *fig.* 40); enfin des sacs aériens se développent entre les viscères et les muscles, afin de diminuer le poids spécifique de l'oiseau.

De même que les oiseaux, certains insectes peuvent se soulever dans les airs. Leurs ailes se présentent sous la forme d'appendices lamelleux, composés d'une double membrane, soutenus à l'intérieur par des nervures cornées.

148. **Natation.** — Certains animaux sont destinés à vivre dans l'eau et à pouvoir s'y mouvoir en nageant. Quand les membres doivent servir à la fois à la marche et à la natation, ils sont en général élargis à leur extrémité, de façon à pouvoir agir comme une rame. Ainsi, chez les oiseaux nageurs, tels que les oies, les canards, les pieds sont palmés, c'est-à-dire que les doigts sont réunis par une membrane qui présente une large surface pouvant frapper l'eau. Chez les mammifères qui nagent facilement, tels que la loutre, il en est de même; mais quand l'animal est destiné à vivre uniquement dans l'eau, les modifications que le squelette éprouve sont plus profondes. Le bras et l'avant-bras se raccourcissent, la main présente une largeur considérable, et les doigts, réunis sous une enveloppe commune, sont disposés comme une palette. Les membres du phoque sont construits sur ce plan. Chez les poissons, les membres sont beaucoup plus profondément modifiés; ils sont représentés par une série de petits os, portés sur une sorte de ceinture osseuse et soutenant une membrane qui constitue la nageoire. Les nageoires formées aux dépens des membres ne servent que peu à la locomotion des poissons; leur organe de progression le plus puissant est la queue, qui s'élargit en palette, et c'est en frappant l'eau par des flexions rapides de cette queue et du tronc, que le saumon peut parcourir trois ou quatre myriamètres en une heure.

149. **Reptation.** — Quelques animaux vertébrés posent sur le sol par toute la longueur de leur corps, et ne se déplacent que par des ondulations de leur tronc : ils *rampent*. Les serpents sont dans ce cas; chez eux on ne trouve plus aucune trace des membres; leur squelette

ne se compose que d'une tête, d'une colonne vertébrale et de côtes. Ces côtes sont libres en dessous; elles peuvent par leurs mouvements aider au déplacement du corps de l'animal; mais quand la progression doit être rapide, elle se fait à l'aide d'une série d'ondulations, l'animal prenant un point d'appui sur l'une des extrémités de son corps pour éloigner l'autre, s'appuyant à son tour sur celle-ci pour rapprocher la première, et ainsi de suite.

Certains animaux offrent à chaque extrémité de leur corps une ventouse à l'aide de laquelle ils peuvent se fixer; c'est de cette manière et en contractant, puis allongeant alternativement leur corps, qu'ils progressent. Les sangsues sont dans ce cas.

CLASSIFICATION GÉNÉRALE DU RÈGNE ANIMAL

Espèce, variété, race, genre. — Division du règne animal en embranchements et en classes

150. — Dans le principe on a donné à chaque espèce d'animal un nom particulier; mais le nombre de ces espèces est bientôt devenu tellement considérable qu'il était impossible à la mémoire de fixer tous ces noms; on a alors réuni les espèces entre elles suivant leur plus ou moins grande ressemblance et on en a formé des groupes dont on a étudié les caractères. En un mot, on a été forcé d'arriver à une classification.

151. **Espèce.** — On a donné le nom d'*espèce* à l'ensemble des animaux semblables, pouvant être considérés comme descendants d'une paire primitive et se reproduisant avec les mêmes caractères, comme les chevaux, les moutons, les bœufs. L'espèce ne varie que dans des limites très-restreintes. Les animaux conservés dans les pyramides d'Égypte, pendant près de quatre mille ans, ne diffèrent en rien de ceux qui vivent encore aujourd'hui dans le même pays.

152. **Variétés.** — Tous les individus d'une même espèce ne sont cependant pas identiquement semblables. Pendant le cours même de leur vie, ils changent d'aspect; et ils diffèrent entre eux par une multitude de particularités qui ne touchent pas aux caractères de l'espèce, mais qui constituent des *variétés.*

153. **Races.** — Parmi les caractères qui forment les variétés, quelques-uns sont héréditaires, et les individus qui héréditairement reproduisent ces caractères constituent les *races.*

Mais les races sont presque toujours artificielles. C'est en général sous l'influence de l'homme que certains animaux deviennent la souche d'une race. Pour arriver à ce résultat on recherche parmi de nombreux animaux domestiques ceux qui accidentellement présentent les particularités que l'on désire perpétuer; on les réunit ensemble, et le plus souvent les petits qu'ils produisent jouissent des mêmes caractères et des mêmes facultés qu'eux. Les races que l'homme a créées sont innombrables, et répondent à ses besoins. C'est ainsi qu'il a formé des races de chevaux de course, légers et rapides, et de chevaux de trait, lourds et robustes. Quand les besoins de l'homme n'existent plus, la race ne tarde pas à disparaître; c'est ce qui a eu lieu dans ce moment pour la race des chiens lévriers, dont on ne peut plus tirer parti pour la chasse; donc, sous l'influence de l'homme, une espèce peut s'écarter de son type primitif; mais quand cette influence cesse l'espèce se reconstitue telle qu'elle était. Autant les races sont variables, autant les espèces le sont peu.

A côté de ces *races artificielles*, résultat des efforts des hommes, se trouvent les *races naturelles*, qu'il est difficile de distinguer des espèces proprement dites. Mais l'espèce a pour caractère de ne pas pouvoir se croiser d'une manière permanente; au contraire, les races se croisent facilement. L'espèce résulte d'une seule paire primitive, et les animaux qui en résultent se succèdent à l'infini; ce ne sont que des émanations directes de leurs premiers parents; deux espèces différentes à l'état sauvage ne se croisent jamais; en domesticité, l'homme est parvenu à faire produire l'âne et le cheval, le serin et le chardonneret, le lièvre et le lapin, le bœuf et le bison; mais la reproduction s'arrêtait là, et les produits ainsi obtenus étaient inféconds. De ces faits il faut conclure que l'espèce est stable et tient à l'essence des animaux. Aussi doit-elle être prise pour point de départ dans l'étude du règne animal.

Chaque espèce, comme nous l'avons dit, a reçu primitivement un nom. Ainsi on a dit l'espèce chat, l'espèce chien; mais un même groupe en est arrivé à renfermer trop de divisions spécifiques; il a fallu réunir les espèces voisines entre elles et en former des genres. *Le genre est la réunion des espèces qui diffèrent peu les unes des autres.*

Ainsi, du loup, du renard et du chien, on a formé le genre *canis*, et on désigne le renard sous le nom de *canis vulpes*, le loup sous celui de *canis lupus;* chaque espèce portant ainsi deux noms que l'on peut assimiler à des noms de baptême et à des noms de famille.

On a réuni les genres les plus voisins pour en former des *tribus;* des tribus on a fait les *familles;* la réunion des familles a constitué les *ordres;* ceux-ci ont formé les *classes*, et avec les classes on a fait les *embranchements* qui, par leur réunion, constituent le *règne animal.*

On n'est pas arrivé de prime abord à cet ensemble de classification. Les premiers naturalistes ont bien reconnu de suite les principaux groupes naturels tels que ceux des mammifères, des oiseaux, des reptiles et des poissons; mais ils y ont établi des coupes arbitraires, et ils ont pris pour base soit les *systèmes*, soit les *méthodes.*

154. Divers modes de classification. — On appelle système ou classification systématique toute classification dans laquelle on s'attache seulement à un ou plusieurs caractères pris arbitrairement, et d'après lesquels on range les espèces. Ce mode de groupement est commode pour arriver immédiatement au nom de l'espèce que l'on veut déterminer ; mais il présente de grands inconvénients en ce qu'il réunit des animaux souvent très-différents et en éloigne qui ont entre eux beaucoup d'analogie. Si, par exemple, on range ensemble les animaux à deux pieds, on placera l'homme à côté des oiseaux, tandis qu'on l'éloignera de certains singes.

Au contraire, dans les méthodes naturelles on classe les animaux d'après l'ensemble de leurs caractères les plus importants en ne leur donnant pas à tous la même valeur. Ainsi, un caractère que l'on regarde comme fondamental et important vaut plusieurs caractères accessoires.

La première classification méthodique est due à Bernard de Jussieu, qui commença le premier cette grande réforme. Son neveu, Antoine-Laurent, continua et compléta l'œuvre commencée, et, en 1728, publia le premier ouvrage de ce genre, le *Genera Plantarum.* Il étudia d'abord l'ensemble des caractères, jugeant de leur importance par leur fixité et leur persistance. Cuvier suivit à peu près la même voie pour le règne animal; et, bien que le nombre des espèces et des genres se soit considérablement accru depuis cette époque, les méthodes de de Jussieu et de Cuvier sont encore suivies aujourd'hui.

GRANDES DIVISIONS DU RÈGNE ANIMAL

155. Cuvier divisa le règne animal en quatre embranchements : 1° les *vertébrés ;* 2° les *annelés ;* 3° les *mollusques ;* 4° les *zoophytes.*

Ayant constaté que ce sont les fonctions de relation qui distinguent les animaux des végétaux, Cuvier leur a donné une grande valeur, et a d'abord interrogé le système nerveux pour classer les animaux. Entre la disposition du système nerveux et la forme du corps il existe de grands rapports. Chez les rayonnés, le système nerveux est pour ainsi dire rayonné (exemple l'astérie ou étoile de mer). — Chez les mollusques, il est symétrique, et constitue, autour du tube digestif, une sorte d'anneau appelé le collier œsophagien. — Chez les annelés, il constitue également un collier œsophagien, mais il est très-allongé et consiste en une longue série simple ou double de ganglions. — Chez les vertébrés le système nerveux occupe le côté dorsal du corps et se compose d'un axe cérébro-spinal qui envoie des filets dans tous les membres.

SYSTÈME NERVEUX.	Cerveau et moelle épinière.			*Vertébrés.*
	Ni cerveau ni moelle épinière.	Chaine ganglionnaire.		*Annelés.*
		Pas de chaine.	Système nerveux diffus.	*Mollusques*
			— — rayonnant.	*Rayonnés*

EMBRANCHEMENT DES VERTÉBRÉS

Organisation générale des mammifères, des reptiles, des oiseaux, des batraciens et des poissons.

156. Chez les vertébrés le squelette est toujours intérieur et recouvert d'une masse musculaire et de la peau. Les centres nerveux, situés tous du côté dorsal du tube digestif, sont enveloppés et protégés par le squelette. La peau enveloppe et protége toutes ces parties. Le corps de tout vertébré peut être partagé en deux moitiés symétriques par un plan médian longitudinal.

Pour diviser l'embranchement des vertébrés en classes on s'est basé sur les fonctions de la respiration et de la circulation; c'est en suivant cette marche que l'on est arrivé à y établir les coupes suivantes.

- **VERTÉBRÉS.**
  - Respiration pulmonaire dès la naissance. Jamais de branchies.
    - Des organe de lactation. Sang chaud. Circulation complète et cœur à 4 cavités. Respiration pulmonaire simple. Corps garni de poils. — Vivipares. Mâchoire articulée directement avec le crâne. . . *Mammifères.*
    - Pas d'organes de lactation. Mâchoire inférieure articulée au crâne par 1 ou 2 os intermédiaires. — Ovipares.
      - Sang chaud, circulation complète et cœur à 4 cavités. Respiration double. Corps garni de plumes. . . . . . *Oiseaux.*
      - Sang froid. Circulation incomplète. Cœur à 3 cavités. Corps garni d'écailles. . . . . . . *Reptiles*
  - Respiration branchiale dans le jeune âge ou pendant toute la vie.
    - Des poumons chez l'adulte. Corps nu, des métamorphoses dans le jeune âge. Cœur à 3 cavités. . . . . *Batraciens.*
    - Jamais de poumons. Pas de métamorphoses. Cœur à 2 loges. Corps garni d'écailles. . *Poissons.*

MAMMIFÈRES

LEUR DIVISION EN ORDRES.

157. — *Les mammifères sont des vertébrés à circulation complète, à cœur présentant quatre cavités; à sang chaud; à respiration pulmonaire simple; pourvus d'organes de lactation; à lobes du cervelet réunis par une protubérance annulaire; à mâchoire inférieure directement articulée avec le crâne, à corps ordinairement garni de poils. — Enfin ils sont vivipares.*

Les mammifères sont pour la plupart conformés pour se mouvoir sur un plan résistant. L'homme seul marche sur deux pieds, la cuisse étendue sur la jambe. Lorsqu'un singe se tient debout, position qui d'ailleurs n'est pour lui qu'accidentelle, la cuisse est fléchie sur la jambe.

Quelques mammifères peuvent se soutenir dans les airs, mais leurs ailes n'ont aucune analogie avec celles des oiseaux; les chauves-souris, par exemple, présentent une membrane fine étendue entre les doigts, qui sont extraordinairement développés. Elles peuvent, en frappant l'air, voler avec une assez grande rapidité. — Quelques mammifères vivent dans l'eau, les baleines sont dans ce cas; les membres se modifient alors et se transforment en nageoires véritables; quelquefois ils disparaissent, comme cela se voit pour les membres postérieurs de la baleine.

Presque tous les mammifères sont couverts de poils; l'homme n'en présente pas sur tout son corps. Les cétacés, qui vivent dans l'eau, en sont dépourvus. Chez quelques mammifères la peau est couverte de productions cornées de même nature que les poils, mais dures et ressemblant à des épines : ce sont des *piquants*, comme chez les hérissons, et les porc-épics. Quelques-uns ont le corps enveloppé de véritables écailles formées par des poils soudés ensemble : par exemple, les tatous et les pangolins.

Tous les mammifères sont vivipares; leurs petits naissent à l'état presque parfait. Tantôt ils peuvent marcher et courir aussitôt après leur naissance; tantôt leurs yeux sont fermés, et ils peuvent à peine remuer. Tous se nourrissent de lait, substance alimentaire particulière sécrétée par des glandes spéciales, les mamelles.

Les mammifères sont divisés en *mammifères ordinaires* ou *monodelphes*, et en *mammifères marsupiaux* ou *didelphes*.

Chez les premiers, la ceinture osseuse antérieure n'est jointe à la ceinture osseuse postérieure que par la colonne vertébrale, tandis que chez les seconds la ceinture osseuse postérieure se continue par les *os marsupiaux* (*fig.* 44), qui sont disposés au-devant de l'abdomen.

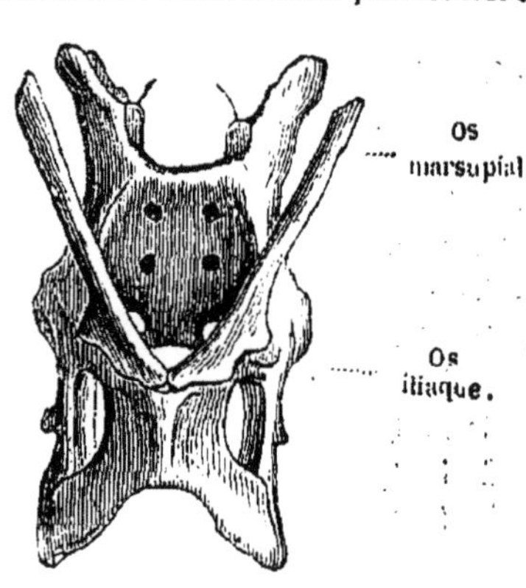

Fig. 44.

MAMMIFÈRES MONODELPHES.

158. Parmi les mammifères monodelphes, les uns ont quatre membres, les autres n'en ont que deux; en effet, chez les *cétacés* ou mammifères aquatiques, les membres postérieurs disparaissent. Parmi les monodelphes à quatre membres, les uns sont *onguiculés*, c'est-à-dire ont les doigts terminés par des ongles ou des griffes, les autres ont les doigts

garnis de sabots, ces derniers sont *ongulés*. On peut donc diviser les mammifères comme il suit :

MAMMIFÈRES MONODELPHES.	2 paires de membres.	Onguiculés.	Ayant des mains.	2 mains	*Bimanes.*
				4 mains	*Quadrumanes.*
			N'en ayant pas. Dentition incomplète.	A incisives	*Rongeurs.*
				Pas d'incisives	*Édentés.*
			N'en ayant pas. Dentition complète		*Carnassiers.*
		Ongulés.	A estomac simple		*Pachydermes*
			A estomac composé		*Ruminants.*
	Une paire de membres				*Cétacés.*

De cette manière, lorsqu'on sait à quel ordre appartient un animal, on connaît déjà beaucoup des particularités de son organisation. On sait, par exemple, qu'un carnassier a une respiration aérienne, une circulation double, pas d'os marsupiaux ; qu'il est couvert de poils, pourvu de deux paires de membres, que ces membres sont onguiculés, et que sa dentition est complète.

159. **Bimanes.** — L'homme se distingue de tous les autres animaux par son intelligence, ce qui l'a fait placer par beaucoup de zoologistes dans un règne à part, le *règne humain;* mais, si on le considère abstraction faite de cette intelligence, il doit se ranger, parmi les mammifères, à côté des quadrumanes. — Quelles que soient les variétés que peut présenter l'espèce humaine, elle paraît être unique et sortie d'une même souche; en effet, deux espèces différentes ne produisent que très-difficilement entre elles, et le produit est infécond. L'homme, au contraire, quelle que soit sa race, se croise facilement, et ses produits sont féconds. — Les races naturelles auxquelles l'espèce humaine a donné naissance sont assez nombreuses ; on y distingue quatre types principaux :

1° Le type *caucasique* ou race blanche ;
2° Le type *mongolique* ou race jaune ;
3° Le type *éthiopique* ou race noire
4° Le type *américain* ou race rouge.

160. **Quadrumanes.** — Le caractère des quadrumanes est d'avoir quatre mains. On appelle main l'extrémité d'un membre où l'un des doigts est opposable aux autres et peut saisir un objet. L'homme n'a que deux mains très-parfaites ; le singe en a quatre, mais beaucoup moins parfaites. Ce groupe doit être regardé comme naturel, parce que les animaux qui le composent ont tous les mêmes caractères principaux, et que leurs modifications sont insignifiantes. La dentition du singe est complète, c'est-à-dire que, comme chez l'homme, il a des incisives, des canines et des molaires. Les canines sont en général très-dévelop-

pées. Chez quelques singes, tels que le gorille, elles sont aussi fortes que chez le tigre.

L'orang-outang, l'un des singes qui se rapprochent le plus de l'homme, présente une paire de côtes de plus. Jeune, il est assez intelligent, mais en vieillissant il s'abrutit. Le chimpanzé (*fig.* 45) est susceptible d'une sorte d'éducation, mais, de même que l'orang-outang, il perd son intelligence en vieillissant. Les mandrilles et les cynocéphales sont farouches et sauvages; leurs ongles s'allongent et ressemblent à des griffes; leurs canines sont fortes et aiguës.

Fig. 45. — Chimpanzé.

Chez les singes de l'ancien continent, il n'y a pas de queue, ou cet organe est roide et non préhensile. Chez les singes du nouveau continent, au contraire, la queue peut facilement s'enrouler et devient un nouvel organe, sinon de préhension, du moins de suspension.

161. **Carnassiers**. — L'ordre des carnassiers réunit des types qui, au premier abord, pourraient paraître essentiellement différents; il suffit de citer les chats, les taupes, les chauves-souris et les phoques. Aussi a-t-on subdivisé cet ordre en différents sous-ordres : les carnassiers proprement dits, les amphibies, les insectivores et les chéiroptères.

Les *carnassiers proprement dits* ont pour type le genre chat. Leurs mâchoires sont courtes et mises en mouvement par des muscles puissants; l'articulation des condyles est serrée de façon à ne pouvoir exécuter aucun mouvement de latéralité. Leurs dents sont tranchantes et aiguës (Voy. *fig.* 2); on compte en avant, à chaque mâchoire, six incisives, puis deux canines, et un nombre variable de molaires, dont l'une, beaucoup plus forte que les autres, est destinée à couper les chairs, et porte le nom de *carnassière*. Quelques-uns des animaux qui composent ce groupe sont doués d'une grande agilité; chez eux les os du métatarse s'allongent, et l'animal devient *digitigrade*, c'est-à-dire qu'il marche sur le bout des doigts; *ex.* : la civette (*fig.* 46), le chat, etc.

Fig. 46. — Civette.

D'autres sont beaucoup plus lourds; au lieu de ne se repaître que de proies vivantes, ils se nourrissent aussi de fruits; leur marche a besoin d'être moins rapide; chez eux les os du métatarse sont courts, et l'animal devient *plantigrade*, c'est-à-dire qu'il repose sur la plante des pieds : c'est ce que l'on observe chez l'ours (*fig* 47). Une disposition remarquable permet aux griffes de certains carnassiers de ne pas s'user en frottant contre le sol pendant la marche : un tendon élastique, qui s'attache aux phalanges et à la griffe, tient cette dernière ordinairement élevée, et il faut un effort musculaire de l'animal pour l'abaisser, et par conséquent la faire saillir au dehors.

Fig. 47. — Ours.

Par leurs caractères anatomiques, les *amphibiens* se rapprochent beaucoup des carnassiers ordinaires; mais leurs membres sont disposés pour la natation, comme on le remarque chez les phoques et les morses.

Les *chéiroptères* (V. *fig*. 43), au contraire, sont, destinés à se soutenir dans les airs; leurs membres antérieurs se modifient, les doigts s'allongent beaucoup et soutiennent une membrane fine et délicate de façon à constituer un organe de vol. Exemple la chauve-souris.

Les *insectivores* se distinguent des autres animaux du même groupe par la disposition de leur système dentaire (*fig*. 48). Leur nom indique qu'ils se nourrissent d'insectes; or, les enveloppes cornées de ceux-ci ne peuvent être entamées que par des dents dures et coupantes; aussi leurs canines ne sont-elles que médiocrement développées. Les molaires, au contraire, sont hérissées de petites pointes coniques s'engrenant les unes dans les autres; on peut observer cette disposition chez les taupes, les musaraignes, les hérissons.

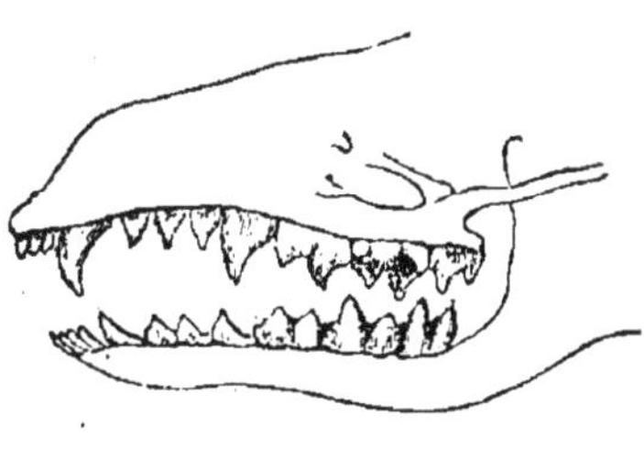

Fig. 48. — Dents d'Insectivore.

162. **Rongeurs**. — L'ordre des rongeurs constitue l'un des groupes

les plus naturels de la classe des mammifères; tous les animaux qui le composent présentent entre eux un air de famille, et tous offrent un caractère physique commun : c'est l'absence de canines (*fig.* 49); les incisives, au contraire, sont très-développées et croissent pendant toute la durée de la vie; elles conservent toujours leur tranchant, parce que la lame d'émail placée en avant présente une grande épaisseur et s'use moins vite que le reste de la dent. Quelques rongeurs, comme l'écureuil, sont destinés à grimper aux arbres; aussi sont-ils pourvus de clavicules qui maintiennent l'écartement des épaules; les lièvres qui ne jouissent pas des mêmes facultés sont dépourvus de cet os.

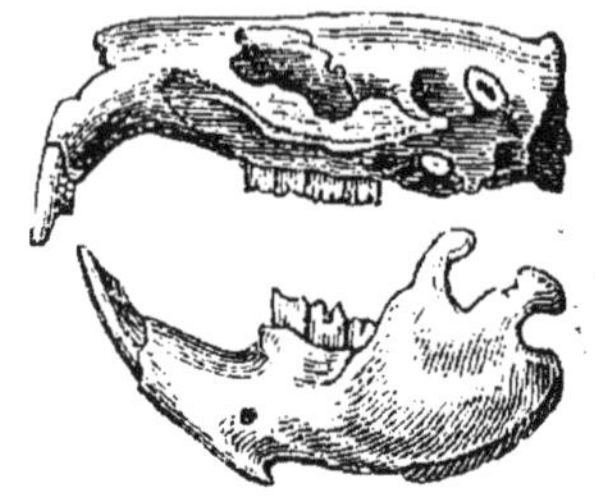

Fig. 49. — Tête de Rongeur.

Les anciens ne connaissaient que la souris; le rat noir arriva d'Orient à l'époque des croisades. — Le rat brun ou surmulot ne se montra en France que vers le dix-huitième siècle; il chassa le rat noir, et aujourd'hui il existe presque seul.

Les lièvres, les lapins, les lérots (*fig.* 50), les castors, les porc-épics font partie de l'ordre des rongeurs.

Fig. 50. — Lérot.

163. **Édentés.** — L'ordre des édentés est caractérisé par l'absence d'incisives; l'appareil masticateur ne se compose que de molaires et de canines; quelquefois même les dents manquent complétement, comme chez le tamanoir ou fourmilier (*fig.* 51), qui ne se nourrit que de fourmis et qui les prend à l'aide de sa langue, très-allongée et gluante, sur laquelle s'attachent ces insec-

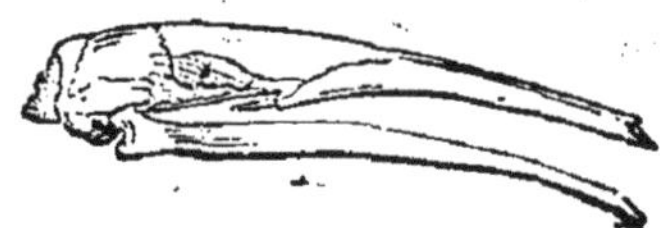

Fig. 51. — Tête de Tamanoir.

tes. Les tatous et les pangolins (*fig.* 52), dont le corps est couvert d'une espèce de bouclier formé aux dépens des poils agglutinés, font partie de cet ordre. Pendant la période géologique qui a précédé la nôtre, les représentants de ce groupe étaient plus nombreux qu'aujourd'hui et leur taille était considérable. Ainsi, le glyptodon, dont on trouve les restes en Amérique, atteignait environ la taille d'un rhinocéros; son corps était couvert d'une carapace épaisse en forme d'écaille de tortue.

Fig. 52. — Pangolin.

164. **Pachydermes.** — L'ordre des pachydermes, qui fait aussi partie des mammifères ongulés, est beaucoup moins naturel que les deux ordres précédents; il peut se diviser en trois familles : les solipèdes, les pachydermes ordinaires et les proboscidiens.

La famille des *solipèdes* est remarquable par la conformation des pieds, qui se terminent par un doigt unique, garni d'un seul sabot. Elle est constituée par les différentes espèces du genre cheval : l'âne, l'hémione, le zèbre, etc. L'âne se trouve à l'état sauvage dans les montagnes de la Perse. Quant au cheval, on ignore quelle est sa souche primitive.

Fig. 53.
Pied de cheval.

Les *pachydermes ordinaires* ont les pieds terminés par des doigts dont le nombre varie de deux à quatre : le sanglier, le tapir, l'hippopotame (*fig.* 54.) et le rhinocéros appartiennent à ce groupe.

Fig. 54. — Hippopotame.

La famille des *proboscidiens* comprend le genre éléphant, et est caractérisée par la disposition du nez, prolongé en une longue trompe préhensile.

On trouve un grand nombre de pachydermes fossiles. Aux environs de Paris, dans les couches du gypse de Montmartre, on rencontre des paléothérium qui devaient ressembler aux tapirs; sur d'autres points, dans l'Orléanais, par exemple, on trouve des mastodontes qui, par leur forme, se rapprochaient beaucoup des éléphants. Dans les terrains de transport, on rencontre le *mammouth*, espèce d'éléphant dont le corps était couvert d'une laine épaisse.

165. **Ruminants.** — L'ordre des ruminants est très-naturel. Tous les animaux qui le composent présentent entre eux les analogies les plus étroites; aussi, pour y établir des coupes, on a dû se baser sur des caractères peu importants. Chez tous ces animaux il n'y a pas de clavicules, les os du tarse et du métatarse sont soudés et ne forment qu'un seul os, appelé canon (*fig.* 55); le canon s'articule avec deux doigts, pourvus chacun d'un sabot distinct. — L'estomac se compose, comme nous l'avons vu, de quatre cavités (Voy. paragr. 13 *fig.* 6 et 7). Les ruminants n'ont pas d'incisives à la mâchoire supérieure; les canines manquent presque toujours, si ce n'est chez quelques chevrotains (*fig.* 56) et chez le cerf muntjac. Les molaires sont au nombre de six de chaque coté; elles sont disposées de façon à écraser et broyer comme des meules; aussi la mâchoire peut-elle exécuter des mouvements de latéralité.

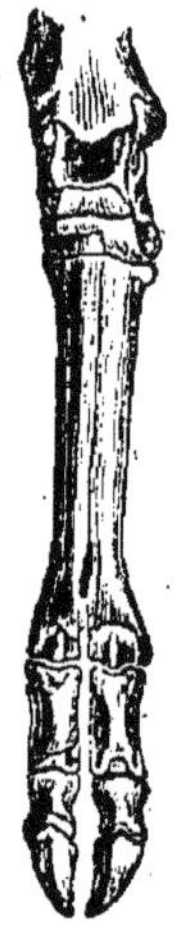

Fig. 55. Pied de ruminant.

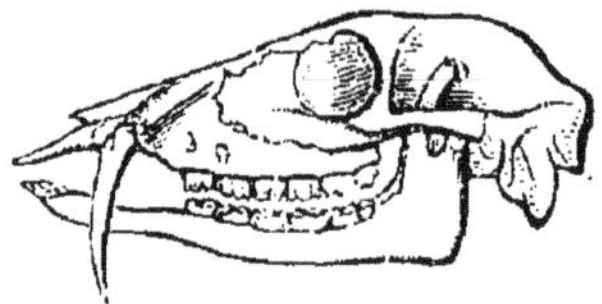

Fig. 56. — Tête de Porte-musc.

Pour établir des coupes dans l'ordre des ruminants, on a d'abord eu égard à la conformation de l'estomac; on a séparé sous le nom de *caméliens* ceux qui étaient pourvus d'une cinquième poche stomacale, servant de réservoir à l'eau; les chameaux, les lamas, les vigognes sont dans ce cas; ces animaux ont, de plus, les globules du sang elliptiques. Puis on a pris en considération les caractères que présentaient les cornes, qui, tantôt sont pleines et tombent tous les ans, comme chez le cerf, tantôt sont creuses, comme chez le mouton, et dont l'intérieur est rempli par un prolongement de l'os frontal; ces dernières sont persistantes et ne tombent jamais. Enfin certains ruminants, tels que les chevrotains, sont dépourvus de cornes; l'animal qui fournit le musc, et que pour cette raison on nomme *porte-musc*, est dans ce cas.

Les ruminants à cornes caduques, ou bois, ne constituent qu'un seul genre, celui des cerfs (*fig.* 57); leurs cornes, formées d'une substance osseuse, tombent chaque année.

Fig. 57. — Cerf de France.

Les cornes persistantes sont formées d'une gaîne cornée,

Fig. 58. — Tête d'Antilope.

analogue à une couche de poils agglutinés : les antilopes (*fig.* 58), les bœufs, les *moutons*, les chèvres présentent cette disposition.

166. **Cétacés.** — L'ordre des cétacés se compose d'animaux essentiellement marins. Les membres postérieurs manquent complétement, et les membres antérieurs sont modifiés de façon à constituer des nageoires. Chez ces animaux, la glotte se prolonge jusqu'aux arrière-narines, de manière à pouvoir constituer un tube non interrompu et à permettre à ces animaux de respirer pendant qu'ils avalent de l'eau.

Fig. 59. — Marsouin.

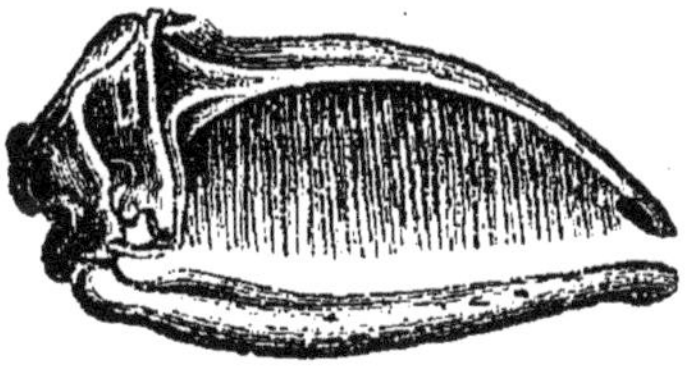

Fig. 59 *bis*. — Tête de Baleine.

Parmi les cétacés, les uns sont herbivores, comme le dugong et le lamantin, les autres carnivores, comme le cachalot, le marsouin (*fig.* 59), le dauphin et la baleine. Cette dernière présente des fanons en place des dents (*fig.* 59 *bis*).

MAMMIFÈRES DIDELPHES.

107. Les mammifères didelphiens se composent d'animaux singuliers, presque tous propres à la Nouvelle-Hollande. — Chez la plupart d'entre eux les petits naissent à l'état embryonnaire et incapables de supporter les influences extérieures ; aussi la mère présente au-devant de l'abdomen une poche formée par un repli de la peau, où elle loge son petit (*fig.* 60), qui reste ainsi fixé sur la mamelle de sa mère; le lait coule dans sa bouche, et il se nourrit sans en avoir conscience. Quand les petits sont assez forts, ils sortent de cette poche, mais pendant un temps assez long ils courent s'y réfugier pour se garantir du froid ou du danger.

Fig. 60. — Sarigue.

Le cerveau des didelphiens se rapproche de celui des oiseaux par l'absence de circonvolutions et du corps calleux ou mésolobe ; enfin la ceinture pelvienne présente en avant deux tiges osseuses qui remontent au-devant des muscles abdominaux, et qui portent le nom d'os marsupiaux (Voy. *fig.* 44).

Cette sous-classe se divise en deux ordres : celui des *marsupiaux* et celui des *monotrèmes*.

Les marsupiaux ou mammifères à bourse, présentent ce fait intéressant, qu'ils comprennent des animaux dont le régime est complétement différent, et, de même que parmi les mammifères ordinaires nous avons trouvé des carnassiers, des insectivores, des rongeurs, de même nous les retrouvons parmi les marsupiaux, qui, construits sur un type différent, semblent former avec les mammifères ordinaires une série parallèle : les sarigues, les kangouroos, etc., font partie de cet ordre.

Les monotrêmes ont beaucoup d'analogie avec les oiseaux. Ainsi, les organes de la reproduction et de la digestion se réunissent dans une poche commune appelée cloaque, leur museau est terminé par un bec corné, leurs doigts sont palmés. Jusqu'à présent cet ordre ne se compose que des ornithorynques et des échidnés.

CLASSE DES OISEAUX.

LEUR DIVISION EN ORDRES.

168. — La classe des oiseaux est une des plus homogènes du règne animal, et tous ses représentants se reconnaissent au premier coup d'œil; on peut les définir ainsi.

Les oiseaux sont des animaux vertébrés à circulation double et complète, à respiration aérienne et double, à sang chaud.

Ils sont ovipares.

Leurs membres antérieurs sont conformés pour le vol, leur peau est garnie de plumes

Le squelette des oiseaux se compose des mêmes parties que celui des mammifères, mais ces parties se modifient de manière à s'adapter aux fonctions qu'elles doivent remplir.

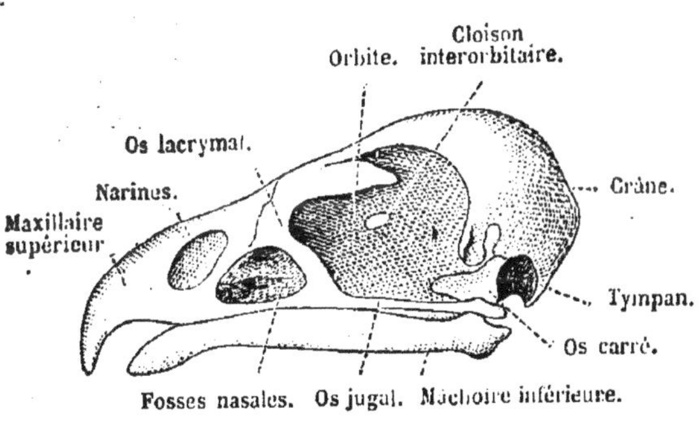

Fig. 61.

La tête (*fig.* 61) est petite et terminée par un bec dont la mandibule supérieure présente souvent une certaine mobilité. La mâchoire inférieure s'articule au crâne par l'intermédiaire de l'os carré.

La tête s'articule à la colonne vertébrale par un seul condyle, ce qui lui permet d'exécuter des mouvements de rotation très-étendus.

Le nombre des vertèbres est variable; chez les oiseaux dont le cou est très-long, leur nombre est considérable. Chez le cygne on compte vingt-trois vertèbres cervicales. Mais ordinairement, il en existe de douze à quinze. Elles sont très-mobiles les unes sur les autres, tandis que les vertèbres du dos se soudent de façon à donner plus de solidité au thorax et à fournir des points d'appui résistant aux muscles de l'épaule. Les vertèbres lombaires et sacrées sont également soudées, les vertèbres coccygiennes sont petites et mobiles, les plumes de la queue s'insèrent sur la dernière.

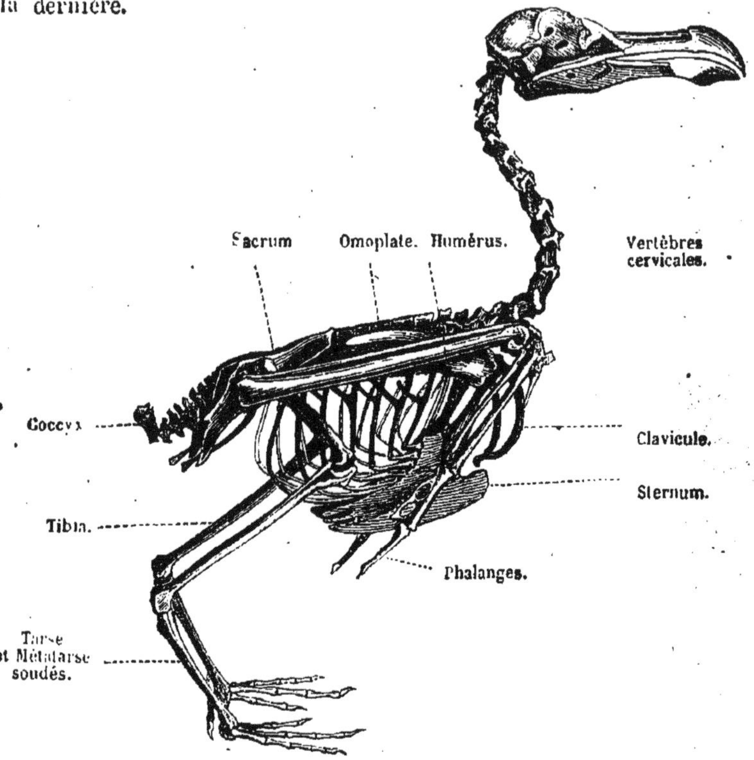

Fig. 62. — Squelette de Goëland.

Le sternum est très-considérable (*fig.* 62); il a la forme d'un large bouclier qui sur la ligne médiane, porte une carène nommée breschet, destinée à fournir des points d'attache aux muscles du vol; l'étendue du breschet est en raison directe de l'énergie du vol: aussi, chez l'autruche et le casoar, qui ne volent pas, cette carène n'existe pas.

L'omoplate est étroite, et s'appuie sur le sternum par l'intermédiaire de deux os, la clavicule, qui, se soudant avec celle du côté opposé, constitue la *fourchette*, et l'os coracoïdien, qui est situé au-dessous.

Les membres antérieurs constituent des espèces de rames, qui portent le nom d'ailes; le bras et l'avant-bras sont conformés comme d'habitude; les os du métacarpe sont soudés en un seul, et les grandes plumes de l'aile s'appuient sur lui.

Le tarse et le métatarse sont soudés en un seul os, terminé par une triple poulie sur laquelle s'attachent les doigts.

Le système nerveux des oiseaux est moins développé que celui des mammifères; les hémisphères cérébraux ne présentent pas de circonvolutions; le corps calleux et la protubérance annulaire manquent; les lobes optiques, au nombre de deux, prennent un grand accroissement et se montrent à découvert (Voy. *fig.* 29).

Nous avons déjà examiné les particularités que présentent les appareils digestif et respiratoire (Voy. paragr. 15 et 63, *fig.* 25).

Les caractères dont on se sert pour diviser la classe des oiseaux en ordres, familles et genres, sont tirés principalement de la conformation du bec et des pattes. Cuvier les divisa, comme il suit, en six ordres.

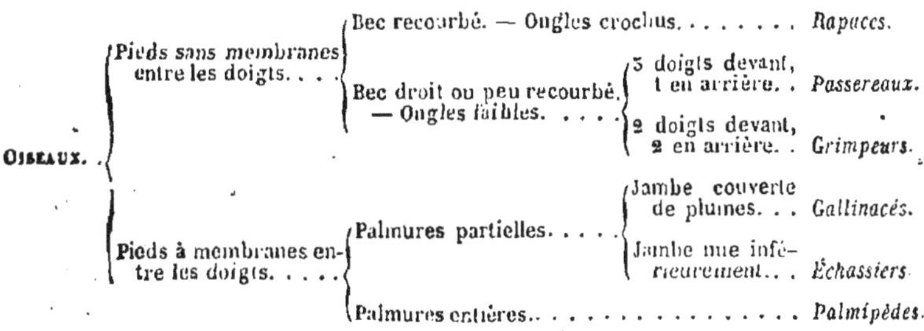

Oiseaux.	Pieds sans membranes entre les doigts.	Bec recourbé. — Ongles crochus.		*Rapaces.*
		Bec droit ou peu recourbé. — Ongles faibles.	3 doigts devant, 1 en arrière.	*Passereaux.*
			2 doigts devant, 2 en arrière.	*Grimpeurs.*
	Pieds à membranes entre les doigts.	Palmures partielles.	Jambe couverte de plumes.	*Gallinacés.*
			Jambe nue inférieurement.	*Échassiers.*
		Palmures entières.		*Palmipèdes.*

169. **Rapaces.** — L'ordre des rapaces se compose d'oiseaux à bec puissant, à ongles acérés; les uns sont diurnes, les autres nocturnes.

Les premiers ont les yeux dirigés de côté, la tête bien dégagée, le doigt externe dirigé en avant et presque toujours réuni à sa base au doigt médian par une très-petite membrane. Les aigles, les faucons, les milans (*fig.* 63), etc., font partie de ce groupe.

Fig. 63. — Milan.

Les rapaces nocturnes ont les yeux dirigés en avant, la tête grosse, le cou court, le doigt externe libre. Les hiboux, les chouettes sont conformés sur ce type.

170. **Passereaux.** — L'ordre des passereaux se compose d'une infinité de petits oiseaux. La forme de leur bec varie suivant leur régime; ceux qui,

Fig. 64. — Alouette.

comme l'alouette (*fig.* 64), le rossignol et les fauvettes, se nourrissent d'insectes ont un bec long et mince; ceux qui, comme le moineau, le pinson, etc., se nourrissent de graines, ont un bec court et conique, aussi les appelle-t-on des gros-becs, tandis que l'on nomme les autres des becs-fins. Les corbeaux, les pies, les geais font partie de cet ordre.

171. **Grimpeurs.** — L'ordre des grimpeurs se compose des oiseaux dont les pattes présentent deux doigts en avant, et deux en arrière, de façon à pouvoir serrer vigoureusement les branches. Les perroquets, les pics (*fig.* 65), les coucous sont des grimpeurs.

Fig. 65. — Pic épeiche.

Fig. 66. — Hocco.

172. **Gallinacés.** — L'ordre des gallinacés comprend tous nos oiseaux de basse-cour : poules, dindons, pintades, paons, hoccos (*fig.* 66), ainsi que les perdrix, les cailles, etc. Les pigeons font partie de cet ordre, mais constituent une famille à part.

173. **Échassiers.** — Dans l'ordre des échassiers se trouvent réunis un grand nombre d'espèces différant beaucoup de mœurs; il comprend les autruches et les casoars (*fig.* 67), qui

Fig. 67. — Casoar.

ne peuvent voler et vivent dans les déserts de l'Afrique ; d'autres échassiers vivent presque toujours sur le bord de l'eau. Les *flammants*, les ibis, les bécasses, les grues, les cigognes, les hérons sont dans ce cas.

Les oiseaux qui composent ce groupe se distinguent par leurs tarses très-élevés, par leurs jambes dépourvues de plumes à leur partie inférieure, ce qui leur donne l'air d'être montés sur des échasses. — Leur cou est généralement long et leur tête petite.

174. **Palmipèdes.** — Les palmipèdes se reconnaissent à leurs pattes ordinairement de longueur médiocre, et dont les trois doigts antérieurs, au moins, sont réunis par une membrane. — Les rames ainsi formées sont placées très-loin en arrière du corps de l'animal pour rendre la nage plus facile. — L'ordre des palmipèdes se divise en quatre familles : 1° les plongeurs, 2° les longipennes, 3° les totipalmes, 4° les lamellirostres.

Les plongeurs sont essentiellement aquatiques, la plupart ne volent pas. Les manchots présentent à la place d'ailes des espèces de moignons garnis de plumes écailleuses.

Les longipennes sont, au contraire, très-bien conformés pour le vol ; tels sont les hirondelles de mer, les mouettes, les goëlands, les albatros.

Les totipalmes ont non-seulement les trois doigts antérieurs réunis par une membrane; mais la palmure s'étend jusqu'au doigt postérieur. Les frégates, les pélicans, les fous appartiennent à cette division.

Les lamellirostres ont un bec garni de dentelures sur les bords ; on les divise en deux groupes, les canards et les harles. L'eider (*fig.* 68), qui fournit l'édredon, fait partie de cette famille.

Fig. 68. — Eider.

CLASSE DES REPTILES

LEUR DIVISION EN ORDRES.

175. — La classe des reptiles comprend tous les *animaux vertébrés à sang froid, à circulation double et incomplète, et à respiration aérienne, qui, dans le jeune âge, sont semblables à ce qu'ils seront à l'état adulte.*

Chez les reptiles, la disposition de l'encéphale varie beaucoup d'un groupe à l'autre. La surface du cerveau est lisse et sans circonvolutions.

les lobes olfactifs et les lobes optiques sont aussi développés que les lobes cérébraux.

On divise les reptiles en trois ordres.

1° Les chéloniens ; 2° les sauriens ou lézards ; 3° les ophidiens ou serpents.

REPTILES.	à membres.	à carapace.	*Chéloniens.*
		à écailles.	*Sauriens.*
	sans membres.		*Ophidiens.*

176. **Chéloniens.** — Les chéloniens se reconnaissent au premier abord par l'existence d'une carapace qui protége leur corps. Cette carapace est formée aux dépens du squelette (*fig.* 69). Les vertèbres

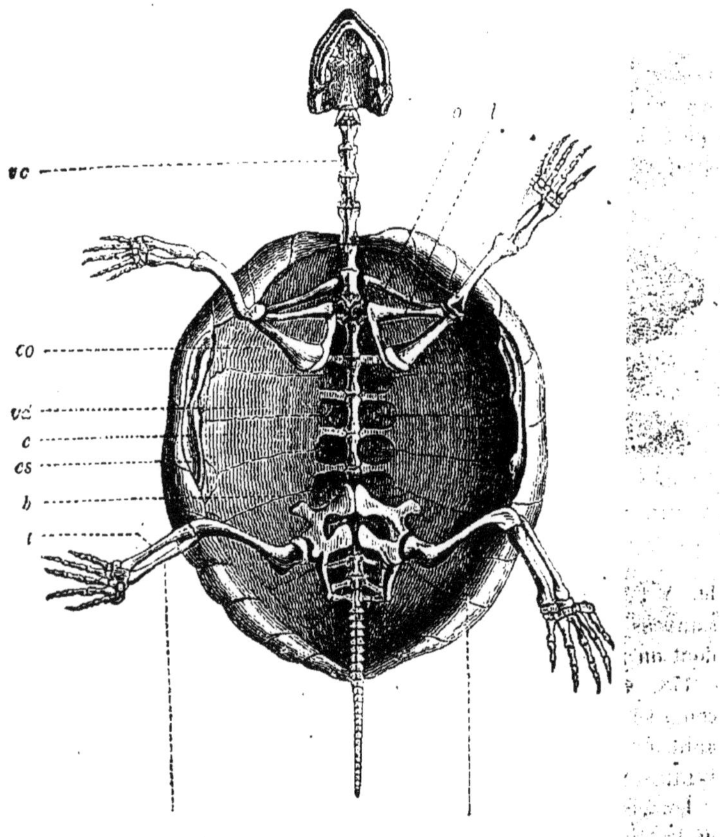

Fig. 69. — Squelette de Tortue[1].

[1] Squelette de tortue dont le plastron est enlevé. — *vc* vertèbres cervicales. — *vd* vertèbres dorsales. — *c* côtes. — *cs* côtes sternales ou pièces marginales de

dorsales se sont élargies; les côtes s'élargissent également et, en se rencontrant, forment la carapace; le sternum constitue le plastron. Ces deux parties réunies ressemblent à une espèce de boîte dans laquelle sont logés les membres, les muscles et les viscères. La peau qui recouvre tout le corps est quelquefois molle et délicate, d'autres fois elle devient cornée, d'une grande consistance et forme de larges plaques qui, chez une tortue de mer ou *caret*, constitue l'*écaille*. Les tortues se divisent en tortues terrestres, paludines, fluviatiles et marines; chez celles qui sont essentiellement aquatiques les pattes sont élargies en forme de rames; tandis que chez celles qui sont destinées à vivre sur la terre les pattes sont tronquées et arrondies du bout.

177. **Sauriens**. — L'ordre des sauriens se compose de reptiles qui par leur forme se rapprochent des lézards. Ce sont : les crocodiles, les iguanes, les caméléons, les lézards. Nous avons déjà eu l'occasion d'étudier (Voy. par. 44, *fig.* 19) le système circulatoire des crocodiles, où le cœur présente quatre cavités. Les caméléons habitent en Afrique; ils se distinguent par la disposition de leurs doigts, au nombre de cinq et divisés en deux faisceaux opposables, mode d'organisation qui leur permet de serrer les branches des arbres sur lesquels ils se tiennent (*fig.* 70); ils se servent de leur langue, qui est très-longue, pour s'emparer des insectes dont ils font leur nourriture habituelle. A l'époque jurassique il existait sur la terre un grand nombre de sauriens gigantesques, tels que les ichthyosaures, les plésiosaures, etc., dont on retrouve les débris fossiles.

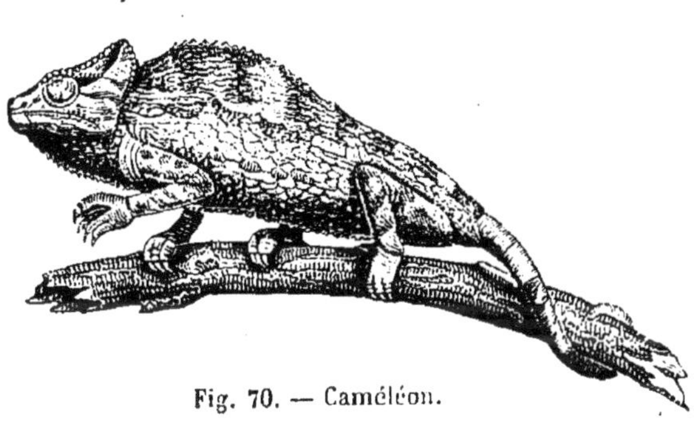

Fig. 70. — Caméléon.

178. **Ophidiens**. — Les ophidiens ou serpents ont un squelette composé presque essentiellement de vertèbres et de côtes. On divise ces animaux en deux groupes : les serpents venimeux et les serpents non venimeux.

Les premiers sont pourvus d'une glande spéciale située de chaque côté de la tête et destinée à sécréter le venin qui coule par un canal jusqu'à

la carapace. — *o* omoplate. — *cl* clavicule. — *co* os coracoïdien. — *b* bassin. — *f* fémur. — *t* tibia — *p* péroné.

l'une des dents ou *crochet* de la mâchoire supérieure. Les serpents à sonnette ou crotales (*fig.* 71), les vipères, les trigonocéphales présentent ce mode d'organisation.

Les serpents non venimeux, tels que les boas, atteignent souvent une taille considérable.

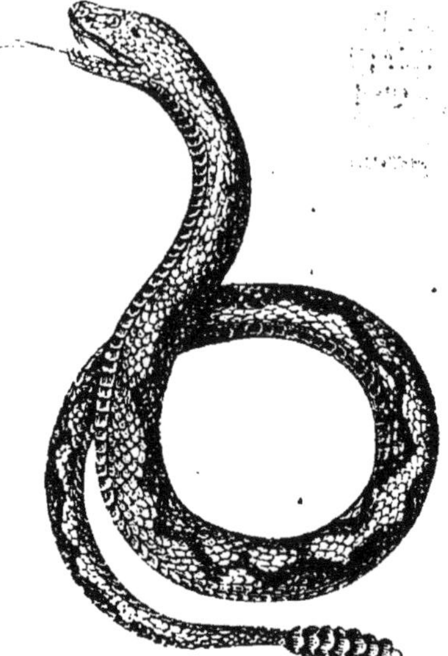
Fig. 71. — Serpent à sonnette.

CLASSE DES BATRACIENS

LEUR DIVISION EN ORDRES.

179. La classe des batraciens se compose d'animaux qui, pendant les premiers temps de leur vie, respirent par des branchies, et par leur organisation ressemblent à des poissons, mais qui par les progrès de l'âge subissent de véritables métamorphoses. Dans leur première forme ils portent le nom de têtards, et vivent dans l'eau. Chez le têtard de la grenouille (*fig.* 72), le corps est globuleux et terminé par une queue longue et comprimée; les branchies placées de deux côtés du cou flottent dans le liquide ambiant, et les poumons n'existent qu'à l'état de bourgeons rudimentaires. Mais, au bout de quelque temps, la queue se raccourcit, les pattes se montrent, les branchies tombent, les poumons se développent; l'animal,

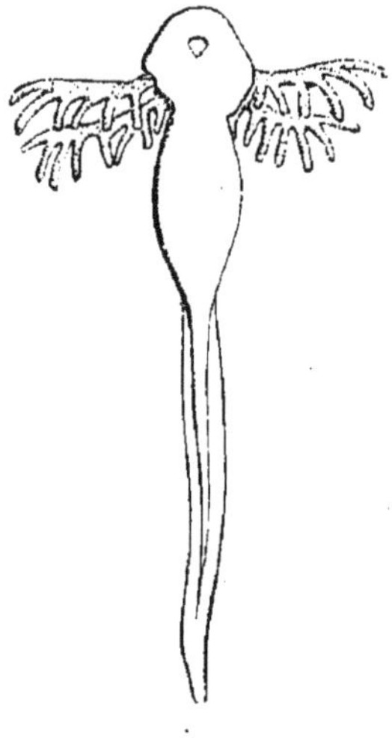

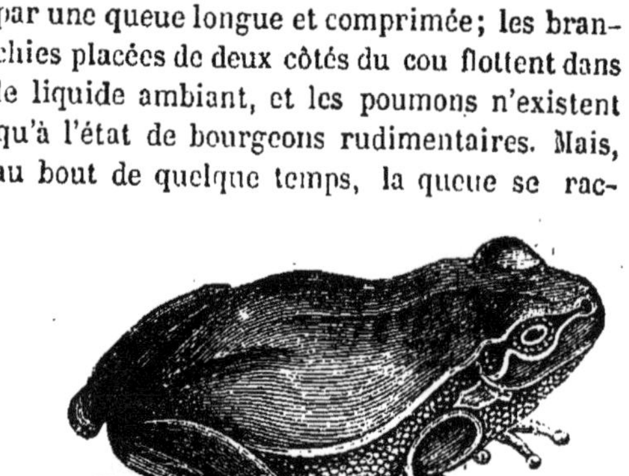
Fig. 72.
Têtard de Grenouille.

Fig. 73. — Reinette.

au lieu d'être essentiellement aquatique, devient apte à respirer dans l'air ; en un mot, le têtard devient grenouille.

Quelques batraciens conservent toujours leur queue, les tritons et les salamandres sont dans ce cas ; on les désigne sous le nom de batraciens *urodèles*. D'autres, appelés *pérennibranches*, conservent toujours leurs branchies extérieures, même lorsque les poumons ont acquis leur entier développement, tels sont les axolotts (*fig.* 74), les protées et les sirènes.

Fig. 74. — Axolott

Les cécilies sont dépourvues de membres et ont longtemps été prises pour des serpents.

On peut donc résumer ainsi la classification des batraciens :

Batraciens	A membres	Branchies caduques	Avec queue	*Urodèles.*
			Sans queue	*Anoures.*
		Branchies persistantes		*Pérennibranches.*
	Sans membres			*Cécilies*

CLASSE DES POISSONS.

LEUR DIVISION EN ORDRES.

180. *Les poissons sont des vertébrés à respiration aquatique et à circulation simple.* Leur squelette est tantôt osseux, tantôt cartilagineux, quelquefois même simplement membraneux. Dans le premier cas, les os ne présentent jamais de canal médullaire.

La structure de la tête est très-compliquée (*fig.* 75), et le nombre des os qui la composent très-considérable. Les vertébrés sont remarquables par leur forme biconcave ; sur la ligne médiane du corps on trouve un certain nombre d'os appelés inter-épineux, qui s'appuient sur des apophyses épineuses des vertèbres, et par leur extrémité opposée s'articulent avec les rayons des nageoires médianes.

Indépendamment de ces nageoires impaires, il en existe ordinairement d'autres disposées par paires et représentant les membres des animaux supérieurs.

La respiration se fait au moyen de branchies situées en arrière de la tête de chaque côté du corps. L'eau entre par la bouche et sort par deux ouvertures, appelés les ouïes, que l'on voit pendant la vie de l'animal s'ouvrir et se fermer alternativement. Presque tous les poissons présentent dans l'intérieur de la cavité viscérale une poche nommée ***vessie natatoire***, tantôt complétement fermée, tantôt communiquant avec l'extérieur par un canal. Les usages de cette poche ne sont point parfaitement connus.

Le cerveau présente de grandes différences, suivant les espèces où on l'observe; en général, il se compose d'une série de renflements disposés en chapelet et représentant les lobes olfactifs, cérébraux, optiques et le cervelet.

La peau des poissons est quelquefois nue, le plus souvent elle est couverte d'écailles dont les formes varient avec les espèces. Le sens du toucher s'exerce alors à l'aide d'appendices appelés barbillons, placés autour de la bouche.

Les poissons se divisent en deux groupes, d'après la nature de leur squelette, tantôt osseux, tantôt cartilagineux.

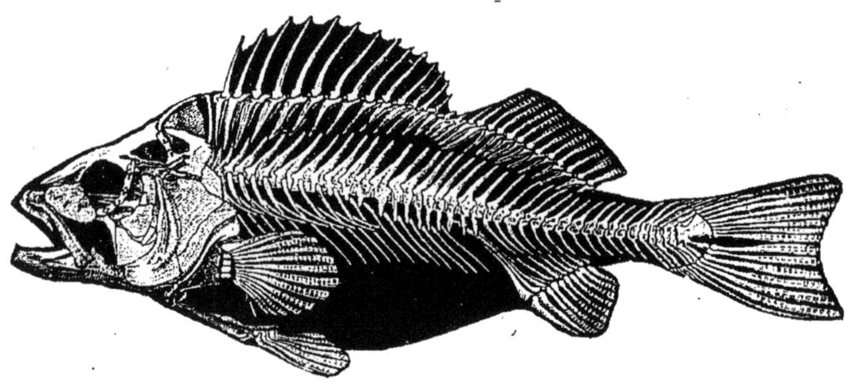

Fig. 75. — Squelette de Poisson.

181. **Poissons osseux.** — Les poissons osseux sont très-nombreux en espèces et se subdivisent en :

1° *Plectognates*, où la mâchoire supérieure, au lieu d'être libre, est soudée au crâne;

2° *Lophobranches*, où les branchies, au lieu d'être disposées en dents de peigne, ont la forme de houppes;

3° *Acanthoptérygiens*, chez lesquels la mâchoire supérieure est mobile, et la première nageoire dorsale soutenue par des rayons osseux. Les perches, maquereaux, etc., sont dans ce cas;

4° *Malacoptérygiens* ***abdominaux***, où au contraire ces rayons de la première nageoire dorsale sont cartilagineux, les nageoires ventrales sont situées en arrière des pectorales, et non attachées aux os de l'épaule, comme on le voit chez le brochet, le saumon, etc.;

5° *Malacoptérygiens subbranchiaux*, où les nageoires ventrales sont suspendues aux os de l'épaule, comme chez la morue, les plies et les soles;

6° *Malacoptérygiens apodes*, où il n'existe pas de nageoires ventrales, comme chez les anguilles.

182. **Poissons cartilagineux.** — Les poissons cartilagineux ou *chondroptérygiens* se divisent, d'après la structure de l'appareil branchial, en :

1° *Chondroptérygiens à branchies libres* à leur bord externe, comme chez les poissons osseux (esturgeon);

2° Et *Chondroptérygiens à branchies fixes*, où le bord externe est adhérent aux téguments de façon à subdiviser la chambre branchiale en autant de loges qu'il y a de branchies; une ouverture particulière correspond à chaque loge. Ces poissons se subdivisent en deux ordres, les *sélaciens* et les *cyclostomes*.

Chez les premiers, les mâchoires sont disposées pour la mastication: ce sont les raies, les squales ou requins (*fig.* 76); chez les autres, la bouche

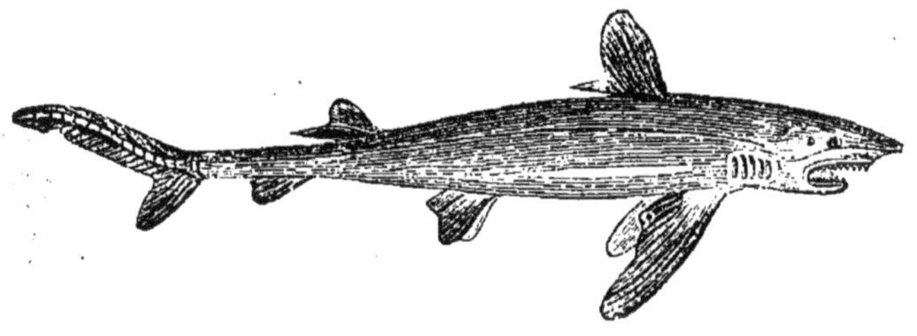

Fig. 76. — Requin.

est disposée pour la succion, c'est un véritable suçoir : les lamproies font partie de ce dernier groupe.

EMBRANCHEMENT DES ANNELÉS.

183. Les annelés sont des animaux sans vertèbres à symétrie binaire et latérale, composés de parties qui se répètent dans le sens de la longueur; tout leur corps est formé d'anneaux placés à la suite les uns des autres, chaque anneau donnant naissance à une ou deux paires d'appendices. Quelques-uns de ces anneaux peuvent se souder, et c'est de cette soudure et de l'atrophie de quelques-unes des paires d'appendices latéraux que résultent la diversité des types d'annelés. Nous avons déjà vu

(parag. 94) de quels éléments se composait leur système nerveux (*fig.* 77) et comment il différait de celui des autres animaux.

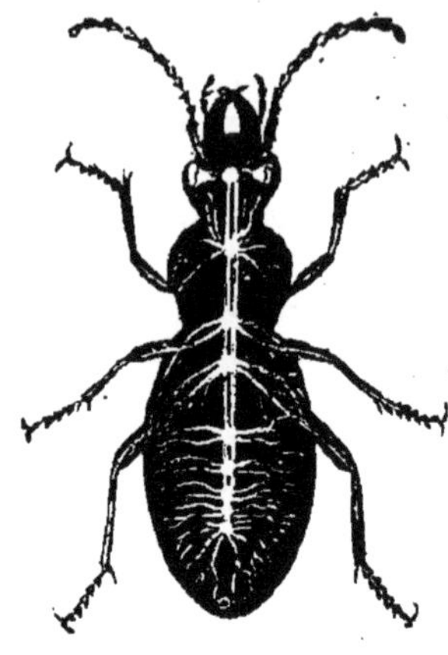

Fig. 77.
Système nerveux d'Insecte.

Pour diviser les annelés on a pris en considération le nombre d'articulations dont le corps se compose; chez les uns, l'animal entier est formé d'une série d'articles, et les pattes n'existent pas ou sont rudimentaires : on en a fait le sous-embranchement des *vers;* chez les autres, il existe des pattes articulées : on les a réunis dans le sous-embranchement des *articulés*.

Les articulés se divisent de la manière qu'il suit, en quatre classes :

ARTICULÉS.	Respiration aérienne.	Petit nombre d'articles.	Corps à 3 divisions.	*Insectes.*
			Corps à 2 divisions.	*Arachnides*
		Grand nombre d'articles		*Myriapodes.*
	Respiration aquatique			*Crustacés.*

CLASSE DES INSECTES

PRINCIPAUX GROUPES QUI LES COMPOSENT.

184. La classe des insectes se compose de tous les animaux articulés dont le corps présente une tête, un thorax et un abdomen distincts, qui sont pourvus de trois paires de pattes, dont la respiration s'effectue à l'aide de trachées, et dont la circulation se fait au moyen d'un vaisseau dorsal.

Sur la tête on remarque les yeux, les antennes et l'armature buccale. Les yeux sont composés par l'agglomération d'une multitude de petits yeux ou *stemmates*, ayant chacun une cornée, un corps vitré, une couche pigmentaire et un nerf spécial. Chez quelques insectes, ces stemmates sont au nombre de vingt à vingt-cinq mille. Le thorax porte les pattes et les ailes; il se divise en *prothorax*, *misothorax*, et *métathorax*, chacune de ces parties donne naissance à une paire de pattes

Les ailes naissent des deux derniers segments seulement, de sorte qu'il n'en existe jamais plus de deux paires qui peuvent être toutes deux membraneuses et propres au vol; d'autres fois celles de la première paire s'épaississent, deviennent dures et rigides, prennent le nom d'élytres et ne servent plus qu'à protéger les ailes véritables de la deuxième paire.

Les insectes se nourrissent tantôt de matières végétales ou animales dures et résistantes, tantôt des sucs des fleurs, tantôt du sang d'autres animaux ou des humeurs des plantes; la conformation des pièces dont leur bouche est armée varie suivant les fonctions que cette partie doit remplir.

Chez les insectes carnassiers ou chez ceux qui doivent déchirer les feuilles ou le bois, les mandibules ou mâchoires sont très-fortes et servent à couper et à déchirer.

Chez les insectes suceurs, tels que les punaises, ces mêmes parties s'allongent beaucoup, forment une sorte de trompe dans laquelle se trouvent de petites lancettes destinées à percer les tissus.

Chez les papillons, ces stylets aigus n'existent pas, et la bouche est simplement garnie d'une longue trompe.

Le système nerveux varie beaucoup suivant que les divers ganglions de la chaîne nerveuse se trouvent plus ou moins soudés entre eux.

Les insectes au sortir de l'œuf ne ressemblent pas à ce qu'ils seront à l'état adulte; ils présentent des phénomènes que nous avons déjà vus chez les batraciens, c'est-à-dire qu'ils subissent des métamorphoses.

Au moment de l'éclosion, ils sont à l'état de larve et ressemblent à une petite chenille; le nombre des pattes est considérable, le nombre des ganglions nerveux correspond à celui des anneaux de l'animal; ils restent ainsi quelque temps et changent plusieurs fois de peau; (*ex :* le ver à soie ou chenille du bombyx du mûrier, *fig.* 78). Ils passent ensuite à l'état de nymphe ou *chrysalide* (*fig.* 79), le corps se raccourcit, s'enveloppe d'une membrane plus résistante sous laquelle les parties extérieures de l'insecte parfait se voient; en même temps, de grands changements organiques se font à l'intérieur; la chaîne ganglionnaire se modifie par la soudure de plusieurs des masses nerveuses qui la composent, le nombre des pattes se réduit à trois paires. Les or-

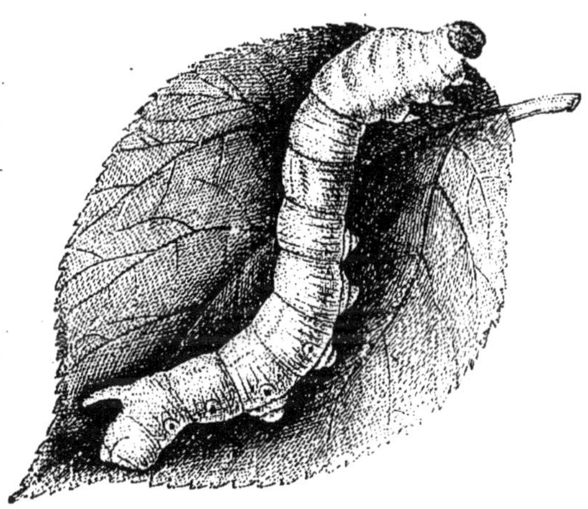

Fig. 78. — Chenille du Bombyx du mûrier.

Fig. 79.
Chrysalide du Bombyx du mûrier.

ganes de la reproduction apparaissent; enfin l'insecte rejette son enveloppe et sort à l'état parfait. Le ver à soie sort de sa chrysalide à l'état de papillon.

Quelques insectes entourent leur chrysalide d'une gaîne, d'un cocon qu'ils filent préalablement, comme on le remarque pour le ver à soie.

Quelquefois les métamorphoses ne sont pas aussi complètes que nous venons de le dire; alors, l'insecte à l'état de larve est presque aussi parfait qu'il le sera à l'état adulte . les sauterelles sont dans ce cas.

Les puces ne subissent aussi que des métamorphoses incomplètes.

Parmi les abeilles, les reines et les mâles seules parcourent toutes les phases de leur développement. Les ouvrières ne peuvent se reproduire, elles restent stériles toute leur vie.

Le nombre des espèces d'insectes est immense; pour y établir des coupes, on s'est basé surtout sur l'étude de leur développement et sur la disposition des pièces de la bouche; on y a ainsi formé les dix ordres suivants :

1° *Coléoptères;* — 2° *orthoptères;* — 3° *névroptères;* — 4° *hyménoptères;* — 5° *lépidoptères;* — 6° *hémiptères;* — 7° *diptères;* — 8° *rhipiptères:* — 9° *anoplures;* — 10° *thysanoures.*

185. **Coléoptères.** — Les coléoptères se nourrissent de substances solides, et présentent des mâchoires et des mandibules propres à les diviser. Ils sont pourvus d'une paire d'élytres et d'une paire d'ailes membraneuses. Ils subissent des métamorphoses complètes. Les hannetons, les carabes ou chevaux dorés, les cantharides, les scarabées (*fig.* 80) font partie de ce groupe.

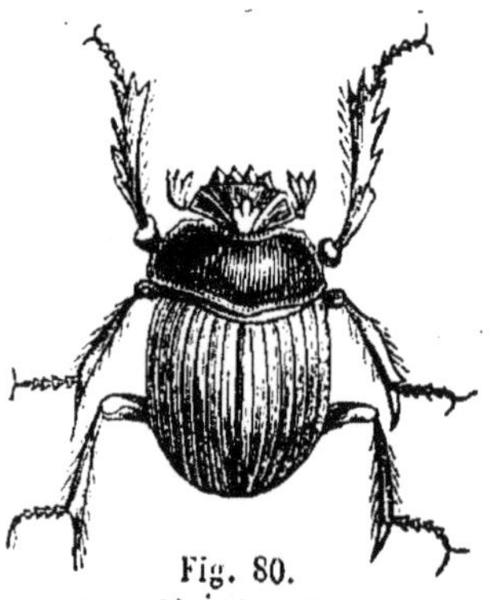

Fig. 80.
Insecte coléoptère (Scarabée).

186. **Orthoptères.** — Les orthoptères diffèrent des précédents par leurs métamorphoses incomplètes. En effet, la larve ne diffère de l'insecte parfait que par l'absence d'ailes. Les sauterelles, les criquets (*fig.* 81), les perce-oreilles, les grillons sont les principaux représentants de cet ordre.

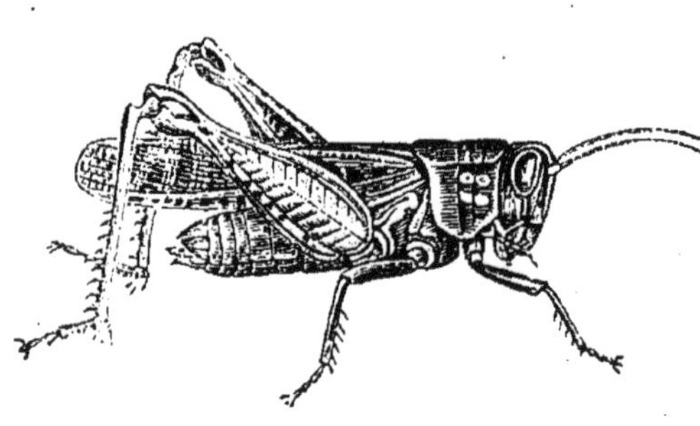

Fig. 81. — Criquet.

187. **Névroptères.** — Les névroptères présentent quatre ailes membraneuses,

comme on le remarque chez les libellules, les éphémères (*fig.* 82), les agrions, les fourmi-lions, etc.

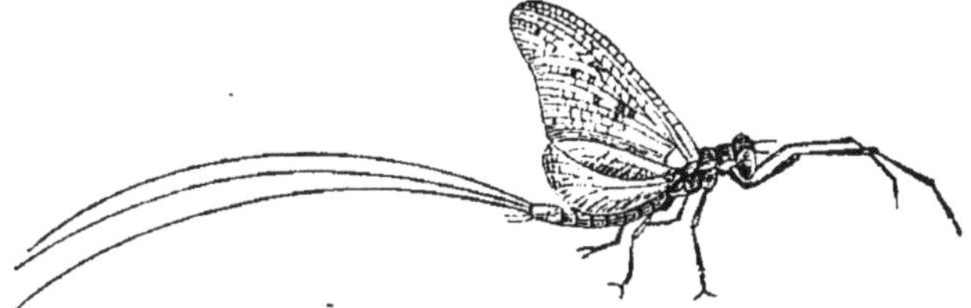

Fig. 82. — Éphémère.

188. **Hyménoptères.** — Les hyménoptères sont aussi pourvus de mandibules conformées à peu près comme celles des précédents; mais ils ne s'en servent pas pour la mastication, et ne se nourrissent que de liquides; leurs ailes, au nombre de quatre, sont divisées en un certain nombre de compartiments par des nervures cornées; ils subissent des métamorphoses complètes. Les fourmis, les abeilles (*fig.* 83), les guêpes, les bourdons sont dans ce cas.

Fig. 83.
Insecte hyménoptère (Abeille).

189. **Lépidoptères.** — L'ordre des lépidoptères comprend tous les papillons (*fig.* 84). Leur bouche est garnie d'une trompe, leurs ailes sont opaques et colorées par une poussière écailleuse. Leurs métamorphoses sont complètes. Les uns sont diurnes, les autres nocturnes. Le bombyx de la soie, qui est d'une si grande utilité, et la pyrale, l'un des fléaux de la vigne, sont rangés dans cet ordre.

Fig. 84. — Papillon érèbe.

190. **Hémiptères.** — Les hémiptères présentent aussi une trompe; mais dans l'intérieur de cet organe se trouvent des stylets aigus. Leurs métamorphoses sont incomplètes. Les punaises, les cigales font partie de ce groupe.

191. **Diptères**. — Les diptères ont une bouche disposée pour la succion, et une seule paire d'ailes membraneuses, comme on l'observe chez les mouches, les taons et les œstres (*fig.* 85).

Fig. 85. Insecte diptère (Œstre).

192. **Rhipiptères**. — Les rhipiptères n'ont que deux ailes plissées en éventail. Les stylops et les xénops font partie de cet ordre.

193. **Anoplures**. — Les anoplures n'ont pas d'ailes, et ont la bouche disposée pour la succion : tels sont les poux et les ricins, qui ne subissent pas de métamorphoses.

194. **Thysanoures**. — Les thysanoures sont de même, mais portent à l'extrémité de l'abdomen de longs appendices. Les lépismes, que l'on trouve entre les feuillets des livres humides, se rangent dans cet ordre.

CLASSE DES ARACHNIDES.

195. La classe des arachnides comprend les animaux articulés dont le corps ne présente que deux divisions; en effet, la tête est confondue avec le thorax et dépourvue d'antennes. Ils ont quatre paires de pattes et jamais d'ailes. Leur respiration peut s'effectuer à l'aide de trachées ou bien de poches pulmonaires logées dans l'intérieur de l'abdomen; aussi divise-t-on les arachnides en *pulmonaires* et *trachéens*. Chez quelques araignées, ces deux modes de respiration existent simultanément.

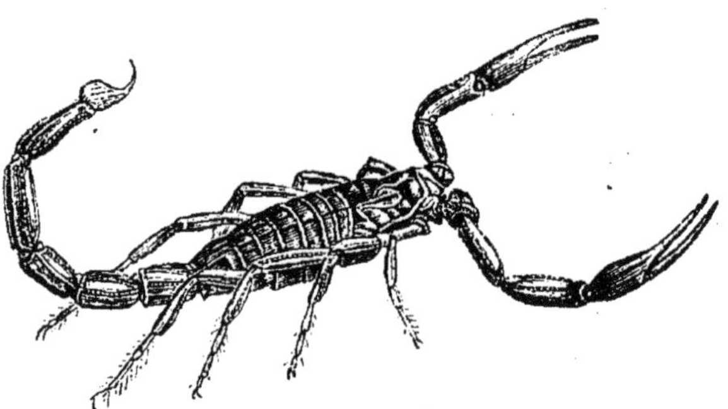

Fig. 86. — Scorpion.

196. **Arachnides pulmonaires**. — Le scorpion (*fig.* 86) se range dans la première de ces divisions. Cet animal est pourvu d'un appareil venimeux, situé à l'extrémité d'une longue queue articulée. La piqûre des scorpions des pays chauds est très-dangereuse. Les théridions (*fig.* 87), les mygales et les autres araignées sont

Fig. 87. — Théridion.

également pulmonaires; quelques-unes de ces dernières atteignent une taille vraiment gigantesque.

197. **Arachnides trachéens.** — Les arachnides trachéens sont très-répandus dans nos pays; les faucheurs, etc., sont dans ce cas. L'animal qui, par sa présence et sa multiplication sous la peau, constitue la maladie appelée gale fait partie de cette division.

CLASSE DE MYRIAPODES.

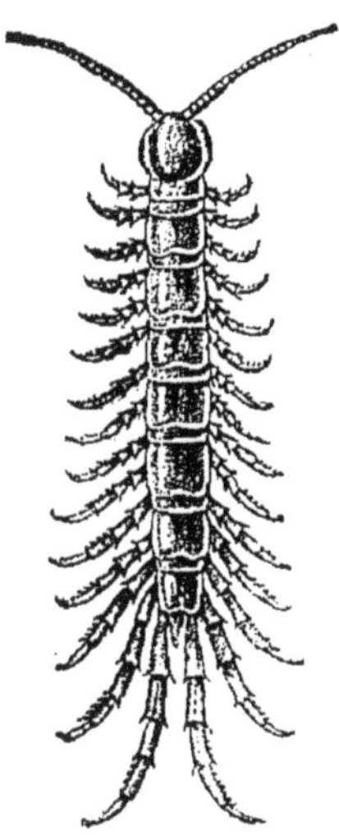

Fig. 88. — Lithobie.

198. Les myriapodes ont un corps très-allongé et divisé en une multitude d'anneaux dont chacun porte une paire de pattes. Il n'existe aucune ligne de démarcation entre le thorax et l'abdomen. La respiration s'effectue au moyen de trachées comme chez les insectes. La bouche est conformée pour la mastication. Enfin les myriapodes subissent dans le jeune âge des métamorphoses consistant dans l'adjonction de nouveaux anneaux et de nouvelles pattes.

On divise ces animaux en deux groupes : celui des *iules* et celui des *scolopendres*.

Les iules ont le corps arrondi et deux paires de pattes à chaque anneaux; leurs antennes sont courtes et obtuses.

Les scolopendres ont le corps aplati, une seule paire de pattes par anneau et des antennes longues et pointues; *ex.* : la lithobie (*fig.* 88).

CLASSE DES CRUSTACÉS.

Fig. 89.

199. Les crustacés sont des animaux articulés, à respiration aquatique et branchiale. Nous avons déjà étudié les organes de la circulation et de la respiration, ainsi que le système nerveux de ces animaux. (Voy. parag. 49, 60, 95.) Leur squelette tégumentaire est dur et résistant; ils peuvent cependant s'en dépouiller, et en changent à certaines époques de l'année. Les anneaux dont le corps se compose peuvent être tous libres; d'autres fois la plupart sont soudés ensemble de façon à ne former qu'une seule pièce. Chez un anilocre (*fig.* 89), un cloporte, par exemple, les anneaux sont distincts; chez un crabe (*fig.* 90), la plu-

part sont soudés, et cependant le plan organique est toujours le même. Les appendices des anneaux sont très-nombreux et varient de formes suivant les usages qu'ils doivent remplir : les premiers constituent les antennes, ou portent les yeux ; les autres servent à la mastication, les suivants à la locomotion ; enfin les derniers sont destinés, tantôt à former des organes de natation, tantôt à servir pour la respiration ou la reproduction.

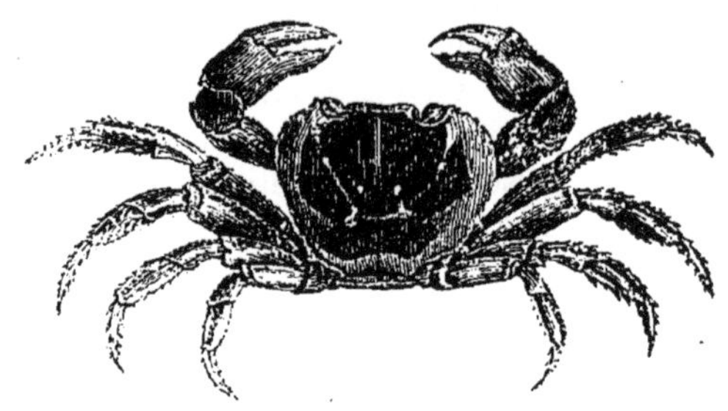
Fig. 60. — Crabe gécarcin.

La tête est ordinairement formée de sept anneaux soudés en un seul ; elle peut être distincte du thorax ou soudée à cette partie. Les pattes naissent des anneaux thoraciques : chez les crevettes des ruisseaux, les talitres, on en compte sept paires ; chez les crustacés supérieurs, tels que les écrevisses et les crabes, cinq paires. Les anneaux de l'abdomen peuvent être bien développés, comme chez le homard, la langouste, ou rudimentaires et reployés sous la carapace, comme chez les crabes.

La classe des crustacés doit se diviser en deux sous-classes.

La première comprend tous les crustacés ordinaires à sexes séparés.

La seconde comprend seulement les *cirrhipèdes*, qui sont hermaphrodites, qui vivent enfermés dans une sorte de coquille, et qui sont fixés aux corps étrangers par un pédoncule dorso-frontal.

Les crustacés proprement dits se subdivisent en deux légions.

Les *podophthalmaires*, dont les yeux sont toujours pédonculés et mobiles, qui portent une carapace, enfin dont la bouche est armée de six paires d'appendices.

Les *oligognathes*, dont les yeux sont toujours immobiles et non pédonculés, qui portent rarement une carapace, et dont la bouche est garnie de trois ou quatre paires d'appendices.

La division des podophthalmaires comprend la plupart des crustacés ; elle se subdivise en deux ordres : les décapodes et les stomapodes.

Les *décapodes* ont pour principaux représentants les crabes, les écrevisses, les homards. Leurs branchies sont intérieures.

Les uns, comme les crabes, ont l'abdomen court, reployé sous le thorax, et sans nageoire à l'extrémité ; ils constituent les *décapodes brachyures*.

Les autres ont l'abdomen très-développé, servant puissamment à la natation, et terminé par une nageoire, comme chez l'écrevisse et la palémon (*fig.* 91). Ces crustacés forment le groupe des *décapodes macroures*.

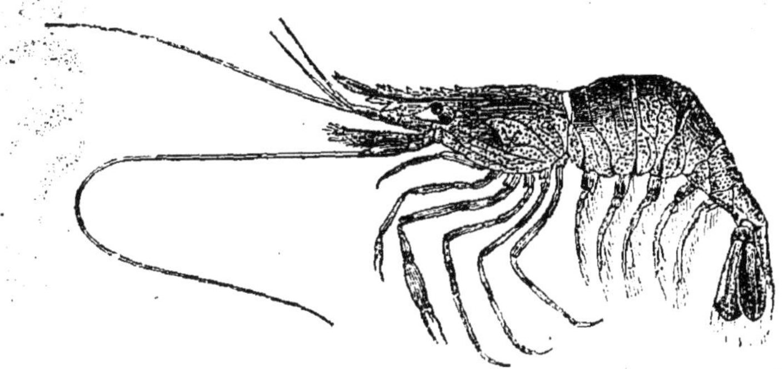

Fig. 91. — **Crustacé macroure** (Palémon).

Les *stomapodes* ont leurs branchies flottant sous l'abdomen, ou nulles. Les squilles peuvent être prises pour type de cet ordre.

Les *oligognathes* (Voy. *fig.* 89) ont la tête distincte du thorax, qui est en général formé de sept anneaux portant chacun une paire de pattes. La respiration se fait à l'aide de pattes modifiées et transformées en une sorte de branchies extérieures. Nous citerons comme faisant partie de ce groupe les aniloceres, les cloportes, et les trilobites, qui aujourd'hui n'existent plus, mais peuplaient les mers des premières époques géologiques.

VERS

PRINCIPAUX GROUPES QUI LES COMPOSENT.

200. Chez les vers il n'existe plus de membres articulés, la peau est souple ou membraneuse et ne s'encroûte pas de chitine ou de sels calcaires. L'appareil circulatoire est toujours clos et le sang ne remplit pas les lacunes; on les divise en rotateurs, annélides et helminthes.

Vers.	Pourvus d'organes rotateurs.		*Rotateurs.*
	Pas d'organes rotateurs.	Chaîne nerveuse ganglionnaire.	*Annélides.*
		Chaîne nerveuse lisse.	*Helminthes.*

201. **Rotateurs.** — Les animaux qui font partie de la classe des rotateurs sont d'une petitesse extrême, et avant la découverte du microscope leur existence n'était même pas soupçonnée. Leur corps semi-transparent offre des traces assez distinctes de divisions annulaires, la bouche en oc-

cupe l'extrémité; autour de cet orifice sont disposés des cils vibratiles dont le mouvement rotateur est continuel.

Les *rotifères* (*fig.* 92) sont devenus célèbres par les expériences de Spallanzani, qui parvint à les conserver pendant plusieurs années, après les avoir complétement desséchés et à leur rendre ensuite la vie en les humectant avec de l'eau

Fig. 92. — Rotifère.

202. **Annélides.** — Les annélides se subdivisent en *Annélides tubicoles,* — *Annélides errants,* — *Annélides terricoles,* — *Annélides suceurs.*

Les premiers portent leurs organes de respiration à la partie antérieure du corps, ils vivent dans des tubes calcaires et n'en sortent que leur tête ornée d'appendices branchiaux en forme de panache.

Les serpules sont dans ce cas (*fig.* 93).

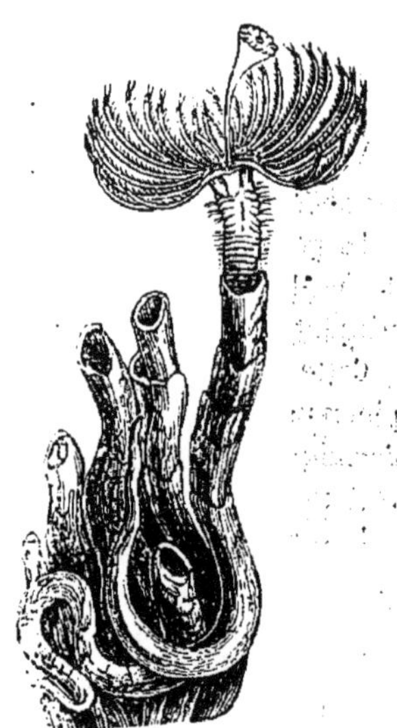

Fig. 93. — Serpule.

Les annélides errants, tels que les eunices et les arénicoles, vivent dans le sable; leurs branchies ont la forme de houppes placées par paires le long du corps.

Les annélides terricoles vivent dans la terre; le lombric ou ver de terre représente ce groupe.

Les annélides suceurs comprennent les sangsues.

203. **Helminthes.** — La classe des *helminthes* se compose de vers intestinaux et d'autres êtres d'une organisation analogue ; la plupart ne peuvent vivre que dans l'intérieur d'autres animaux ; il en existe qui se logent dans le foie (douve), dans le cerveau (cœnure) dans l'intérieur de l'œil, dans le tissu cellulaire des muscles (trichina spiralis).

La plupart des vers intestinaux subissent une série de transformations remarquables ; chacune de ces métamorphoses a besoin d'un milieu spécial pour s'effectuer. Ainsi, le *tænia serrata* ou ver solitaire du chien, pond des œufs qui ne peuvent éclore que dans le corps du mouton, mais les larves ainsi produites ne peuvent arriver à l'état parfait que dans l'organisme du chien. Le ver solitaire de l'homme passe sa période de larve dans le tissu cellulaire du porc.

EMBRANCHEMENT DES MOLLUSQUES

PRINCIPAUX GROUPES QUI LES COMPOSENT.

204. L'embranchement des mollusques se compose d'animaux invertébrés à système nerveux formant un collier œsophagien mais pas une chaîne ventrale; la bouche et l'anus sont ordinairement rapprochés l'un de l'autre, et l'axe du corps paraît suivre une ligne courbe. Le corps ne présente aucune trace d'anneaux. Chez les uns, le système nerveux est bien caractérisé, chez les autres il est nul ou du moins, nos moyens d'investigation ne nous en ont point encore fait découvrir l'existence; c'est sur ce fait que l'on s'est basé pour séparer, des mollusques proprement dits, les *molluscoïdes* dont le système nerveux est rudimentaire.

La peau des mollusques, toujours molle et visqueuse, forme souvent des replis qui enveloppent plus ou moins complétement le corps et constituent ce que l'on nomme alors le *manteau.*

Cette peau molle est en général protégée par une sorte de cuirasse pierreuse nommée coquille, formée par la solidification de parties épidermiques d'abord vivantes; aussi, si on dissout la coquille dans un acide, restera-t-il une trame organique.

Les coquilles peuvent être extérieures ou intérieures, les premières seules sont colorées. Quelques coquilles présentent une couche de nacre. Les perles sont des corps de la nature de la nacre, seulement cette substance au lieu de s'étendre en lame, se réunit en petites concrétions chez l'aronde perlière.

Les organes de la locomotion varient beaucoup chez les mollusques. Quelques-uns portent à l'extrémité antérieure du corps, autour de la bouche, de longs et forts tentacules garnis de ventouses, qui leur servent à s'accrocher aux corps environnants: à raison de ce mode d'organisation on les a nommés céphalopodes; d'autres marchent en rampant sur une sorte de pied charnu, etc. On s'est servi de ces caractères pour diviser les mollusques en classes.

TÊTE DISTINCTE.	Tête entourée de bras ou tentacules locomoteurs.		*Céphalopodes.*
	Pas de bras.	Nageoires autour de la tête.	*Ptéropodes.*
		Un pied charnu.	*Gastéropodes.*
TÊTE NON DISTINCTE.	4 branchies.		*Acéphales.*
	Bras ciliés pour branchies.		*Brachiopodes.*

205. Céphalopodes — Parmi les céphalopodes on remarque les poulpes, les calmars (*fig.* 94), qui présentent une coquille interne qui chez la seiche constitue ce que l'on appelle l'os de seiche. D'autres, comme les nautiles, les ammonites offrent une coquille extérieure.

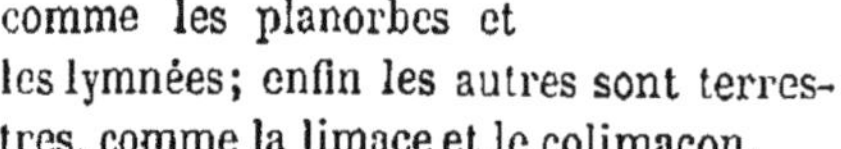

Fig. 94. — Calmar.

206. **Gastéropodes.** — La coquille des gastéropodes est d'une seule pièce, en forme de cornet, et généralement enroulée sur elle-même; la respiration est branchiale chez la plupart, et pulmonaire chez le limaçon. Parmi les animaux de cette classe, les uns sont marins, tels que les cônes, les volutes (*fig.* 95), et c'est le plus grand nombre; d'autres habitent les eaux douces, comme les planorbes et les lymnées; enfin les autres sont terrestres, comme la limace et le colimaçon.

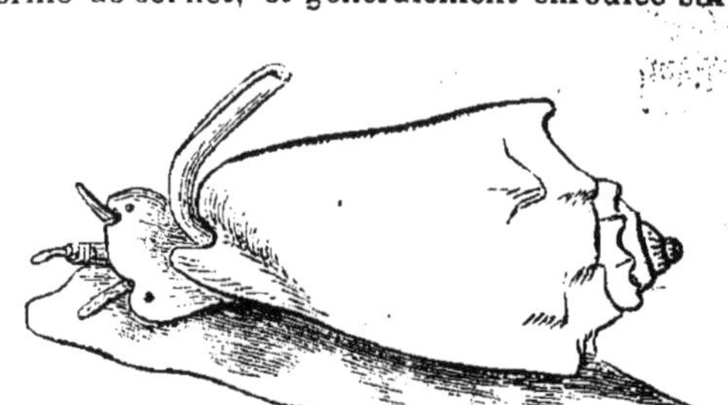

Fig. 95. — Volute.

207. **Acéphales.** — Les mollusques acéphales sont pourvus d'une coquille à deux valves (*fig.* 96), réunies par une charnière qui leur permet de s'ouvrir ou de se fermer; un ligament élastique, placé à la charnière, tend toujours à ouvrir la coquille lorsque les muscles ne se contractent pas pour la fermer; les huîtres, les moules, les anodontes se rangent dans cette classe.

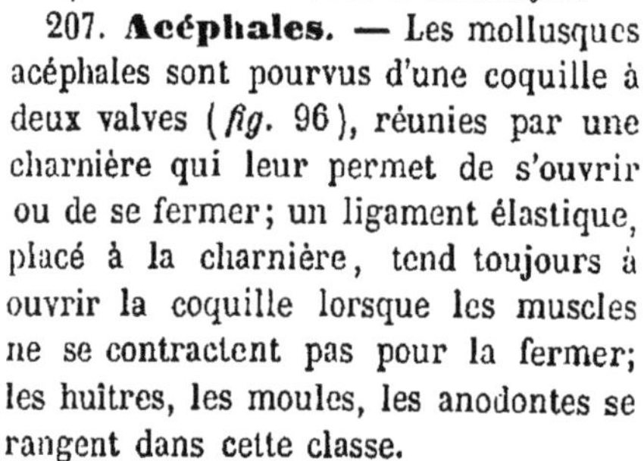

Fig. 96. — Aronde perlière.

208. **Brachiopodes.** — Les brachiopodes sont aujourd'hui peu abondants dans nos mers, mais, à certaines époques géologiques, le nombre des espèces et des genres était énorme, en même temps qu'ils atteignaient souvent une taille considérable.

MOLLUSCOÏDES.

209. Les molluscoïdes établissent le passage entre les mollusques et les coralliaires. Ils présentent un tube digestif ouvert à ses deux bouts, et un

Fig. 97. — Ascidies.

appareil branchial bien développé; leur système nerveux est nul ou rudimentaire, ils se divisent en deux classes :

1° Les tuniciers (*fig.* 97);

2° Les bryozoaires.

La plupart de ces animaux sont marins, quelques-uns cependant habitent les eaux douces. Tous sont de très-petite taille.

EMBRANCHEMENT DES ZOOPHYTES OU RAYONNÉS.

PRINCIPAUX GROUPES QUI LES COMPOSENT.

210. Les zoophytes sont des animaux d'une organisation très-simple, ils présentent presque toujours, soit dans leur corps lui-même, soit dans ses appendices, une disposition rayonnante, ce qui les a fait comparer à des plantes.

Leur système nerveux est ou rudimentaire ou nul, et il n'existe, comme organes des sens, que des petites taches colorées que l'on regarde comme les analogues des yeux. On divise les zoophytes en cinq classes :

Les *échinodermes*, — les *acalèphes*, — les coralliaires ou *polypes*, — les *infusoires*, — les *éponges*.

211. **Échinodermes**. — Les échinodermes se divisent eux-mêmes en trois groupes principaux, les *holothuries*, les *oursins* et les *astéries*.

Fig. 98. — Astérie.

Le corps des astéries (*fig.* 98) a la forme d'une étoile, aussi appelle-t-on ces animaux des étoiles de mer; la plupart ont une charpente solide, d'une structure très-compliquée, leur bouche est située presque au centre de la face inférieure du corps.

Les oursins sont des échinodermes globuleux, revêtus d'un test calcaire hérissé d'épines servant à la locomotion; à côté de ces épines sont des ouvertures destinées à livrer passage à un long tube terminé par une ventouse qui permet à l'animal de progresser sur des corps complétement lisses; les oursins présentent une armature buccale formée de pièces solides et d'une organisation très-compliquée.

Fig. 99. — Méduse (Rhizostome).

212. **Acalèphes**. — La classe des acalèphes (*fig.* 99) comprend toutes les *méduses* que l'on voit, sur nos côtes, flotter dans la mer sous la forme d'une cloche de matière gélatineuse et transparente; leur organisation est très-simple et leurs principaux organes se réduisent à un estomac communiquant au dehors par un seul orifice.

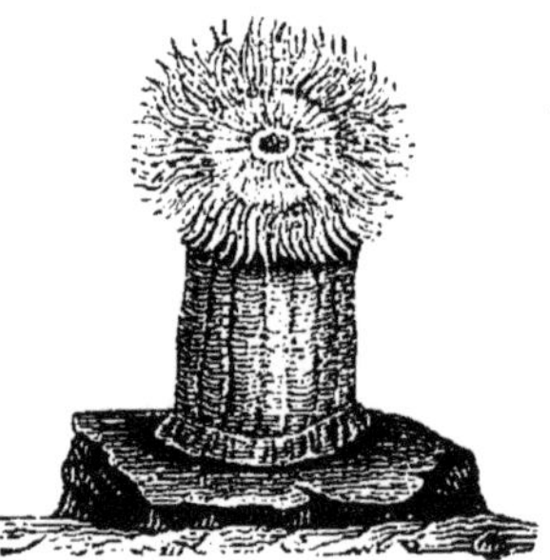
Fig. 100. — Actinie.

213. **Coralliaires** ou **Polypes**. — La classe des coralliaires se compose d'animaux à corps mou, percé à l'une de ses extrémités d'un orifice communiquant avec la cavité digestive et servant à la fois de bouche et d'anus; il est entouré d'une couronne de tentacules, à l'aide desquels l'animal s'empare de sa proie; son extrémité inférieure est disposée de manière à pouvoir se fixer aux corps étrangers, et en général acquiert une consistance pierreuse, de façon à constituer une sorte de loge calcaire appelée *polypier*. L'actinie ou anémone de mer (*fig.* 100) appartient à cette classe. La plupart des polypes habitent la mer. Quelques-uns, tels que les hydres (Voy. parag 24, *fig.* 8), se trouvent dans les eaux douces.

Le corail (*fig.* 101), si employé en bijouterie, appartient à cette classe; on le pêche sur les côtes d'Algérie. Quelques espèces de polypes se développent avec une si grande rapi-

F., 101. — Corail.

dité, que, sur certains points des mers tropicales, ils forment de véritables îles ou des récifs.

214. **Infusoires.** — Les infusoires (*fig.* 102) sont de petits animaux que le microscope nous a fait connaître, et qui se développent en quantité dans l'eau contenant des débris de corps organisés. L'air charrie des myriades de germes d'infusoires, les répand partout, et ils se développent lorsqu'ils trouvent réunies les conditions nécessaires à leur existence. La forme des infusoires est très-variable, leur corps est couvert de petits cils vibratiles, ils peuvent se reproduire au moyen d'œufs, ou par la division de leur corps en deux ou plusieurs fragments, dont chacun continue à vivre et devient un animal parfait.

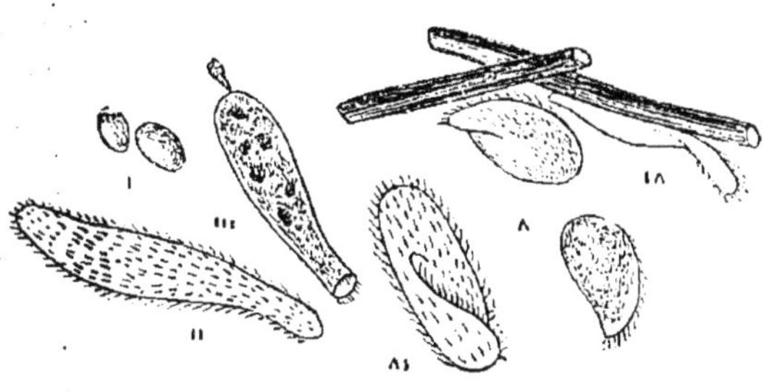

Fig. 102. — Infusoires[1].

215. **Spongiaires.** — La classe des spongiaires se compose des éponges et d'autres animaux d'une organisation tellement dégradée qu'ils n'ont de l'animalité que la reproduction au moyen d'œufs qui donnent naissance à des larves ciliées. Ces larves, après avoir nagé quelque temps au moyen de leurs cils vibratiles, se fixent sur un corps étranger, deviennent immobiles, se déforment, se creusent de canaux où l'eau circule. Dans leur substance se développent des filaments cornés et des spicules, soit cornées, soit siliceuses. Ce sont ces masses qui donnent naissance à des espèces d'œufs d'ou sortent les larves ciliées.

L'éponge commune se trouve dans l'océan Atlantique, sur les côtes d'Amérique; pour la préparer aux usages domestiques il suffit de la laver avec de l'eau qui enlève la matière animale dont les filaments cornés sont recouverts. Il existe un genre d'éponges fluviatiles auquel on a donné le nom de spongille.

[1] Infusoires vus au microscope. — I Monades. — II Tachélie anas. — III Enchélyde — IV Paramécie. — V Kolpode. — VI Tachélie fasciolaire marchant sur des végétaux microscopiques.

BOTANIQUE

ORGANES DE LA PLANTE

Parties élémentaires ou tissus qui les composent. — Composition chimique de ces tissus.

1. La *Botanique* est la partie de l'histoire naturelle qui traite des végétaux.

Les *végétaux* sont des êtres organisés, pourvus de fonctions de nutrition, mais privés de fonctions de relation. *Ils se nourrissent et se reproduisent, mais ils ne sentent ni ne se meuvent volontairement.* Nous avons d'ailleurs insisté sur les caractères qui séparent le règne végétal du règne animal (Voy. *Zool.*, parag. 2) et nous n'y reviendrons pas ici.

De même que pour les animaux, nous devons étudier chez les végétaux :

a La disposition, la structure et les rapports de leurs organes, c'est-à-dire leur *anatomie ;*

b Le rôle de ces organes et les fonctions qu'ils remplissent, c'est-à-dire leur *physiologie ;*

c La forme et les caractères de chaque végétal, examinés en particulier et comparativement à ceux des autres végétaux.

2. **Organes de la plante.** — Si l'on examine une plante prise parmi les végétaux supérieurs, on voit qu'elle se compose d'un certain nombre de parties bien distinctes, que l'on connaît vulgairement sous les noms de tige, racine, feuilles, fleurs, etc. Chacune de ces parties semble elle-même formée par la réunion de diverses pièces spéciales. Dans les fleurs, par exemple, on distingue les pétales, les étamines, etc. Dans la tige, on reconnaît facilement l'existence de plusieurs couches, dont la plus superficielle, ou écorce, se détache parfois très-facilement. Mais la division ne s'arrête pas là ; on peut pousser l'analyse beaucoup plus loin et reconnaître que chacune de ces parties, que l'on croyait simple, se compose d'une infinité de particules qui paraissent indivisibles, et portent pour cette raison le nom d'*organes élémentaires*.

ORGANES ÉLÉMENTAIRES

3. Ce n'est pas à l'œil nu que l'on peut étudier la structure intime des végétaux ; les organes élémentaires échappent, par leur petitesse, à

nos moyens d'investigation ordinaires; il faut avoir recours au microscope. C'est à l'aide de cet instrument que l'on constate que les plantes sont constituées par la réunion de *cellules*, de *fibres* et de *vaisseaux*. Quelques végétaux d'une organisation extrêmement simple, tels que les champignons, les algues, etc., ne se composent que de cellules; aussi portent-ils le nom de *plantes cellulaires*, par opposition aux plantes *vasculaires*, qui sont formées à la fois par des cellules, des fibres et des vaisseaux.

4. **Tissu cellulaire.** — Le tissu cellulaire peut être considéré comme le point de départ et l'élément primordial de tout organisme végétal : il consiste en une foule de petites vésicules, formées par une membrane continue et groupées côte à côte. Quand aucun obstacle ne vient gêner leur développement, elles affectent une forme sphérique, comme chez la joubarde (*fig.* 1). Mais le plus souvent elles sont tellement serrées les unes contre les autres que leurs parois se compriment mutuellement. Elles prennent alors une forme polyédrique, comme on le remarque dans la moelle du sureau (*fig.* 2). Dans ce cas, elles adhèrent fortement ensemble, et leurs parois se confondent si intimement qu'on ne saurait apercevoir aucune trace de leur séparation première. Lorsque les cellules se compriment ainsi mutuellement, elles peuvent prendre des formes d'une régularité presque géométrique, telles que celles d'un cube, d'un prisme, etc... D'autres fois les utricules ressemblent à de petits tonneaux placés côte à côte et empilés les uns sur les autres. Ou bien elles se développent plus rapidement sur divers points et présentent des saillies; on dit alors qu'elles sont *rameuses*. On peut observer cette disposition chez la fève de marais (*fig.* 3). Dans ce cas elles ne se touchent que par un certain nombre de points et interceptent de petits espaces vides que l'on désigne sous le nom de *lacunes* ou *méats l, l* (*fig.* 3).

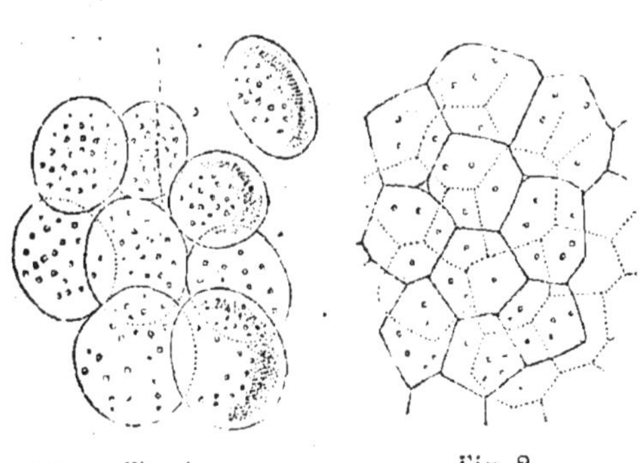

Fig. 1. Fig. 2.

Fig. 3.

5. Les parois des cellules peuvent être parfaitement homogènes (*fig.* 3), mais le plus souvent elles présentent soit de petites ponctuations, et sont dites *ponctuées* (*fig.* 1 et 2), soit de

Fig. 4.

petites lignes dirigées transversalement ou obliquement, comme chez certaines cellules du sureau (*fig.* 4); elles sont alors appelées *rayées*

Ces petits points semblent, au premier abord, autant de petites ouvertures; mais, si on y regarde de plus près, on reconnaît que cette apparence est due à ce que la cellule se compose de deux ou plusieurs membranes, dont l'une, extérieure, est parfaitement continue, tandis que l'intérieure s'interrompt sur certains points, et ce sont ces solutions de continuité de la membrane ou des membranes internes qui vues à travers la membrane externe produisent ces ponctuations ou ces réticulations. Quelquefois la membrane interne se fracture, suivant une ligne régulière disposée soit en cercle (*fig.* 5), soit en spirale (*fig.* 6), comme chez le gui (*Viscum album*). Dans ce cas la cellule paraît doublée d'une sorte de bandelette enroulée.

Fig. 5.

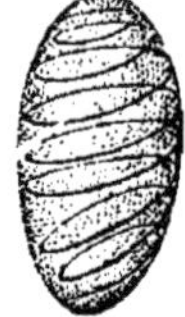
Fig. 6.

Le nombre des couches qui constituent les parois des utricules peut varier beaucoup; quelquefois il en existe un grand nombre; dans ce cas elles s'interrompent, en général, toutes sur les mêmes points; cependant on a observé dans quelques cas que toutes les couches ne se moulaient pas les unes sur les autres, et que, tandis que l'une présentait des ponctuations, l'autre pouvait offrir des réticulations ou des anneaux.

6. Les cellules renferment en général des granules, dont la nature peut varier. On y rencontre souvent des grains de fécule (pomme de terre, blé, maïs, etc.), ou bien encore une matière connue sous le nom de *Chlorophyle* (χλωρός vert, φύλλον feuille), qui donne aux plantes leur couleur verte. Très-souvent on rencontre aussi dans les cellules des matières cristallisées, telles que de l'oxalate de chaux, du malate de chaux, etc.

7. **Tissu fibreux.** — Le tissu fibreux, appelé aussi *prosenchyme*, se compose d'utricules allongées en forme de fuseau et atténuées à leurs extrémités (*fig.* 7), désignées pour cette raison sous le nom de *fibres.* Les parois des fibres sont en général épaisses, et leur cavité intérieure est souvent réduite presque à rien. Les couches qui viennent doubler la membrane externe peuvent s'interrompre sur certains points et présenter toutes les particularités que nous venons de noter pour les cellules.

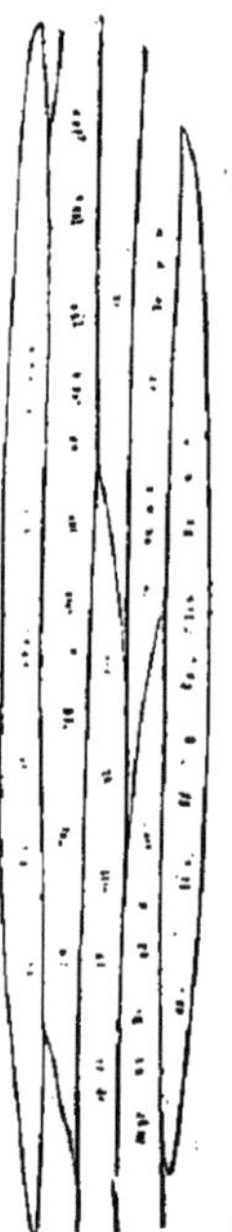
Fig. 7.

8. **Tissu vasculaire.** — Le tissu vasculaire est formé par des tubes cylindriques, en général très-allongés et s'étranglant de distance en distance (*fig.* 8).

Ces rétrécissements sont dus à ce que les vaisseaux sont primitivement constitués par une série d'utricules en forme de tonneaux placés bout à bout et dont les parois disparaissent aux points de contact, de façon à former un tube.

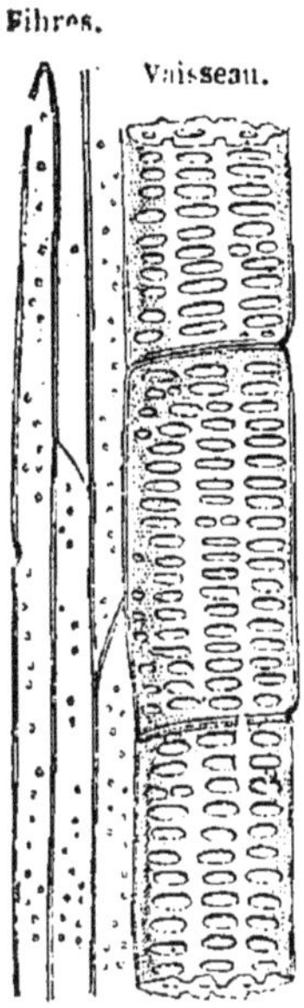

Fibres. Vaisseau.

Fig. 8. Fig. 9. Fig. 10. Fig. 11.

La surface des vaisseaux n'est jamais lisse et unie comme celle de certaines cellules; toujours elle présente soit des ponctuations, soit des réticulations, soit des annulations. D'après ces modifications on a distingué les vaisseaux en *Ponctués* (*fig.* 8), *Rayés* (*fig.* 9), *Annulaires* (*fig.* 10), et *Réticulés*.

9. *Trachées*. — On a réservé le nom de *trachées* (*fig.* 11) à ceux qui sont constitués par une membrane cylindrique et unie, doublée par un fil spiral. Ces vaisseaux sont effilés à leurs extrémités. Le fil spiral qui est enroulé dans leur intérieur s'étend sans interruption d'un bout à l'autre; tantôt les tours de spires se touchent, tantôt ils sont écartés, comme chez le potiron. Quelquefois, au lieu d'un seul fil, il en existe deux ou plusieurs. On peut souvent dérouler la spirale, ainsi formée, en cassant la trachée et en exerçant de légères tractions; cette opération s'exécute facilement sur le sureau. C'est cette propriété qui a fait donner à ces vaisseaux le nom de *trachées déroulables*.

10. Certains vaisseaux présentent à la fois des ponctuations et des raies, ou des raies et des anneaux; d'autres offrent sur une partie de leur longueur la structure annulaire et deviennent ensuite réticulés ou trachéens. Ces particularités ne sont d'ailleurs d'aucune importance.

11. **Vaisseaux laticifères.** — On a désigné sous le nom de ***vaisseaux propres*** ou laticifères un système de tubes qui, au lieu d'être continus d'un bout à l'autre, communiquent entre eux, s'anastomosent et

forment une sorte de réseau (*fig.* 12). Primitivement ces vaisseaux sont dépourvus de parois; ils sont formés par les lacunes et les interstices qui existent entre les organes élémentaires, mais les sucs qui circulent dans ce système de cavités ne tardent pas à déposer le long de leurs parois une couche spéciale; ils tendent ainsi à se canaliser eux-mêmes.

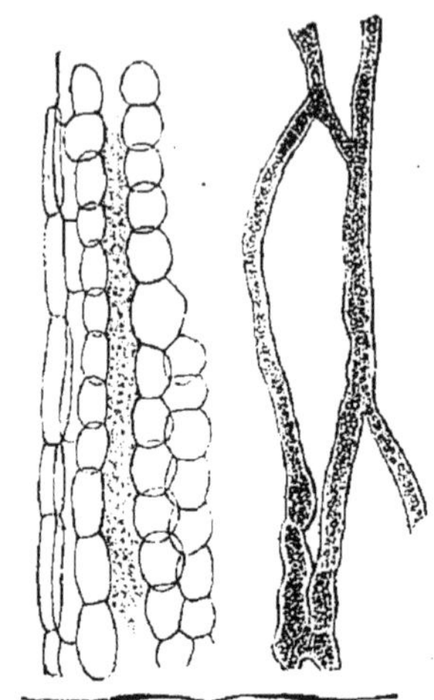

Fig. 12.

12. **Composition chimique des tissus élémentaires.** — Le tissu cellulaire est remarquable par la résistance qu'il oppose aux agents chimiques, de façon qu'on peut facilement le séparer des matières étrangères, et l'obtenir à l'état de pureté. Il est formé essentiellement par de la *cellulose.*

Pour se procurer cette matière on traite les diverses parties d'une plante, d'abord par des lessives de potasse ou de soude, puis par une dissolution d'acide chlorhydrique, de façon à enlever complétement la matière ligneuse et les substances étrangères qui sont mélangées à la cellulose. On lave ensuite le résidu avec de l'eau, puis avec de l'alcool et de l'éther, pour enlever les matières grasses.

La cellulose ainsi obtenue est blanche, diaphane, insoluble dans l'eau, l'alcool et l'éther; les lessives alcalines faibles et les dissolutions d'acides peu concentrés sont sans action sur elle; les acides sulfurique et phosphorique concentrés transforment la cellulose d'abord en *dextrine*, puis en *glucose;* l'acide azotique fumant se combine avec elle pour former un produit inflammable et explosible, analogue au *fulmi-coton* ou cotonpoudre.

La cellulose se compose de carbone, d'hydrogène et d'oxygène; son équivalent chimique paraît être $C^{12}H^{10}O^{10}$.

13. La composition de la matière ligneuse est mal connue; on ne sait pas encore si sa composition chimique est toujours identique chez les différents végétaux et dans les diverses parties d'une même plante.

Le ligneux renferme plus de carbone que la cellulose, et l'hydrogène s'y trouve en quantité plus grande que celle qui formerait de l'eau avec l'oxygène.

ORGANES COMPOSÉS.

14. Nous l'avons dit plus haut, les organes élémentaires que nous venons d'étudier, cellules, fibres, vaisseaux, par leur réunion, forment les organes composés qui, à leur tour, constituent le végétal.

La cellule est l'élément primordial de la plante; certains végétaux restent même toujours à cet état; leur embryon ne se compose que d'une utricule et porte le nom de *spore*. En grandissant il ne fait que s'accroître par l'adjonction de nouvelles cellules. D'autres fois, l'embryon végétal est plus compliqué; il est formé d'un grand nombre d'utricules groupées de façon à y dessiner un ou deux renflements, indices des premières feuilles et connus sous le nom de *cotylédons*.

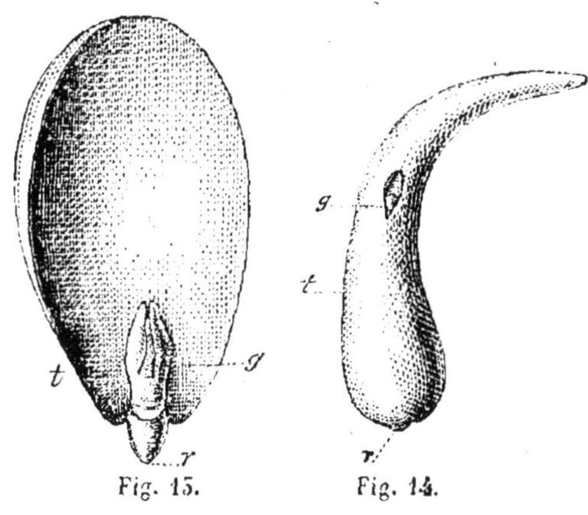

Fig. 13. Fig. 14.

On désigne sous le nom de végétaux *dicotylédonés* ceux qui offrent deux ou plusieurs cotylédons (*fig.* 13), et de *monocotylédonés* (*fig.* 14) ceux qui n'en présentent qu'un seul. Enfin on réserve le nom d'*acotylédonés* à ceux dont l'embryon est privé de cotylédon et affecte la forme d'une simple utricule.

Chez les plantes à cotylédons, on remarque, entre ces organes s'il y en a deux, ou à sa base s'il est unique, un petit corps connu sous le nom de *tigelle t* (*fig.* 13 et 14) qui, en se développant, doit former la tige. L'extrémité supérieure de la tigelle porte les rudiments des premières feuilles. On appelle *gemmule g* le petit bourgeon ainsi constitué. Enfin, à l'opposé de la tigelle, au-dessous des cotylédons, se trouve la *radicule r*, qui, en se développant, formera la racine.

L'embryon est l'ébauche du végétal et présente déjà une racine, une tige et des feuilles. On peut donc donner à ces parties le nom d'*organes fondamentaux*. Ce sont eux que nous allons étudier maintenant. — Ils présentent tous une enveloppe continue qui s'étend uniformément à leur surface et qui, à raison de cette disposition, a reçu le nom d'épiderme.

15. **Épiderme.** — Cette membrane elle-même se subdivise en deux couches, l'une intérieure, formée d'un ou de plusieurs rangs de cellules, appelée *épiderme* proprement dit, l'autre extérieure et continue, nommée *pellicule épidermique* ou *cuticule*.

L'épiderme est toujours mieux développé et plus épais sur les plantes ou sur les parties de la plante les plus directement exposées à l'air. Les feuilles, par exemple, sont enveloppées par une couche épidermique épaisse; les racines, au contraire, ne présentent que des traces de cette membrane. Les feuilles qui flottent sur l'eau sont pourvues d'épiderme sur la face en contact avec l'air; elles en sont privées du côté qui baigne dans l'eau. Quand elles sont complétement plongées dans ce liquide, elles manquent d'épiderme proprement dit. Il en est de même pour les végétaux *cellulaires* (algues, champignons), et si nous examinons chacune des couches qui composent l'épiderme proprement dit, nous verrons que leur structure diffère beaucoup.

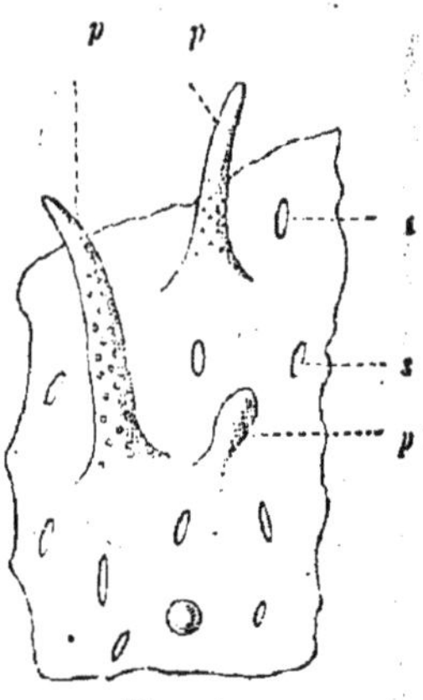

Fig. 15.

16. La couche extérieure ou *cuticule* (*fig.* 15) se présente sous la forme d'une pellicule mince et continue, qui se montre sur toutes les parties du végétal, dont elle reproduit exactement les formes, et se perce vis-à-vis des organes de respiration, pour livrer passage à l'air *s*. La présence de la cuticule est plus générale que celle de l'épiderme proprement dit, car on la constate chez les végétaux aquatiques.

17. L'épiderme proprement dit est formé de cellules juxtaposées et placées sur une ou plusieurs couches (*fig.* 16). Le plus souvent ces utricules présentent une forme prismatique, et les lignes qui les séparent forment un réseau géométrique d'une grande netteté; d'autres fois les cellules sont plus ou moins fluxueuses, comme on peut l'observer sur l'épiderme des feuilles de garance.

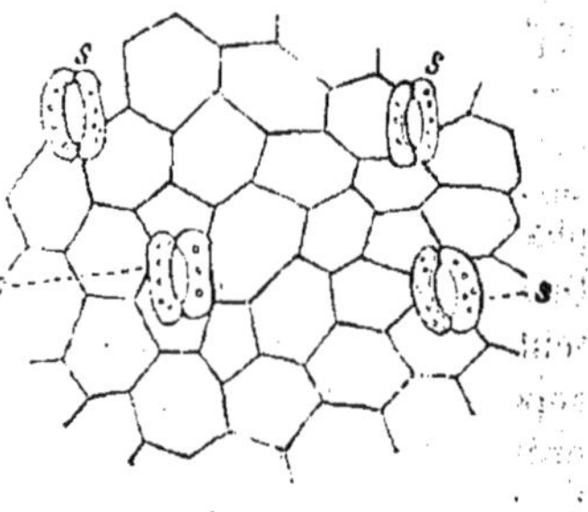

Fig. 16.

La paroi supérieure des cellules épidermiques peut présenter des expansions de diverses formes et constituer des poils, etc. La paroi inférieure est faiblement adhérente aux cellules du parenchyme sous-jacent, de façon que l'on peut facilement arracher la couche épidermique d'un végétal.

18. *Stomates.* — L'épiderme présente, de distance en distance, de petites solutions de continuité, en forme de fentes ou de boutonnières, encadrées par des cellules d'un aspect spécial. C'est par ces ouvertures que la respiration s'opère chez les végétaux, et elles portent le nom de *stomates* (στόμα, bouche); les lèvres de ces boutonnières sont constituées par deux cellules arquées en forme de reins ou de haricots (Voy. *fig.* 16 *s*) qui se touchent par leurs deux extrémités; elles sont remplies de granules verts, et peuvent se gonfler quand le temps est humide, ou se rétracter quand il est sec, de façon à dilater

ou à resserrer l'ouverture du stomate. Ces ouvertures correspondent en général à une *lacune* ou à un petit *méat* ménagé entre les cellules du parenchyme (*fig.* 17 *l*).

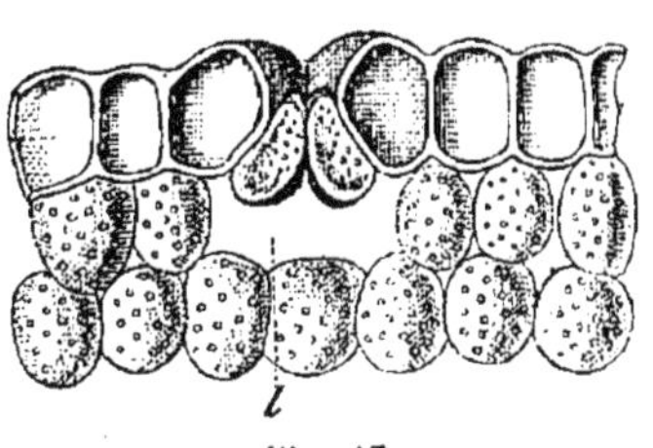

Fig. 17.

Les stomates ne sont pas répartis indifféremment sur toutes les parties de l'épiderme; en très-petit nombre sur les tiges et les branches, ils deviennent plus nombreux sur les parties vertes, mais c'est *surtout à la face inférieure des feuilles qu'ils s'observent*. Là leur nombre peut devenir énorme. Chez le lilas, on en compte près de 150,000 sur un carré de 25 millimètres.

19. *Poils.* — Le poils, comme nous l'avons dit plus haut, résultent de l'allongement d'une cellule épidermique. La forme de ces organes peut varier beaucoup; tantôt ils sont simples (*fig.* 18, A et 15 *p*), tantôt ils se bifurquent (*fig.* 18, B), ou même deviennent rameaux (*fig.* 18, C).

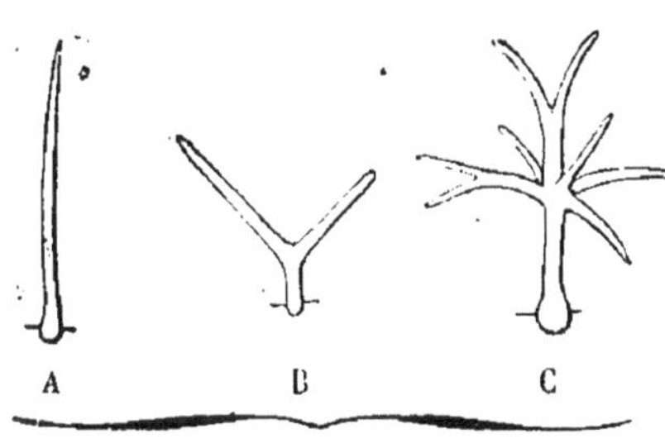

Fig. 18.

Certains poils sont cloisonnés, c'est-à-dire formés de cellules placées bout à bout. D'autres sont formés de cellules placées côte à côte, et s'étendant en surface; ils sont alors dits *scarieux*. Quelquefois plusieurs poils, rayonnant d'un centre commun, se réunissent, se soudent en une sorte d'étoile qui se détache facilement. On appelle *glabre* toute surface dépourvue de poils, et *poilue* celle qui en présente, *pubescente* celle qui porte une sorte de duvet, *velue* celle dont les poils sont longs et doux. Enfin des expressions techniques telles que *hirsutus*, *hispidus*, *tomentosus*, etc., servent à désigner en botanique l'aspect que donnent à une plante des poils durs et droits, ou crépus, etc..

TIGES

Leurs principales modifications. — Structure de la tige dans les Dicotylédones, les Monocotylédones et les Acotylédones.

20. **Principales modifications des tiges**. — La tige est la partie du végétal qui porte les rameaux et les feuilles, et s'élève en général verticalement vers le ciel.

Certains végétaux paraissent, au premier abord, privés de tige; on les désigne sous le nom d'*acaules*, par opposition aux plantes *caulescentes*, ou pourvues d'une tige visible. Mais chez les cotylédonés cette particularité n'est qu'apparente et tient à ce que la tige est en général cachée sous la terre.

Les tiges se divisent en *simples* et *rameuses*. — Les premières ne portent pas de branches, comme la tige des palmiers, qui est simplement couronnée d'un bouquet de feuilles. — Les secondes se distinguent par la présence de diverses branches. Dans ce cas, on nomme *axe primaire* ou primordial le tronc principal, en réservant le nom d'*axes secondaires*, *tertiaires*, etc. aux différentes branches, suivant l'ordre d'après lequel elles naissent sur la tige. Chaque axe secondaire peut à son tour jouer le rôle d'axe primaire par rapport aux branches qui s'implantent sur lui, et la division en rameaux peut ainsi être portée extrêmement loin.

21. Les tiges tendent à s'élever vers le ciel, mais elles ne présentent pas toujours une position exactement verticale; elles peuvent être plus ou moins obliques, ou, si elles sont trop faibles pour se maintenir droites, elles cherchent à s'appuyer sur les corps environnants. Quelquefois elles s'enroulent autour d'eux en formant une spirale. On les dit alors *volubiles;* la torsion peut avoir lieu de gauche à droite ou de droite à gauche, mais elle a toujours la même direction pour la même plante.

Le volubilis s'enroule de gauche à droite (si on suppose l'observateur placé en face), et le houblon de droite à gauche.

Souvent les tiges ne s'enroulent pas ainsi, elles se soutiennent à l'aide de crampons que l'on appelle vrilles, etc... On donne à ces plantes le nom de *grimpantes*.

D'autres fois la tige cherche un appui sur le sol et s'y attache au moyen de racines qui prennent naissance sur elle, de distance en distance. On dit alors que la tige est *rampante*.

22. Enfin certaines tiges, au lieu de ramper à la surface du sol, croissent entièrement sous terre. Aussi pendant longtemps les a-t-on prises pour des racines. Mais il est facile de se convaincre qu'il n'en est rien, car ces prétendues racines donnent naissance à des feuilles, et nous savons que cette propriété est dévolue seulement aux tiges.

On désigne sous le nom de *rhizomes* les tiges souterraines (*fig.* 19); des fibres radicellaires naissent de ces rhizomes, mais nous savons qu'il en était de même pour les tiges rampantes. En supposant que ces dernières soient enfouies, on aura des

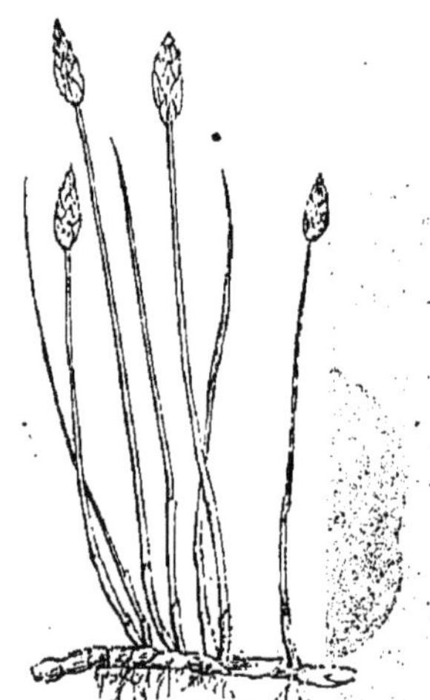

Fig. 19.

rhizomes. De distance en distance il naît des axes secondaires, qui viennent se développer à la surface du sol. L'iris, le blé, l'orge, etc., nous fournissent de bons exemples de rhizomes.

23. Les *bulbes* et les *tubercules* sont des modifications des tiges souterraines. Pendant longtemps on a rangé ces productions parmi les racines, mais elles n'ont d'autre rapport avec ces dernières que d'être enfouies sous le sol.

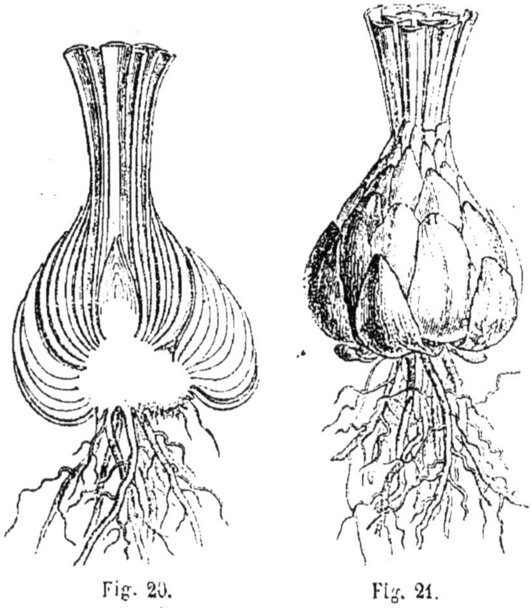

Fig. 20. Fig. 21.

On appelle bulbe un corps arrondi composé 1° d'un plateau plus ou moins circulaire qui porte à sa partie inférieure des racines; 2° de tuniques charnues portées par le plateau et s'emboitant les unes dans les autres ; 3° d'un bourgeon central formé de feuilles ou de fleurs rudimentaires (*fig.* 20 et 21) D'après l'énoncé des parties qui constituent le bulbe, on voit que c'est une plante toute entière, portant ses racines, un axe (le plateau), et des organes appendiculaires (les feuilles). Le bulbe peut être comparé à un rhizome raccourci.

Fig. 22.
Pomme de terre.

Le bulbe est tantôt *tronqué*, c'est-à-dire entouré complétement de feuilles modifiées, tantôt *écailleux*. Dans ce cas, les feuilles se disposent sur plusieurs rangées. — Les oignons peuvent être pris pour exemple de bulbes tronqués, et les lis de bulbes écailleux.

On appelle tubercule (*fig.* 22) un corps renflé qui se trouve sous le sol, adhérent au rhizome. — Ce corps résulte de l'épaississement et du raccourcissement d'un axe secondaire qui devient charnu et se charge de fécule. La pomme de terre, par exemple, n'est qu'un bourgeon modifié par les conditions dans lesquelles il s'est développé. Il suffit, en effet, pour transformer en tubercules les jeunes bourgeons aériens de la pomme de terre, de les entourer de terre. Si l'on jette les yeux sur une pomme de terre, on y voit de petits écailles, traces rudimentaires des feuilles.

Les tubercules que l'on trouve suspendus aux racines du dalhia ne dépendent pas de la tige, ce sont des réservoirs de matière nutritive, appartenant au système radiculaire.

24. La consistance des tiges peut varier beaucoup; tantôt elles sont charnues, molles et chargées de sucs; tantôt elles sont dures et ligneuses. Les premières sont désignées sous le nom de *tiges herbacées*, les secondes sous celui de *tiges ligneuses*.

Les plantes herbacées ne vivent souvent qu'une année, et, à raison de cette particularité, portent le nom de plantes *annuelles;* celles qui vivent deux ans sont appelées *bisannuelles;* enfin on appelle *vivaces* celles qui persistent plusieurs années.

La dimension des tiges est entièrement variable. Chez quelques plantes elles sont à peine de la grosseur d'un fil (*exacum filiforme*); chez d'autres, tels que les boababs, elles peuvent avoir jusqu'à vingt-sept mètres de circonférence, sur une hauteur proportionnée. — On a donné le nom d'*arbres* à celles dont la taille est considérable, et on appelle *arbustes* ou *arbrisseaux* celles qui restent basses et se ramifient près de terre.

25. **Structure des tiges.** — La structure intérieure des tiges varie beaucoup, suivant que l'on s'adresse à un végétal dicotylédoné, monocotylédoné ou acotylédoné. Il est nécessaire de faire une étude à part de chacun de ces groupes.

26. **Structure des tiges des dicotylédonées.** — La tige de ces plantes se compose de deux parties distinctes :

1° L'écorce ou système cortical;

2° Le bois ou système ligneux.

Chacun de ces systèmes se décompose lui-même en plusieurs parties, dont il est facile de constater la présence en coupant en travers une branche d'arbre et en l'examinant au microscope. Dans un rameau d'un an toutes les parties constitutives de la tige y sont représentées; il est donc préférable de faire porter ses observations sur une branche de cet âge, dont les tissus encore tendres permettent d'isoler facilement les éléments constitutifs. Si on examine une branche de l'érable commun (*acer campestre*) on voit au centre une colonne de tissu cellulaire à cellules grandes et gorgées de sucs; cette partie porte le nom de *moelle*. Autour de la moelle se trouvent des faisceaux de fibres et de vaisseaux, appelés pour cette raison *fibro-vasculaires;* la réunion de ces faisceaux est nommée *étui médullaire*, parce qu'ils servent en quelque sorte d'étui à la moelle; entre chacun de ces faisceaux se trouve une couche de tissu cellulaire qui se détache en rayonnant de la moelle. L'étui médullaire est remarquable par la présence de nombreuses trachées. En dehors de ces faisceaux s'en trouvent d'autres constituant une couche ligneuse dépourvue de trachées.

Là s'arrête le système ligneux. Il est séparé du système cortical par une couche cellulaire, puis viennent des faisceaux fibro-vasculaires, en dehors se trouve une *enveloppe cellulaire* puis une autre couche de même nature, mais dont les cellules sont brunes et serrées; c'est la *couche subéreuse*, enfin l'*épiderme* revêt le tout.

Nous trouvons donc dans le système ligneux : 1° La moelle au centre; 2° l'étui médullaire; 3° les faisceaux fibro-vasculaires du bois; 4° les rayons médullaires qui les séparent.

Dans le système cortical : 1° les faisceaux fibro-vasculaires de l'écorce; 2° l'enveloppe cellulaire; 3° l'enveloppe subéreuse; 4° l'épiderme. Nous allons maintenant passer en revue chacune de ces parties.

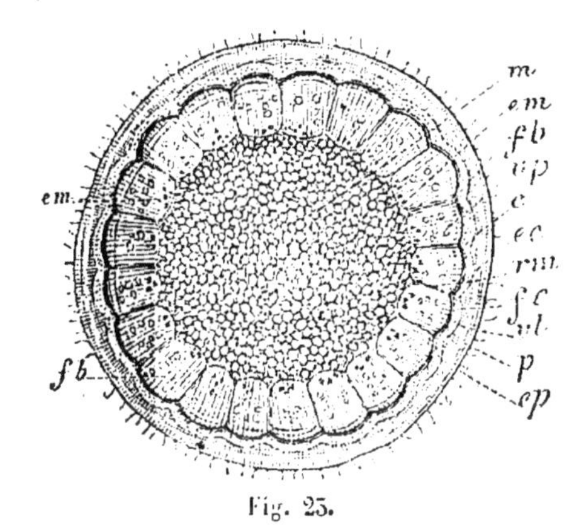

Fig. 23.

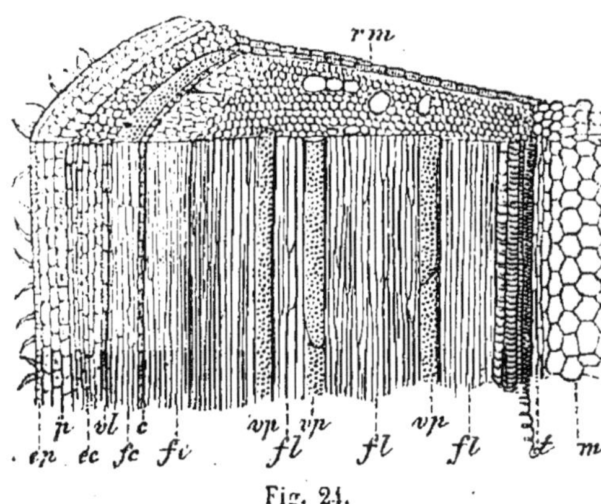

Fig. 24.

27. **Système ligneux.** — *Moelle.* — La moelle *m* (*fig.* 23 et 24), qui occupe l'axe de la tige, est, comme nous l'avons dit, composée de cellules, plus grosses au centre qu'à la périphérie. Ces dernières sont gorgées de sucs. — Plus la plante est jeune plus la moelle est volumineuse; peu à peu les cellules se vident, se dessèchent et paraissent s'atrophier. Quelquefois même elles se détruisent, et il se produit au centre de la tige des vides considérables ou même une cavité continue. La tige est alors dite *fistuleuse*.

28. *Étui médullaire em.* — L'étui médullaire constitue la partie interne des faisceaux

fibro-vasculaires du bois, c'est dans cette partie que se rencontrent les trachées *t*. Cet étui est en quelque sorte moulé sur la moelle; il conserve pendant très-longtemps une couleur verte et se modifie peu par les progrès de l'âge.

29. *Faisceaux fibro-vasculaires du bois fb.* — Ces faisceaux ressemblent chacun à un coin émoussé, ils forment à la moelle un cercle concentrique et constituent la portion fondamentale du bois; leur tissu n'est pas homogène, si on en observe une tranche on le verra composé de fibres entremêlées de vaisseaux presque toujours réticulés et ponctués *vp*. Les vaisseaux sont plus nombreux sur le bord interne et les fibres sur le bord externe. La portion centrale du système ligneux est plus dure que la portion extérieure et porte le nom de cœur du bois ou *duramen*, tandis que l'on désigne l'autre sous le nom d'*aubier*. L'acajou et l'ébène sont fournis par le duramen du bois, le reste de la tige étant peu coloré. Chaque année une nouvelle couche fibro-vasculaire vient s'ajouter à celle qui existe déjà, et comme toujours, les fibres sont disposées en plus grande quantité à la périphérie, cela permet de reconnaître les couches formées chaque année, et de déduire l'âge du végétal du nombre des couches fibro-vasculaires.

Chez les conifères ou arbres verts, tels que le pin et le sapin, les fibres du bois offrent une apparence particulière (*fig*. 25), leurs parois sont très-épaisses et présentent des ponctuations disposées sur deux séries rectilignes occupant les deux côtés opposés de la fibre et entourées d'une aréole ou enfoncement en forme de verre de montre. Les fibres voisines se juxtaposent par les bords circulaires de ces espèces de godets, et produisent ainsi de petites cavités comme le feraient deux verres de montre appliqués par leurs contours (*fig*. 26), c'est dans ces petits réceptacles que s'accumulent les produits résineux de l'arbre.

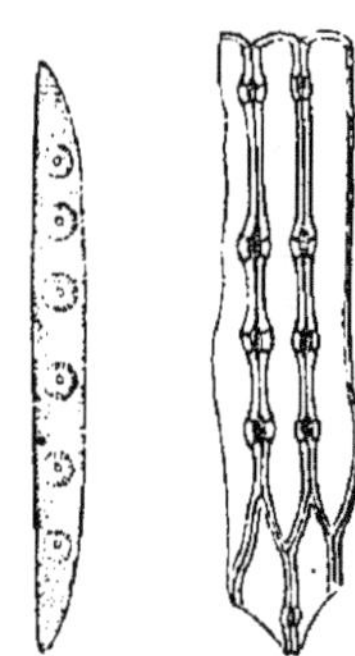
Fig. 25. Fig. 26.

30. *Rayons médullaires*. — Les rayons médullaires *rm* (*fig*. 23 et 24) réunissent la moelle à la couche cellulaire de l'écorce, et séparent les faisceaux fibro-vasculaires. La première année ces rayons sont en même nombre que les faisceaux, plus

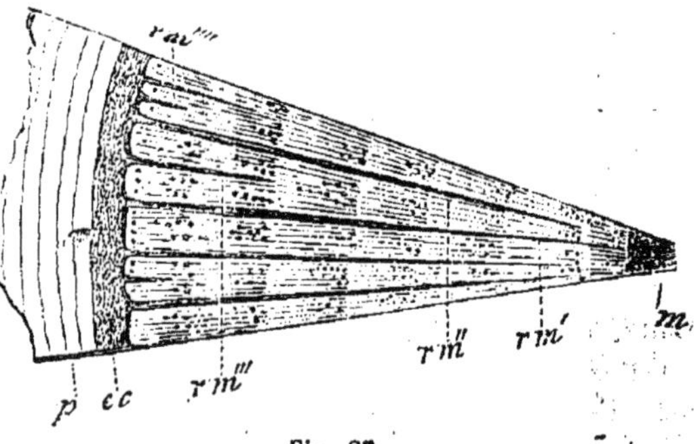

Fig. 27.

tard ils deviennent plus nombreux. Ceux qui existent dès l'origine et qui vont d'un système cellulaire à l'autre portent le nom de *grands rayons rm'* (*fig.* 27). Ceux qui se sont montrés plus tard et qui, partant de l'enveloppe cellulaire de l'écorce ne vont pas jusqu'à la moelle, portent le nom de *petits rayons rm'''*.

31. **Système cortical.** — Le système ligneux est séparé du système cortical par une couche mince d'un tissu cellulaire semi-fluide appelée *cambium, c* (*fig.* 23 et 24). Cette partie joue un grand rôle dans les phénomènes d'accroissement des végétaux; c'est à ses dépens que chaque année s'organisent les couches fibro-vasculaires.

32. *Faisceaux fibro-vasculaires de l'écorce ou liber.* — Ces faisceaux, *fc*, sont placés vis-à-vis de ceux du bois. Les parois des fibres qui les constituent deviennent d'une grande épaisseur. Aussi offrent-elles une grande ténacité, que l'on a utilisée pour la fabrication des tissus, des cordes, etc.. En effet si on met pourrir des tiges de chanvre ou de lin, toutes les parties se détruisent, à l'exception des fibres du liber, que l'on peut alors préparer pour différents usages. Ces fibres suivent en général une direction rectiligne en formant des couches qui s'empilent les unes sur les autres à la manière des feuillets d'un livre; de là le nom de *liber* que l'on leur a donné; d'autres fois, leur trajet est très-flexueux, et après s'être rencontrées elles s'écartent pour se rencontrer de nouveau, elles forment ainsi un réseau dont les mailles sont remplies par le tissu cellulaire des rayons médullaires.

33. *Enveloppe cellulaire.* — Cette couche *ec* est formée par des cellules contenant dans leur intérieur des grains de *chlorophyle* et qui lui a fait donner le nom de couche verte ou herbacée; c'est dans son épaisseur que se rencontrent les vaisseaux laticifères.

34. *Enveloppe subéreuse.* — Cette enveloppe *p* est ainsi nommée parce qu'elle constitue chez certains chênes (*quercus suber*) le *liége*. Elle se compose de cellules cubiques ou prismatiques, colorées en brun et soudées intimement entre elles. Lorsque les faisceaux fibro-vasculaires augmentent de volume, la couche subéreuse se trouve comprimée, se fendille et se détache par plaques, il en résulte que l'écorce se renouvelle continuellement et n'acquiert jamais une grande épaisseur.

35. *Épiderme.* — L'épiderme *ep* recouvre l'enveloppe subéreuse, mais il n'existe que chez les jeunes plantes, plus tard il se dessèche et se détache.

36. **Accroissement des tiges.** — La première année, comme nous l'avons vu, on ne trouve dans la tige qu'une couche de faisceaux fibro-vasculaires ligneux, et une couche de faisceaux corticaux. L'année suivante, une couche de cambium s'organise entre le bois et l'écorce et constitue des faisceaux nouveaux, qui se séparent pour former une lame nouvelle d'aubier autour des faisceaux ligneux, et une lame de faisceaux de liber en dedans des couches corticales; chaque année il se forme ainsi

une couche ligneuse et une couche corticale, et il est donc facile en les comptant de savoir l'âge d'un arbre.

37. **Greffe.** — Si l'on coupe un jeune rameau d'un arbre et qu'on l'introduise dans un autre arbre d'une espèce voisine, de façon à ce que son extrémité fraîchement coupée soit en contact avec la couche de cambium du second, le jeune rameau pourra se développer et il reproduira l'espèce ou la race de la plante qui a fourni le rameau. On appelle *greffe* ce mode de soudure. La greffe ne réussit qu'entre des plantes du même genre ou de la même famille, par exemple, entre le cerisier et le prunier, le cognassier et le poirier. Il arrive souvent que l'on greffe une race artificielle sur des sujets sauvages, c'est ainsi que l'on reproduit nos plus belles espèces de rosiers en en greffant une branche sur un églantier. On distingue trois sortes de greffes.

La *greffe par approche*. On décortique sur une petite surface deux branches appartenant à deux arbres voisins, on les rapproche et on met en contact les parties dénudées, qui ne tardent pas à se souder. En séparant ensuite l'une des branches de sa souche, elle se développe et se ramifie.

La *greffe en fente* consiste dans l'insertion d'un jeune rameau sur le sommet tronqué d'un végétal; pour cela on fend la tige, puis on enfonce dans la fente l'extrémité du rameau taillée en biseau, de façon à s'y adapter parfaitement. La branche continue à se développer sans changer de nature, seulement au lieu de puiser sa nourriture dans le sol, elle la puise dans la tige mère.

La *greffe* par *bourgeons* consiste dans la soudure d'un lambeau d'écorce portant des bourgeons sur un végétal préalablement dénudé.

38. **Structure de la tige des monocotylédonées.** — Les plantes monocotylédonées, très-communes dans nos climats, y offrent rarement une taille considérable. Pour trouver de vrais arbres appartenant à ce groupe, il faut descendre plus au midi : là on rencontre des palmiers remarquables par leur tronc élancé; on peut constater que ce tronc est de la même grosseur de la base au sommet, et qu'il ne porte pas de branches comme le font les plantes dicotylédonées de nos climats. Enfin, il est couronné à son extrémité par une touffe de grandes feuilles.

Si on coupe en travers une de ces tiges, on voit qu'elle se compose de faisceaux fibro-vasculaires et de tissu cellulaire, mais les rapports de ces deux parties ne sont plus les mêmes que pour les dicotylédonées. On ne retrouve plus le cylindre de moelle entouré de faisceaux fibro-vasculaires, entourés eux-mêmes de fibres corticales. Chez les monocotylédonées, les faisceaux fibro-vasculaires sont dispersés sans ordre au milieu du tissu cellulaire; et sont plus nombreux à la partie périphérique qu'au centre. Le centre, resté presque entièrement cellulaire, représente jusqu'à un certain point la moelle, mais dépourvue d'étui médullaire. Dans quelques monocotylédonées à croissance très-rapide, ce tissu utriculaire ne peut suivre le bois dans son accroissement et se détruit; c'est ainsi que certaines tiges, celle de roseau, par exemple, se vident à l'intérieur et deviennent fistuleuses. Chez la plupart des graminées, c'est-à-dire chez le blé, l'orge, l'avoine, le seigle, il en est de même. La tige est recouverte d'épiderme qui disparaît bientôt, et il ne reste plus qu'une couche cellulaire qui s'épaissit par l'enveloppe que lui forment les bases persistantes des feuilles. La réunion de ces couches constitue une sorte d'écorce.

39. *Faisceaux fibro-vasculaires.* — Si on examine chaque faisceau fibro-vasculaire pris en particulier, on voit qu'il est composé des mêmes éléments que ceux des dicotylédonées.

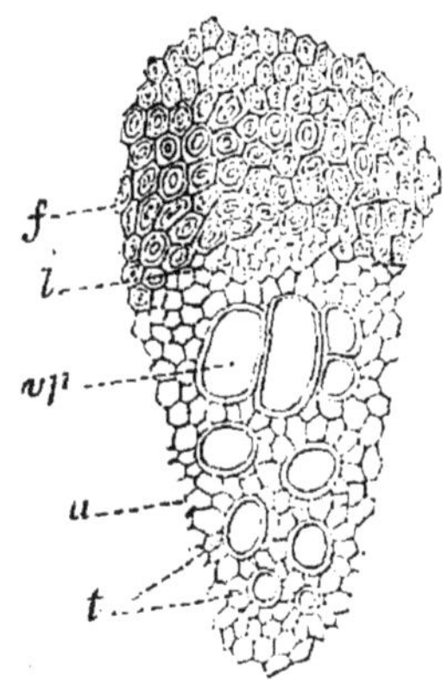

Fig. 28.

En effet, on trouve en dedans des trachées *t* (*fig.* 28) que l'on peut assimiler à l'étui médullaire. Plus en dehors se voient des cellules ponctuées et des fibres mêlées à des vaisseaux rayés ou ponctués *vp*. En dehors de cette partie, comparable au système ligneux, se trouvent des vaisseaux laticifères et des fibres à parois minces enveloppées par des fibres à parois plus épaisses *f*; cette réunion rappelle jusqu'à un certain point le système cortical tel que nous l'avons étudié.

40. *Marche des faisceaux fibro-vasculaires des monocotylédonées, comparée à celle des dicotylédonées.* — Chez les tiges dicotylédonées, les faisceaux fibro-vasculaires marchent parallèlement à la surface de la tige, et à eux-mêmes dans toute la longueur du tronc (*fig.* 29); par leur réunion ils forment des faisceaux coniques disposés symétriquement autour d'un axe, la moelle, et des faisceaux plus extérieurs dépendant du système cortical. Quelle que soit la hauteur à laquelle on examine la tige, on retrouve les mêmes parties disposées de même. Chaque année, une couche nouvelle de tissu fibro-vasculaire formée aux dépens du cambium (Voy. parag. 36) vient s'ajouter au système ligneux et au système cortical, mais sans rien changer aux rapports des parties; on donne le nom d'*exogène* à ces plantes croissant ainsi en dehors.

41. Dans les plantes monocotylédonées, nous venons de voir que les faisceaux fibro-vasculaires étaient disséminés sans ordre au milieu du tissu cellulaire. Leur arrangement varie suivant la hauteur à laquelle on examine la tige. Si nous suivons un faisceau fibro-vasculaire dans toute sa longueur, nous verrons qu'au lieu d'être rectiligne et de suivre un

trajet direct, il est flexueux (*fig.* 30); ainsi un faisceau qui d'une feuille descend dans la tige, se porte d'abord obliquement vers le centre, puis se recourbe en sens opposé pour se rapprocher de plus en plus de la surface; enfin arrivé à l'écorce, il descend verticalement. Dans son trajet il a dû croiser tous les faisceaux fibro-vasculaires placés au-dessous de lui, puisque primitivement il était situé en dehors et qu'il s'est porté plus en dedans pour se reporter ensuite de nouveau à la surface. Le faisceau d'une formation plus récente sera par conséquent situé plus en dehors. Les premiers anatomistes qui avaient suivi la marche de ces faisceaux, avaient supposé qu'une fois arrivés au centre, ils descendaient directement, et avaient désigné sous le nom d'*endogènes* les plantes qui, présentant ce mode d'organisation, auraient eu leurs faisceaux les plus récents au centre, et se seraient par conséquent accrues en dedans. Mais cette expression d'*endogène* est mal appliquée, puisque après être arrivés au centre, les faisceaux vont regagner la périphérie.

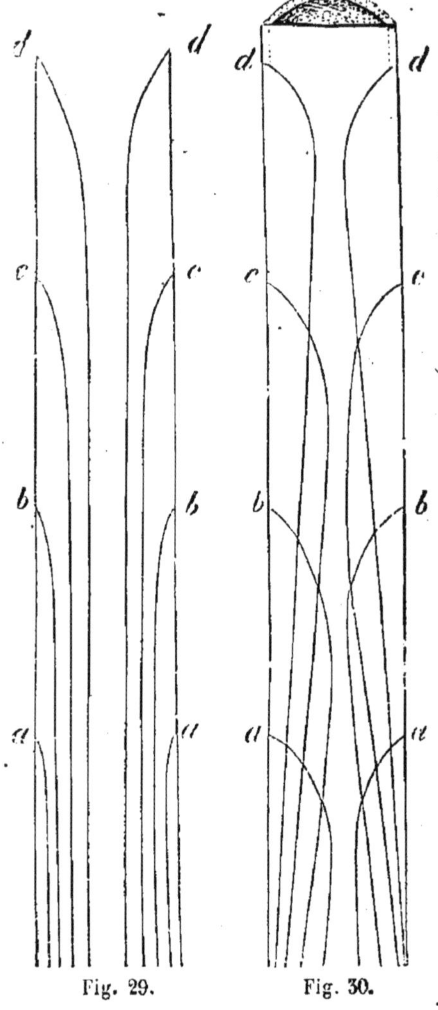

Fig. 29. Fig. 30.

Chaque faisceau ne marche pas dans un même plan, dans toute son étendue, comme on pourrait le croire à l'inspection de la figure théorique représentée ici; il s'enfléchit plusieurs fois; sa marche est onduleuse, et sur une coupe verticale, il est impossible de le suivre en entier.

Une fois arrivés sous l'écorce, ces faisceaux fibro-vasculaires s'amoindrissent et deviennent de plus en plus grêles et ténus. Aussi les tiges des monocotylédonés, des palmiers, par exemple, ne sont pas plus grosses à leur partie inférieure qu'à leur partie supérieure, leur diamètre est à peu près égal à toutes les hauteurs, tandis que chez les plantes dicotylédonées, le tronc s'amincit à mesure qu'il s'élève.

42. **Structure des tiges d'acotylédonées.** — Les plantes acotylédonées sont rarement arborescentes. Chez beaucoup, il ne se produit pas de tiges : tels sont les champignons, les algues; d'autres, comme les mousses et les lichens, n'ont qu'une tige rudimentaire formée de cellules. Parmi les fougères, quelques-unes atteignent une taille considérable, et dans les pays chauds peuvent devenir arborescentes. Dans ce cas, la tige ressemble par son port à celle des plantes monocotylédonées, c'est-à-dire qu'elle est à peu près cylindrique, et non ramifiée. Si on la coupe en travers, on voit que tout le centre est occupé par du tissu cellulaire, et qu'à la périphérie se trouve un cercle de faisceaux fibro-vasculaires composés de fibres épaisses et de vaisseaux rayés et ponctués. Généralement on ne trouve pas de trachées chez les acotylédonés.

La tige s'accroît, chez ces végétaux, par l'allongement des faisceaux déjà existants, et il ne s'en produit pas de nouveaux. Aussi a-t-on désigné les plantes qui présentent ce mode d'organisation sous le nom d'*acrogènes*.

RACINES

Leurs principales modifications. — Leurs fonctions.

43. **Principales modifications des racines.** — La racine est la portion de la plante qui se dirige en sens contraire de la tige, s'enfonce en général dans la terre, et *ne porte jamais de feuilles.*

Les racines servent à fixer les plantes au sol, et à puiser dans le sein de la terre l'eau et les principes nécessaires à la nutrition des végétaux. Toutes les racines ne s'enfoncent pas dans la terre, celles du lierre s'implantent dans les interstices de l'écorce des arbres et des pierres des murs, celles du gui dans les branches, etc...

Généralement les racines ne sont pas vertes, si ce n'est tout à fait à leur extrémité.

La ligne où commence la racine et où finit la tige porte le nom de *collet*. La racine apparaît toujours simple et unique, mais, en se développant, elle se modifie de diverses manières. L'axe primitif peut s'allonger, grossir et donner naissance à des ramifications secondaires. On la nomme alors racine *simple* et à base unique; mais quelquefois cet axe primordial s'arrête, s'atrophie, et autour de lui se développe un certain nombre d'autres racines, dont la grosseur est égale et même supérieure à celle de la racine primitive, dont elles remplissent les fonctions. Dans ce cas, on dit que la racine est *composée*. Cette dernière est rarement rameuse.

Les racines *simples* ou *entières* peuvent elles-mêmes se modifier de diverses façons. Quand elles prennent un grand développement et ne donnent naissance qu'à des ramifications sans importance, on les appelle *pivotantes*; la carotte (*fig.* 31) que l'on mange n'est autre chose qu'une de ces racines. Il en est de même pour le radis (*fig.* 32).

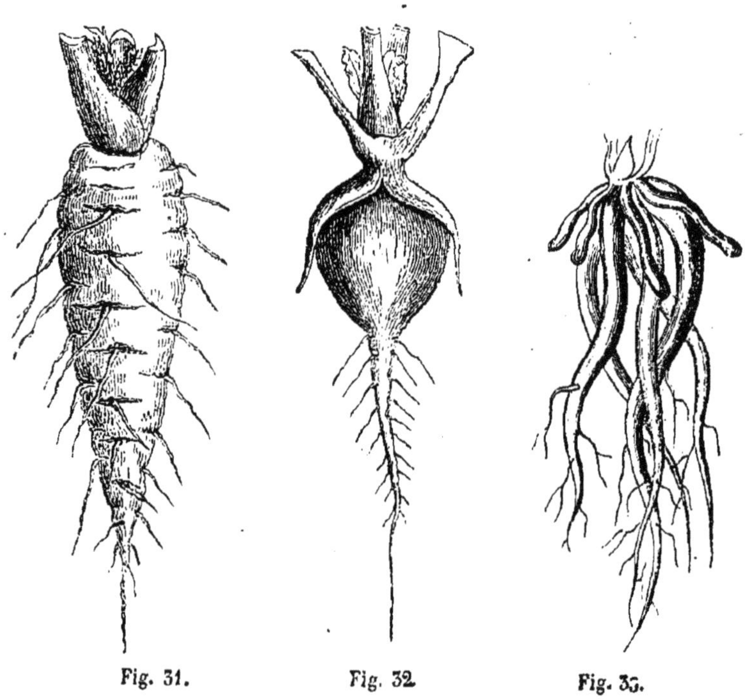

Fig. 31. Fig. 32. Fig. 33.

Les racines composées sont appelées *fasciculées* (*fig.* 33), quand les axes secondaires, dont elles sont formées, sont charnus comme chez l'asphodèle; on désigne sous le nom de *fibreuses* celles dont les parties au lieu d'être renflées sont sèches et cylindriques.

Quelquefois quelques-unes des racines se chargent de matières féculentes et deviennent des sortes de réservoirs de matière nutritive, comme on le voit pour le dalhia. D'autres fois tous les axes se renflent également.

44. Souvent on voit, sous certaines influences, la tige produire des racines, que l'on nomme alors *adventives*.

On a utilisé cette propriété pour multiplier certaines plantes. Au lieu de les semer on se borne à en détacher une jeune branche et à l'enfoncer en terre; bientôt, sous l'influence de l'humidité du sol, il se développe des racines adventives, qui au bout de quelque temps, deviennent assez fortes pour nourrir non-seulement la branche, mais pour déterminer la formation de bourgeons et de parties nouvelles. Ce mode de multiplication porte le nom de *bouture*.

Quelquefois ces racines adventives partent de la tige à une certaine hauteur au-dessus du sol. La vanille, par exemple, donne naissance à un grand nombre de racines, que l'on nomme *racines aériennes*.

Dans le figuier des pagodes, on voit descendre du sommet des branches de longues racines aériennes, qui se dirigent verticalement vers le sol.

45. **Structure des racines.** — La structure des racines n'est pas la même que celle des tiges. Chez les dicotylédonées on n'y rencontre jamais ni moelle ni étui médullaire, le centre est occupé par des faisceaux fibro-vasculaires. L'épiderme de la racine ne présente jamais de stomates. En général il est peu distinct.

Les racines s'accroissent en épaisseur, comme les tiges, par l'addition chaque année d'un faisceau ligneux et d'un faisceau cortical, et elles croissent en longueur par leur extrémité seulement.

46. **Fonctions des racines.** — Les racines servent à pomper dans la terre les liquides nécessaires à la nutrition des tissus, c'est à l'extrémité de leurs ramifications que cette absorption se fait le plus activement. On avait dit que les fibrilles se terminaient par un petit renflement cellulaire nommé *spongiole*, mais il n'en est rien. Le tissu jeune de l'extrémité des racines est assez perméable pour se laisser traverser par les liquides, c'est par conséquent par les dernières ramifications, par ce que l'on appelle le *chevelu* que se fait l'absorption. L'épiderme n'est pas encore formé dans ces parties, et ce sont les cellules elles-mêmes qui sont en contact avec les liquides. Dans leur intérieur se trouvent des sucs épais, en un mot toutes les conditions nécessaires aux phénomènes d'osmose se trouvent réunies. Les racines ne peuvent absorber que des matières en dissolution, et plus la solution est délayée plus l'absorption est rapide.

FEUILLES

Leurs principales modifications. — Leur structure et leurs fonctions. — Influence de ces fonctions sur l'air ambiant. — Étiolement.

47. **Principales modifications des feuilles.** — On désigne sous le nom de feuilles des expansions latérales de la tige, de couleur verte et de forme aplatie.

La feuille est l'organe le plus important du végétal ; c'est lui qui, en se modifiant, peut produire une foule d'organes tels que les diverses parties de la fleur, les petites écailles qui entourent les bourgeons, celles qui se trouvent à la base des feuilles, etc...

Les feuilles proprement dites sont les organes de la respiration des plantes;

les feuilles de la fleur ceux de la fructification. Les premières sont ordinairement vertes et bien développées; elles offrent presque toujours un bourgeon à leur aisselle, c'est-à-dire au point où la base de la feuille se sépare de la branche. Les secondes sont de couleurs diverses, moins développées, et jamais on ne voit de bourgeons à leur aisselle.

Les feuilles proprement dites peuvent se développer dans l'air ou dans l'eau. On désigne les premières sous le nom d'*aériennes*, les secondes sous celui de *submergées*. Nous nous occuperons d'abord des feuilles aériennes. Tantôt la feuille s'attache à la branche par une sorte de queue plus ou moins grêle que l'on nomme *pétiole p* (*fig.* 34), tantôt cette partie n'existe pas, et la lame foliaire ou *limbe l* s'attache directement à la branche. La feuille est dite *sessile*.

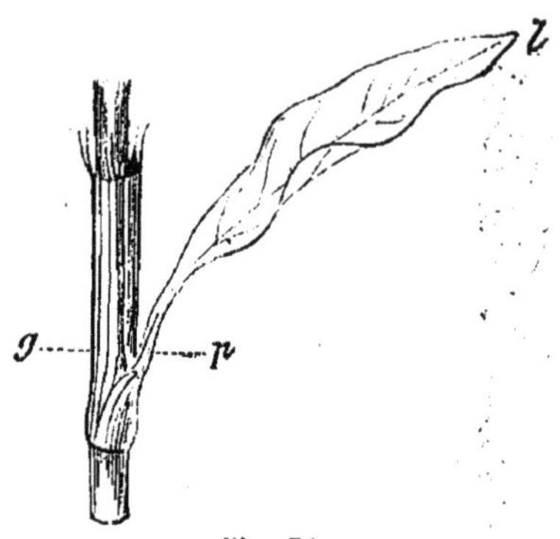

Fig. 34.

Le pétiole peut se dilater à sa base et engaîner complétement la tige en formant ce que l'on appelle une *gaîne g*, ou fournir seulement de chaque côté deux petits appendices ressemblant à de petites feuilles que l'on nomme des stipules *s* (*fig.* 35).

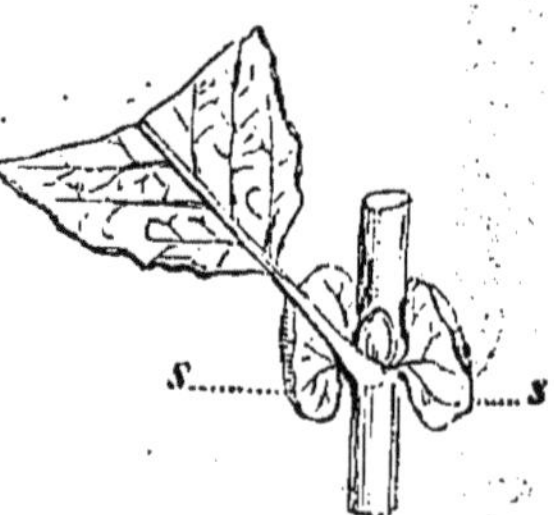

Fig. 35.

48. Le pétiole est formé par des faisceaux fibro-vasculaires qui se détachent du tronc puis s'écartent les uns des autres pour former la charpente solide, les *nervures* de la feuille; l'intervalle entre ces nervures est rempli par du tissu cellulaire. Les nervures peuvent se distribuer de diverses manières et donner lieu à des formes différentes de feuilles. Les nervures secondaires peuvent se détacher comme les barbes d'une plume, par rapport à une nervure médiane. La feuille est dite *penninerviée* (*fig.* 34). Ce mode de nervation est très-fréquent. Quand les nervures se disposent comme les rayons d'une roue par rapport à un centre formé par le pétiole, on dit que la feuille est *peltinerviée*, comme celle de la capucine (*fig.* 36). Chez les mauves il y a cinq nervures qui

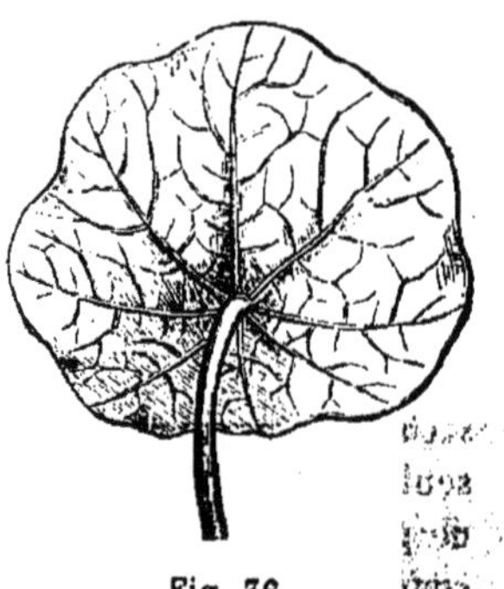
Fig. 36.

partent du sommet du pétiole, vont en rayonnant, et la feuille ressemble à une patte palmée; aussi l'a-t-on appelée *palminerviée*. Chez beaucoup de monocotylédonés, l'iris, le seigle, le froment, les nervures restent parallèles entre elles, et la feuille est dite *rectinerviée*.

Fig. 37.

Tels sont les principaux modes de distribution des nervures dans la feuille, mais il peut exister des dispositions qui tiennent à la fois de deux systèmes, et dans le détail desquels nous n'entrerons pas.

49. La forme et l'aspect des feuilles tient aussi à la manière dont le parenchyme cellulaire s'étend entre les nervures. Quand il remplit complétement les espaces qui séparent les faisceaux, la feuille est *entière* (*fig.* 34 et 36), comme celle du buis, de l'olivier, du lilas, de la belladone, etc., de la renouée.

Le parenchyme peut s'arrêter avant la terminaison des nervures. Il en résulte une série de découpures qui ont reçu le nom de *dents* (*fig.* 37),

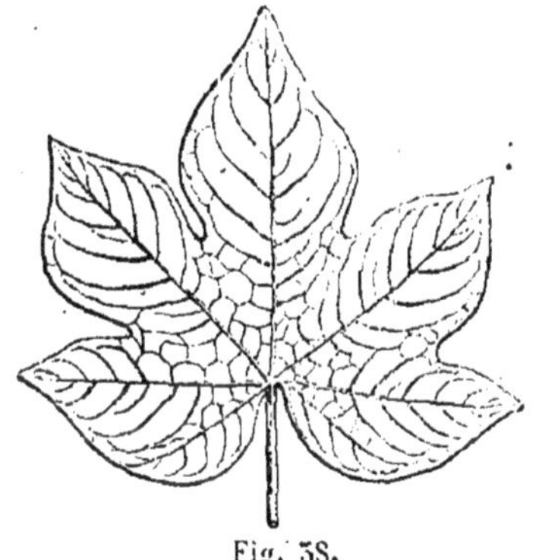

Fig. 38.

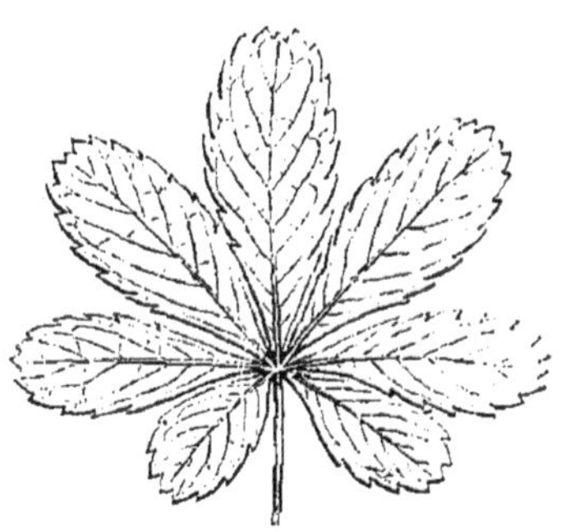

Fig. 39.

de *crénelures* ou de *lobes* (*fig.* 38 et 39), suivant leurs formes et leurs dimensions. Ces différentes modifications sont très-nombreuses et elles n'ont d'ailleurs aucune importance. Dans toutes ces feuilles, que l'on nomme *simples* la nervure médiane est toujours accompagnée de parenchyme, qui se continue jusqu'à un certain point le long des nervures secondaires. Mais il arrive souvent que ces dernières nervures sont seules entourées de parenchyme; elles se présentent alors comme autant de petites nervures médianes accompagnées de parenchyme, c'est-à-dire comme autant de petites feuilles complètes situées à droite et à gauche de la nervure principale qui tient lieu de branche. — Ces feuilles portent le nom de *composées;* chaque petite feuille secondaire se nomme *foliole,* leur petit pétiole prend le nom de *pétiolule.* Ordinairement chacun de ces pétiolules présente un limbe simple à son extrémité, et la feuille est *simplement composée* (*fig.* 40). D'autres fois ces pétiolules se ramifient, et chaque foliole ressemble à son tour à une feuille composée; dans ce cas la feuille entière s'appelle *décomposée* (*fig.* 41).

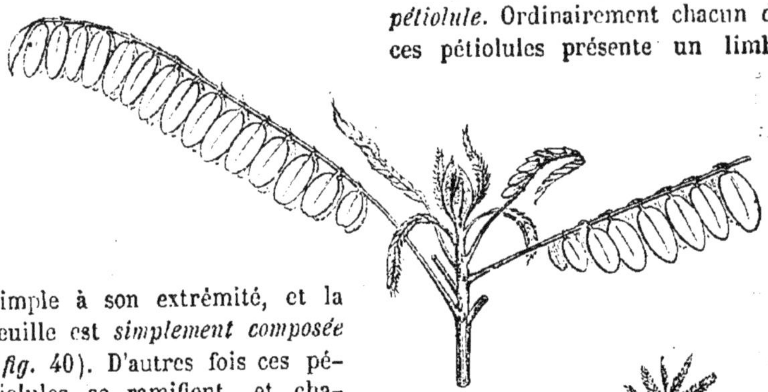

Fig. 40.

La nervation d'une feuille composée peut affecter toutes les formes dont nous avons déjà parlé; elle peut être pennée, palmée, peltée, etc. La feuille est dans ce cas *composée pennée*, *composée palmée*, etc.

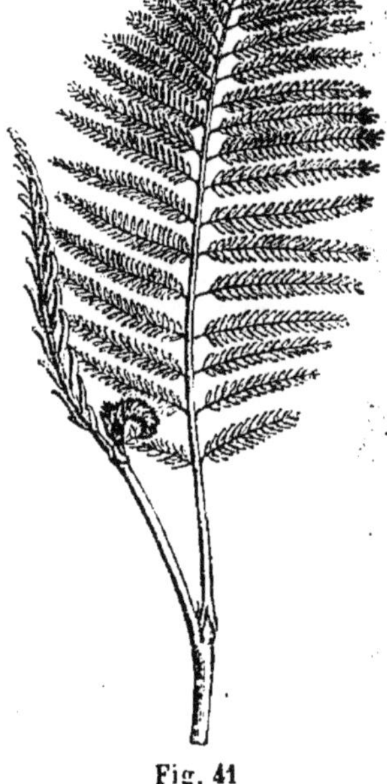

Fig. 41

50. **Structure des feuilles.** — Les feuilles sont composées, comme nous l'avons déjà dit, de faisceaux fibro-vasculaires qui forment les nervures, et de tissu cellulaire qui constitue le limbe. Ces faisceaux sont formés des mêmes organes que ceux que l'on trouve dans la tige, dont ils sont une continuation. Les éléments constitutifs sont dans le même ordre, à cette différence près que ce qui était le plus central dans la tige est placé à la partie supérieure dans la feuille; ainsi nous trouvons en dessus des trachées, puis des vaisseaux rayés ou ponctués, des fibres ligneuses; en enfin, dans la moitié inférieure, des vaisseaux laticifères et des fibres corticales.

Dans le parenchyme cellulaire du limbe on trouve, au-dessous de l'épiderme, deux couches de cellules, l'une supérieure, l'autre inférieure

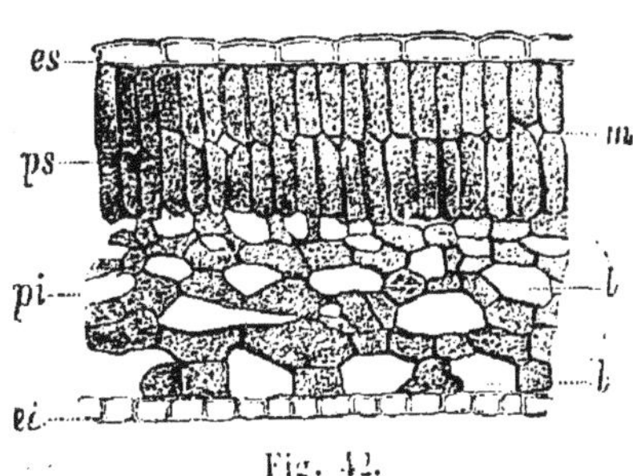

Fig. 42.

(*fig.* 42). La première *ps* est plus dense, formée par deux rangs ou plus de cellules étroites, allongées et arrondies en ovale, placées côte à côte et étroitement unies, laissant parfois entre elles de petits espaces ou méats, perpendiculaires à la surface de l'épiderme. La couche inférieure *pi* est plus lâche, et on y remarque des lacunes *l* plus nombreuses communiquant entre elles, et dans lesquelles débouchent les stomates, qui ne se trouvent qu'à la partie inférieure de la feuille.

La structure des feuilles *submergées* diffère beaucoup de celle des feuilles aériennes. On n'y trouve ni faisceaux fibro-vasculaires, ni épiderme; les cellules dont elles se composent sont, sur deux ou trois rangs, fortement unies entre elles, et on y observe rarement des lacunes. Lorsqu'elles existent, ces cavités sont complétement closes et ne sont en communication ni entre elles ni avec l'extérieur.

51. **Disposition des feuilles sur la tige.** — Le mode d'arrangement des feuilles sur la tige varie suivant les plantes. Elles peuvent être *alternes*, *opposées* ou *verticillées*.

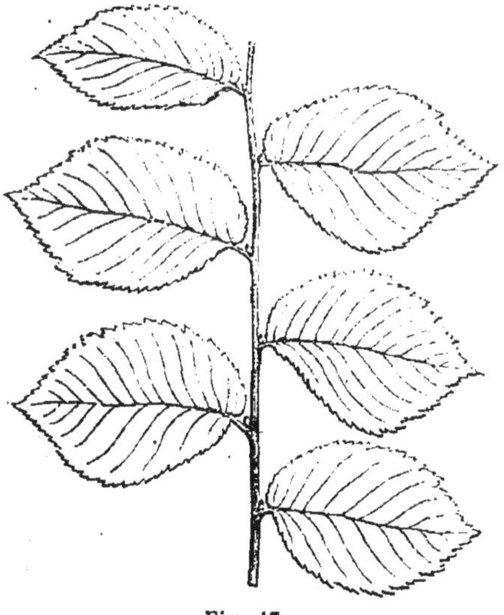

On appelle feuilles alternes (*fig.* 43) celles qui naissent toutes à des hauteurs différentes sur l'axe. Si l'on fait passer un fil par les points d'insertion des feuilles, ce fil décrit une spirale autour de la tige. — Si par exemple nous faisons cette observation sur une jeune branche d'orme (*fig.* 44), nous verrons qu'après le premier tour complet de la spire, la troisième feuille se place juste au-dessus de la première. Au second tour la sixième se place

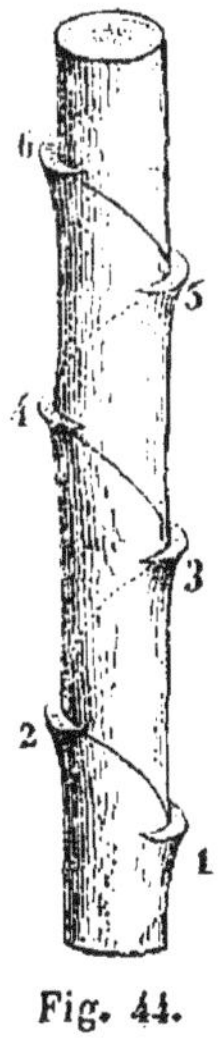

Fig. 43. Fig. 44.

au-dessus de la quatrième, et ainsi de suite, de telle sorte que toutes les feuilles de l'arbre sont disposées sur deux séries rectilignes et équidistantes à 1/2 circonférence l'une de l'autre, et l'on exprime cet arrangement par la fraction 1/2.

Si c'est la quatrième feuille qui arrive se placer au-dessus de la première, les feuilles seront disposées sur trois séries rectilignes à 1/3 de circonférence, disposition que l'on exprimera par la fraction 1/3. Si c'est la sixième feuille qui se place sur la même ligne que la première, ces appendices seront rangés en cinq séries verticales espacées de 1/5 de circonférence. On trouve ainsi différentes dispositions. On appelle *cycle* le système de feuilles qu'il faut compter pour arriver à la même série verticale que celle qui a servi de point de départ, et il est toujours exprimé par le dénominateur de la fraction, qui indique l'arrangement des feuilles.

Les cycles que l'on trouve le plus souvent sont :

1/2, 1/3, 2/5, 3/8, 5/13, 8/21, etc.

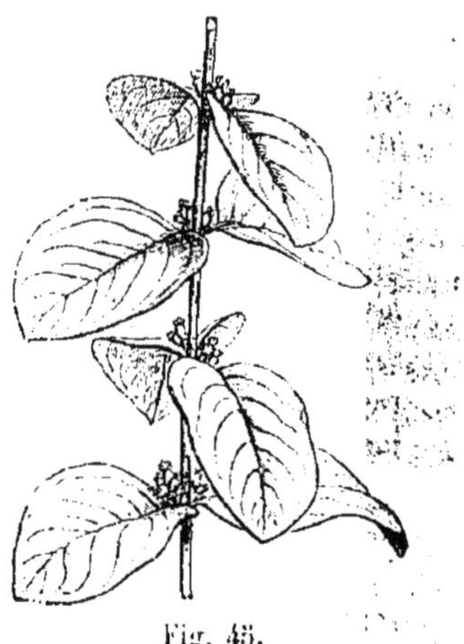

Fig. 45.

Les feuilles opposées sont celles qui sont placées deux à deux, à la même hauteur (*fig.* 45). On les appelle feuilles *verticillées* quand elles sont trois ou plus à la même hauteur, formant une sorte de collerette ou *verticille*. Les feuilles opposées peuvent rentrer dans cette catégorie, car elles sont verticillées deux par deux.

52. **Fonctions des feuilles, influence de ces fonctions sur l'air ambiant.** — Les feuilles servent :

1° A la respiration des végétaux;

2° A l'évaporation de l'eau dont la sève doit se débarrasser.

L'air pénètre par les stomates dans les lacunes et dans les méats qui se trouvent dans les feuilles; il est ainsi mis directement en contact avec les cellules gorgées des sucs propres de la plante, qui peuvent alors respirer.

Les phénomènes de respiration ne se font pas de la même manière, sous l'influence de la lumière ou dans l'obscurité.

Pendant le jour, les plantes absorbent l'acide carbonique contenu en faible proportion dans l'air, fixent le carbone dans leurs tissus et rendent l'oxygène; c'est ainsi que se produisent les matières carbonées qui se rencontrent en si grande quantité dans les végétaux.

Pendant la nuit, les phénomènes sont inverses; l'acide carbonique est exhalé par la plante, qui absorbe de l'oxygène.

La propriété que les parties vertes des végétaux possèdent de fixer le carbone de l'acide carbonique et de rejeter l'oxygène, leur est communiquée par la lumière. Des feuilles, séparées de la plante, et placées au soleil sous une cloche, produisent encore de l'oxygène au dépens de l'acide carbonique. Les parties d'une plante qui ne présentent pas de matière verte, respirent comme des feuilles placées dans l'obscurité.

La respiration des feuilles submergées se fait au moyen de l'air dissous dans l'eau. Les phénomènes chimiques sont les mêmes que pour les feuilles aériennes.

53. **Étiolement.** — Quand les plantes ne sont pas exposées à une lumière assez vive, elles s'étiolent, se décolorent, blanchissent et se chargent d'une proportion beaucoup plus considérable d'eau qu'à l'état normal; aussi quand les jardiniers veulent enlever à certains végétaux leur saveur par trop amère, ils les couvrent et empêchent la lumière d'arriver jusqu'à eux. Ces phénomènes sont dus à ce que le végétal ne fixe plus le carbone dans ses tissus, qui perdent alors tout leur soutien.

54. **Bractées.** — Entre les feuilles et les fleurs se montrent, comme une sorte de transition, des feuilles modifiées qui portent le nom de *bractées*. A la partie inférieure des axes floraux, les bractées sont isolées, distantes et disposées en spirale. Mais vers l'extrémité de l'axe, elles se rapprochent souvent en un verticelle, qui prend le nom de collerette ou *involucre*.

On dit qu'une bractée est *fertile* quand un pédoncule se développe à son aisselle, dans le cas contraire elle est *stérile*.

Chez plusieurs monocotylédonées, les arums en particulier, les fleurs sont enveloppées par une grande bractée qui, au moment de l'épanouissement, s'entr'ouvre; on donne à cette bractée le nom de *spathe*.

Les bractées minces et scarieuses qui existent à la base de chaque groupe de fleurs, chez les graminées (blé, avoine,) portent le nom de *glumes*.

CIRCULATION DE LA SÈVE

55. Les fonctions de nutrition s'exercent chez les végétaux aussi bien que chez les animaux, seulement les moyens à l'aide desquels le résultat est obtenu ne sont plus les mêmes. Nous avons vu que l'extrémité des racines était chargée de l'absorption des matières dissoutes dans l'eau et nécessaires à la nutrition; les cellules de l'extrémité des racines, de formation récente, sont gorgées de sucs épais, et les phénomènes d'osmose déterminent l'ascension de l'eau chargée de divers principes qui peuvent être de l'acide carbonique, de l'ammoniaque, de l'acide azotique, du soufre, des alcalis et des sels minéraux. Le liquide formé aux dépens de la dissolution d'une ou de plusieurs de ces matières prend le nom de

séve en pénétrant dans la plante. Du tissu cellulaire des racines, la séve passe dans celui de la tige; par l'intermédiaire des rayons médullaires elle arrive jusqu'à l'écorce; en même temps une certaine quantité pénètre dans les vaisseaux, qui jouent le rôle de tubes capillaires. L'évaporation, qui se fait dans les parties vertes, tend à attirer les liquides et exerce ainsi une sorte de succion vers la partie supérieure. A l'aide de ces trois forces : 1° la force osmotique; 2° l'attraction capillaire; 3° l'aspiration, ou en d'autres termes la pression atmosphérique, le mouvement ascensionnel de la séve devient bientôt général. A mesure qu'elle s'élève, elle dissout les matières élaborées dans les cellules, et devient de plus en plus épaisse. Elle arrive ainsi jusqu'au système cortical et aux feuilles; là elle se trouve en contact avec l'air, dont elle n'est séparée que par les parois des cellules, et subit des modifications profondes. Ensuite, enrichie de matières nouvelles chargée de divers principes, la *séve descendante* redescend par le tissu cellulaire, les fibres et les vaisseaux de l'écorce. Il est facile de se convaincre que les propriétés de la séve descendante peuvent être complétement différentes de celles de la séve ascendante; il suffit pour cela de briser certaines tiges, celles de la grande éclaire, par exemple, pour voir s'échapper du système cortical un suc rougeâtre et épais, tandis qu'au centre la séve ascendante est limpide et claire. Chez certains végétaux, tandis que la séve ascendante est incolore et d'une innocuité parfaite, la séve descendante peut être chargée de principes vénéneux et d'une couleur plus ou moins intense.

Pour vérifier le sens dans lequel se fait la circulation de la séve; on peut enlever une bande circulaire d'écorce à un arbre; on verra la séve descendante ou *élaborée* suinter par les lèvres supérieures de l'incision. Si on entoure une jeune tige d'un lien fortement serré, on verra un bourrelet épais se former au-dessus de la ligature; si le lien décrit une spirale, le bourrelet suivra toutes ses ondulations, mais lui sera toujours supérieur.

La séve complétement élaborée circule dans les vaisseaux laticifères, elle porte alors le nom de *latex* ou suc propre. On désigne par le nom de *cyclose* ce mouvement circulatoire dont la direction est de haut en bas.

56. Chez les plantes complétement cellulaires, on observe souvent, dans l'intérieur des cellules, un mouvement des liquides que l'on a appelé *circulation intracellulaire* ou *rotation*. Le courant qui charie de nombreux granules suit le contour des parois de l'utricule, montant d'un côté, descendant de l'autre. Ces phénomènes de rotation ont été d'abord observés chez le chara, puis dans beaucoup d'autres végétaux inférieurs, et enfin jusque dans les poils cloisonnés des dicotylédones.

ORGANES DE LA REPRODUCTION

57. **Divers modes de reproduction.** — Les plantes jouissent de la propriété de se reproduire, c'est-à-dire de donner naissance à des individus semblables à eux-mêmes. Certains organes sont exclusivement destinés à la reproduction de l'espèce.

Cependant quelques parties de la plante peuvent parfois, si les conditions extérieures sont favorables, se développer, quoique détachées de la souche, et produire un individu complet. Nous avons déjà vu que des rameaux, enfoncés en terre, donnaient souvent naissance à des racines, et continuaient à croître. Les jardiniers ont utilisé cette propriété, et ils désignent par le mot de *bouture* ce mode de multiplication.

58. Les branches de fraisier rampent à terre et sur certains points produisent des racines qui s'enfoncent dans le sol et suffisent à nourrir la partie de la plante à laquelle elles se rendent; on peut alors la séparer de la souche et elle continue à vivre. Ce que le fraisier fait naturellement, les jardiniers l'obtiennent artificiellement, en couchant dans la terre les branches et les laissant attachées à la plante mère jusqu'à ce qu'elles aient produit assez de racines pour vivre indépendantes. On appelle *marcotte* ce procédé de multiplication.

Certaines parties peuvent accumuler dans leurs tissus assez de matières nutritives pour vivre et se développer seules; tels sont les tubercules de la pomme de terre, les oignons, les tubercules de la racine de dalhia. Ces différents modes de reproduction *par division* ne sont qu'accessoires; ce sont des accidents. Pour que les plantes se reproduisent, d'une manière normale, elles doivent être fécondées, et l'organe de reproduction est *la fleur*.

FLEUR

59. La fleur est constituée par des feuilles plus ou moins modifiées, qui jamais ne produisent de bourgeons à leur aisselle.

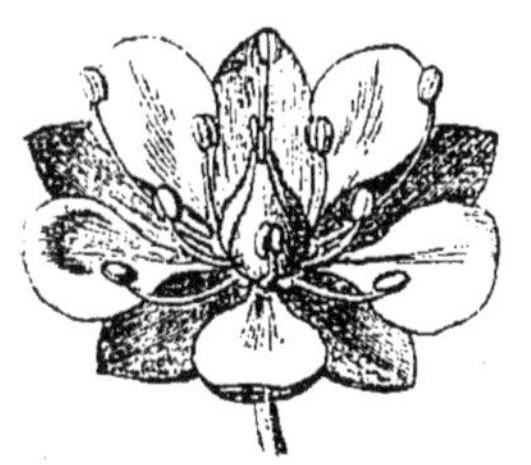

Fig. 46.

Les parties dont une fleur complète se compose sont, de dehors en dedans (*fig.* 46).

1° Le calice, enveloppe ordinairement verte et foliacée;

2° La corolle, formée de pétales et en général colorée;

3° Les étamines;

4° Le pistil.

Toutes ces parties ne sont que des feuilles modifiées; le calice, la corolle et les étamines ressemblent quelquefois extrêmement à de vraies feuilles, et on voit des transitions si insensibles se faire entre ces deux ordres d'organes qu il est quelquefois difficile de dire où l'une commence et où l'autre finit.

De même que les feuilles, les folioles florales sont disposées en spirale, seulement cette dernière est tellement raccourcie, que l'on ne peut y reconnaître à première vue l'existence de la spire; c'est pour cette raison que l'on a considéré chaque partie de la fleur comme formant une collerette, une *verticille*. On compte quatre verticilles :

1° Celui des folioles du calice ou spéciales;

2° Celui des folioles de la corolle ou pétales;

3° Celui des étamines;

4° Celui des folioles carpellaires ou pistil.

60. Les fleurs *complètes* seules présentent toutes ces parties. Quelques-unes manquent d'un ou de deux de ces verticilles; on les désigne pour cette raison sous le nom de fleurs *incomplètes*.

Chacun des verticilles peut se modifier facilement et prendre l'aspect de l'un des autres; ainsi les étamines se changent souvent en pétales, et réciproquement. Les petites écailles nommées *bractées*, qui accompagnent la fleur, se transforment aussi quelquefois en pétales. Enfin les diverses parties d'une fleur peuvent se changer en feuilles; ce sont ces faits sur lesquels est fondée la théorie des métamorphoses des plantes, que Gœthe exposa avec son génie de poëte.

61. Le pistil est destiné à contenir les graines qui reproduiront le végétal. Aussi lui a-t-on donné le nom d'organe femelle, en le comparant à la femelle qui, chez les animaux, produit les œufs. Par opposition, on a donné aux étamines le nom d'organes mâles. Quand une fleur porte à la fois des étamines et un pistil, elle est dite *hermaphrodite*.

Quelquefois on trouve sur le même pied ou sur des pieds différents des fleurs hermaphrodites, des fleurs mâles (c'est-à-dire à étamines) et des fleurs femelles (c'est-à-dire à pistil). On désigne ces plantes sous le nom de *polygames*.

Les plantes *diclines* sont celles qui ne portent que des fleurs mâles et des fleurs femelles.

Quand les fleurs mâles et les fleurs femelles sont portées sur un même pied, la plante est dite *monoïque* (ex. : ricin).

Elle est dite *dioïque* quand les fleurs femelles et les fleurs mâles se trouvent sur des pieds différents.

INFLORESCENCE

62. On appelle *inflorescence* le mode d'arrangement des fleurs sur l'axe qui les porte. Toutes les plantes n'ont pas la même inflorescence.

L'axe de l'inflorescence peut :

1° Être terminé par une fleur;

2° Ne jamais présenter de fleur à son extrémité.

Dans le premier cas, l'inflorescence ne peut continuer qu'au moyen des axes secondaires qui s'arrêtent bientôt terminés eux-mêmes par une fleur; puis des axes tertiaires. Aussi a-t-on désigné ces inflorescences sous le nom de *définies*

Dans le second cas, l'axe pourra croître indéfiniment, et les fleurs viendront seulement terminer ou les axes secondaires, ou les axes tertiaires; l'inflorescence sera alors appelée *indéfinie*

63. **Inflorescence définie.** — La plus simple de ces inflorescences est celle dans laquelle l'axe porte à son extrémité une fleur unique *terminale* et *solitaire.*

Dans d'autres cas, l'axe primaire se termine par une fleur, mais au-dessous d'elle, à l'aisselle des feuilles, naissent des axes secondaires qui se terminent aussi par une fleur, après avoir produit des feuilles de l'aisselle desquelles partent des axes tertiaires qui portent une fleur à leur extrémité, et ainsi de suite. On appelle *cimes* ces inflorescences. Si les feuilles sont opposées, il naîtra toujours deux axes à la fois, et leur nombre, ainsi que celui des fleurs, se doublera à chaque division ; on aura, dans ce cas, une cime bipare (*fig.* 47).

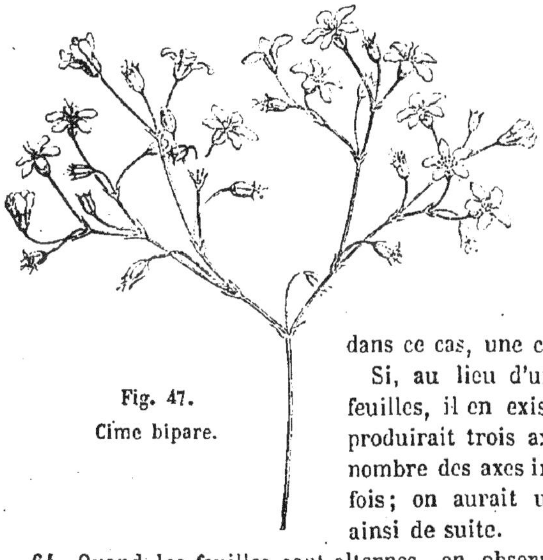

Fig. 47.
Cime bipare.

Si, au lieu d'un verticille de deux feuilles, il en existait un de trois, il se produirait trois axes secondaires, et le nombre des axes irait se triplant chaque fois; on aurait une cime tripare, et ainsi de suite.

64. Quand les feuilles sont alternes, on observe souvent des *cimes unipares;* dans ce cas (*fig.* 48) l'axe principal, se termine par une fleur, mais avant il porte une bractée à l'aisselle de laquelle naît un axe secondaire, qui tend à devenir vertical et rejette l'axe primaire sur le côté pour prendre sa place. Cet axe secondaire est à son tour rejeté de côté par l'axe tertiaire, et ainsi de suite.

Lorsque les fleurs sont disposées sur deux séries placées d'un même côté, la cime unipare est appelée *scorpioïde;* lorsque les fleurs sont placées en hélice autour de l'axe, la cime unipare est hélicoïde (*fig.* 48 et 49).

Fig. 48. — Cime unipare

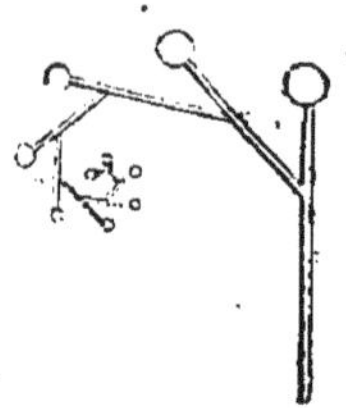

Fig. 49. Cime hélicoïde théorique.

La jusquiame, le myosotis peuvent servir d'exemple à la première de ces dispositions, l'alstrœmeria à la seconde.

Lorsque les axes secondaires ou tertiaires sont aussi longs que l'axe primaire, les fleurs sont toutes à la même hauteur, et on a une cime contractée.

65. **Inflorescence indéfinie.** — Les axes végétaux ne portent pas de fleur à leur extrémité; rien n'arrête leur végétation, et ils peuvent s'allonger indéfiniment. Les axes secondaires peuvent seuls fleurir. Lorsque ces axes sont très-courts et que par conséquent les fleurs sont sessiles, l'inflorescence porte le nom d'*épi* (ex. le plantain, la verveine, *fig.* 50.)

Fig. 50. Épi.

Le chaton et le spadice sont des modifications de l'épi.

Le *chaton* est un épi formé de fleurs, soit pistilées, soit staminées; il se rencontre chez le saule et le peuplier.

Le ***spadice*** est un épi de monocotylédonées enveloppé à sa base d'une grande bractée nommée spathe (*fig.* 51).

Fig. 51. — Spathe.

Si les axes secondaires s'allongent un peu et également, de façon à écarter les fleurs de l'axe primaire, l'inflorescence est en *grappe* (ex. : le groseillier, *fig.* 52, la digitale, etc.).

Fig. 52. — Grappe.

Fig. 53. — Corymbe.

66. Si les axes secondaires, au lieu d'être de même longueur, sont inégaux, de telle sorte que toutes les fleurs soient à la même hauteur ces axes secondaires étant d'autant plus courts qu'ils sont plus élevés sur la tige, l'inflorescence est en *corymbe* (ex. : le poirier, le prunier, *fig.* 53, le cerisier de Sainte-Lucie).

On appelle *ombelle* une inflorescence dans laquelle l'axe principal est très-court, et porte à son extrémité élargie un grand nombre d'axes secondaires tous égaux, de façon que les fleurs sont toutes à la même hauteur (*fig.* 54).

Fig. 54. — Ombelle.

Fig. 55. — Capitule.

On appelle *capitule* une inflorescence dans laquelle l'axe principal, élargi à son extrémité, forme une sorte de plateau sur lequel se trouvent groupées des fleurs sessiles (ex. : la scabieuse, *fig.* 55).

67. Lorsque ces capitules sont enveloppés par un ou plusieurs verticilles de bractées, ils prennent le nom de *fleurs composées*. Tantôt toutes les fleurs qui forment le capitule sont semblables entre elles (exemple : artichaut, chardon), tantôt celles du centre diffèrent de celles de la circonférence (ex. : la marguerite, le soleil).

La partie élargie de l'axe primaire ou réceptacle, d'où partent les axes secondaires de l'inflorescence, peut présenter différentes formes; elle peut se creuser en coupe ou en bouteille, dont les parois intérieures sont couvertes de fleurs. Tel est le cas de la figue.

L'épi, le chaton, le corymbe, l'ombelle peuvent être *simples* ou *composés*, suivant qu'ils présentent deux ou bien trois degrés de végétation. Ils sont simples si l'axe primaire ne porte que des axes secondaires terminés par une fleur, et composés si les axes secondaires eux-mêmes portent des axes tertiaires terminés par une fleur.

ENVELOPPES FLORALES.

Calice et Corolle.

68. Nous avons vu que la fleur complète se composait du calice, de la corolle, des étamines et du pistil; ces deux dernières parties sont les plus importantes, ce sont elles qui doivent assurer la conservation de l'espèce. Les étamines fournissent le principe qui doit féconder le pistil dans lequel se développeront les graines. Le calice et la corolle ne sont que des organes de protection, aussi les appelle-t-on *enveloppes florales*. Quelquefois la fleur ne présente qu'une seule de ces parties, dans ce cas c'est ordinairement la corolle qui manque; on donne à ces fleurs le nom d'*apétales*. Chez beaucoup de monocotylédonées, on n'observe aucune différence entre les sépales et les pétales, ainsi, chez le lis, la tulipe, etc., toutes les folioles sont colorées; on a donné, dans ce cas, à l'ensemble de ces pétales et de ces sépales le nom de *périanthe*.

69. **Calice.** — Le calice est l'enveloppe la plus extérieure de la fleur; ses diverses parties portent le nom de *sépales*. Les sépales ne sont que des feuilles modifiées, et de même que les bractées ils représentent tantôt le limbe de la feuille, tantôt son pétiole dilaté, tantôt ses deux stipules réunies. Chez certaines plantes, le camellia, par exemple, il y a tous les passages entre les sépales proprement dits et les bractées qui les entourent; enfin celles-ci passent elles-mêmes insensiblement à la forme des feuilles. Chez la rose on trouve cinq sépales (*fig.* 56). Les deux extérieurs (*fig.* 57) ressemblent à la feuille du rosier, ils ont deux petites folioles sur un pétiole élargi, le troisième sépale (*fig.* 58) ne porte qu'une foliole d'un seul

côté; les deux autres sépales (*fig.* 59) sont entiers, c'est-à-dire qu'ils ne présentent pas de folioles.

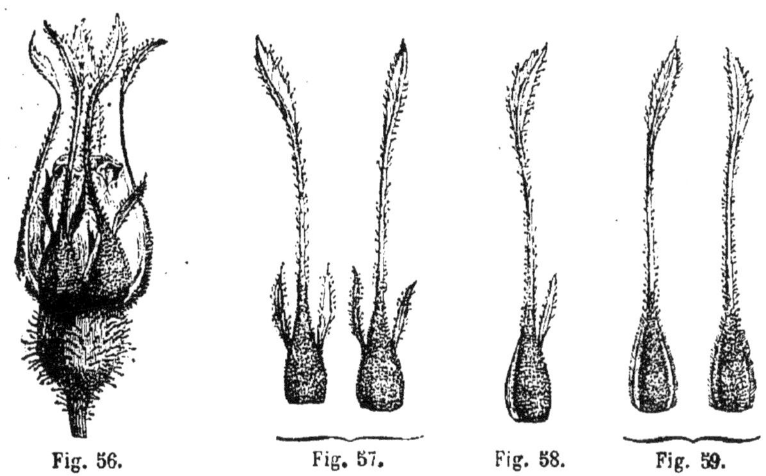

Fig. 56. Bouton de Rose. Fig. 57. Fig. 58. Fig. 59.

Ordinairement le calice est vert, il peut cependant se colorer de diverses manières et se rapprocher ainsi de la corolle. Il devient rouge chez le fuchsia et le grenadier, orange dans la capucine, etc.

Les sépales sont ordinairement entiers; on y observe rarement de découpures, et leur nervation ne consiste que dans quelques nervures qui partent de la base et vont gagner le sommet, en restant toutes à peu près parallèles (*fig.* 60). Quelquefois cependant un seul ou plusieurs sépales se prolongent à la base de façon à former une sorte de tube, connu sous le nom d'*éperon* (ex. : la capucine, la balsamine, *fig.* 61). Quelquefois un sépale s'allonge et s'élargit de façon à recouvrir la fleur comme d'un casque (ex. : l'aconit, *fig.* 62). Chez certaines plantes, les sépales ressemblent à de petits poils, ils forment une petite touffe nommée *aigrette*. Plusieurs familles de plantes, les valérianées par exemple, montrent tous les passages entre

Fig. 60. Sépale isolé.

Fig. 61. Sépale éperonné.

Fig. 62. Sépale en casque.

la forme ordinaire du calice et l'aigrette. Cette dernière peut être *simple*, ou *dentelée* ou *plumeuse*.

70. Le calice est tantôt *régulier* tantôt *irrégulier* : il est régulier quand il peut se partager dans sa longueur en deux moitiés symétriques ; il est irrégulier quand ses folioles présentent une forme ou des dimensions différentes ou qu'elles ne sont point disposées avec symétrie. Une diagonale ne peut le séparer en deux moitiés symétriques.

L'irrégularité peut tenir au développement plus rapide de l'un des sépales, ou à la soudure de ces parties. Souvent le calice présente une apparence *bilabiée*, due à ce que les sépales se sont soudés de façon à former deux lèvres. Chez les labiées, la lèvre supérieure a trois folioles et l'inférieure deux ; chez les légumineuses, c'est le contraire : la lèvre supérieure a deux folioles et l'inférieure trois.

71. Le nombre des sépales qui composent le calice peut varier beaucoup.

Il peut y en avoir deux opposés l'un à l'autre, il peut y en avoir quatre disposés en croix, formant ainsi deux verticilles de deux sépales chacun. Enfin le plus souvent, chez les plantes dicotylédonées, le calice se compose de cinq sépales, disposés alors en spirale et formant un *cycle* (Voy. paragr. 61) ; seulement, comme l'axe est très-raccourci, ils paraissent s'insérer à la même hauteur. Toutes les fois que les sépales sont en nombre impair, ils sont disposés en spirale.

Le calice peut être *monosépale* ou *polysépale* : il est monosépale quand les sépales sont tous soudés de façon à ne former qu'une pièce unique; il est polysépale quand chaque sépale est distinct. On remarque dans le calice monosépale le tube, la gorge et le limbe ; le tube est la partie cylindrique formée par la base des folioles, la gorge est l'orifice du tube, le limbe est la partie supérieure qui se prolonge en lame.

72. Le calice peut se conserver jusqu'à la maturation du fruit. Il est alors dit *persistant* (ex. : la violette, la bourrache, l'œillet, etc.).

Chez la plupart des fleurs, il tombe en même temps que la corolle après la fécondation, on le dit *caduc* (ex. : la giroflée, le bouton d'or). Enfin, chez quelques plantes, il ne paraît que dans le bouton et tombe au moment de l'épanouissement de la fleur. Les botanistes ont désigné ces calices sous le nom de *fugaces* ou passagers (ex. : le pavot).

73. **Corolle.** — La corolle est la seconde enveloppe de la fleur. Elle est constituée par les *pétales*, qui, de même que les sépales, ne sont que des feuilles modifiées et presque toujours colorées. De même que chez les feuilles, on trouve dans les pétales une partie élargie, le *limbe*, et une autre plus rétrécie, l'*onglet* (*fig.* 63). Le limbe peut s'insérer directement sur le réceptacle. Il peut présenter un bord entier ou découpé de diverses manières. — Quelquefois les pétales se prolongent à leur base en un tube nommé *éperon* (ex.: ancolie, *fig.* 64). Quelquefois ils s'étalent

et se recourbent en forme de casque, ou bien se disposent en bateau et constituent une carène, comme chez le polygala (*fig.* 65).

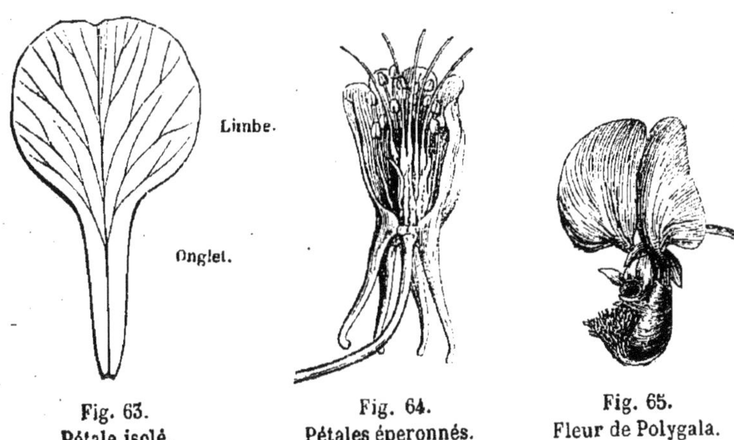

Fig. 63. Pétale isolé.

Fig. 64. Pétales éperonnés.

Fig. 65. Fleur de Polygala.

74. **La corolle est régulière** ou irrégulière. Sa régularité ou son irrégularité dépendent des mêmes causes que pour le calice (Voy. paragr. 70).

Le nombre des pétales peut varier. Chez les dicotylédonés, il est ordinairement de cinq, disposés en spirale; chez les monocotylédonés, le nombre le plus commun est trois. Ce nombre peut s'augmenter beaucoup, car, par la culture, il est facile de transformer les étamines en pétales.

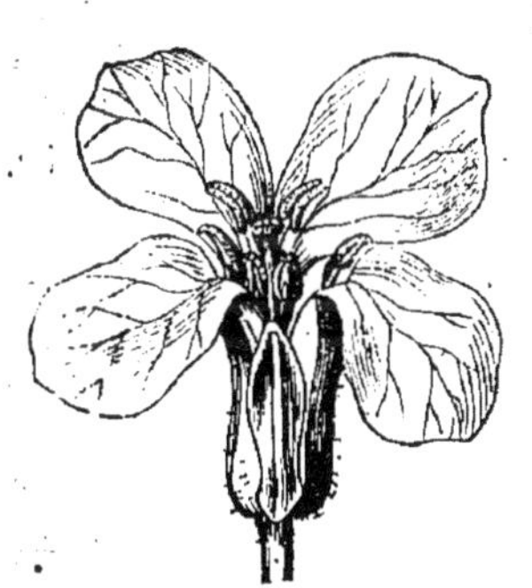

Fig. 66. Corolle cruciforme.

On appelle *cruciforme* la corolle présentant quatre pétales en croix (ex. : giroflée, *fig.* 66), *rosacée*, celle dont les pétales, au nombre de trois ou cinq, sont étalés en rosace (ex. : rose benoite, *fig.* 67), et *caryophyllée*, celle dont les pétales, au nombre de cinq, sont portés par de longs onglets (ex. : œillet, silène, *fig.* 68). Les corolles *papillonacées* sont composées de cinq pétales irréguliers (*fig.* 69). L'un est ordinairement postérieur, c'est l'*étendard;* deux sont latéraux, ce sont les *ailes;* deux sont antérieurs et forment la *carène :* le pois, le haricot, l'acacia portent des corolles ainsi disposées.

75. Les pétales peuvent être parfaitement distincts et indépendants l'un de l'autre, dans ce cas la corolle est dite *polypétale* (*fig.* 66); ou ils sont soudés dans une plus ou moins grande partie de leur longueur, la corolle est alors dite *monopétale* ou *gamopétale* (*fig*. 70). Dans ce cas, de même que dans le calice, elle offre un *tube*, une *gorge* et un *limbe*. — Ordinairement, quand les pétales sont soudés en un tube, les étamines se soudent elles-mêmes en tube.

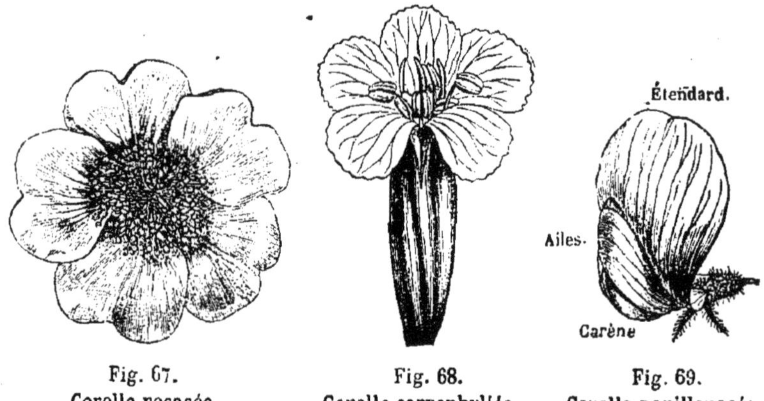

Fig. 67. Corolle rosacée.

Fig. 68. Corolle caryophyllée.

Fig. 69. Corolle papillonacée.

La corolle monopétale régulière peut prendre diverses formes.

Elle est *tubuleuse*, si le limbe est cylindrique comme le tube (ex. : la grande consoude); elle est *infundibuliforme* ou en entonnoir, si le limbe se dilate graduellement à partir de la gorge (ex. : le tabac, *fig*. 140).

Elle est *campanulée* ou en cloche, s'il n'existe pas de tube et que la corolle s'élargisse régulièrement de la base au sommet (ex. le liseron, *fig*. 70).

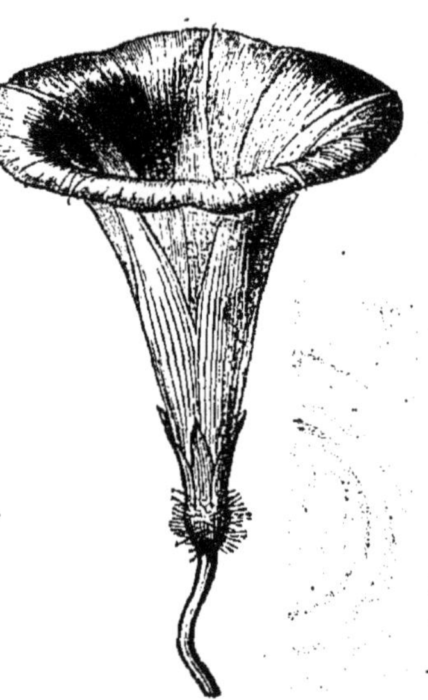

Fig. 70. Corolle gamopétale.

Elle est *hypocratériforme* si le tube est cylindrique et le limbe étalé en forme de soucoupe (ex. : la pervenche, le lilas).

Elle est *rosacée*, si le tube est très-court et le limbe évasé en soucoupe (ex.: bourrache, pomme de terre, rose benoite, *fig*. 67).

Elle est *urcéolée* ou en grelot si le limbe est rudimentaire et si le tube renflé en urne se rétrécit à son orifice (ex. : l'arbousier).

La corolle monopétale irrégulière peut être :

Ligulée, quand le limbe cylindrique, dans sa partie inférieure, se fend d'un côté et se rejette de l'autre sous la forme d'une languette (ex. : le pissenlit, *fig.* 71).

Labiée, si le limbe se partage en deux lèvres, dont la supérieure est formée ordinairement par l'union de deux pétales et l'inférieure de trois (ex. : la sauge, *fig.* 72 et 139).

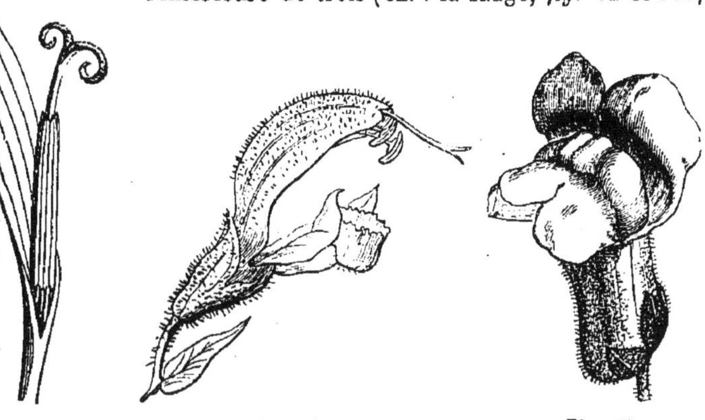

Fig. 71. Corolle ligulée. Fig. 72. Corolle labiée. Fig. 73. Corolle personnée.

Personnée, quand la corolle est bilabiée et que les deux lèvres se touchent par l'intermédiaire d'un renflement de la lèvre inférieure (ex. : la gueule-de-loup, *fig.* 73).

Les pétales se détachent et tombent en général peu de temps après l'épanouissement. — Chez quelques plantes, ils persistent. On applique à ces différentes espèces de corolles les mêmes noms qu'au calice, et on dit que la corolle est *persistante*, *caduque*, *fugace*.

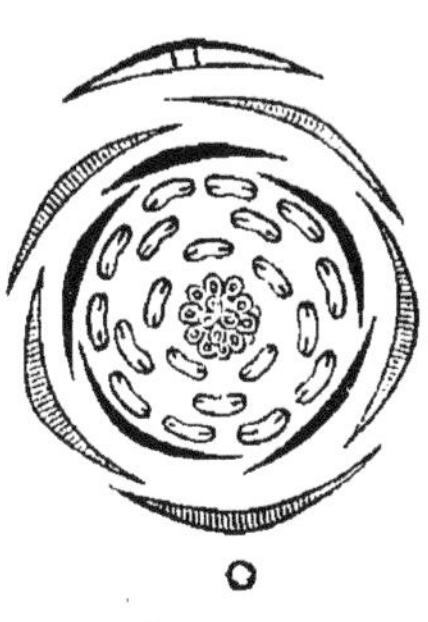

Fig. 74. Diagramme d'une fleur.

76. Quand il n'y a qu'un seul verticille de sépales et un seul de pétales, ces derniers alternent avec les sépales, c'est-à-dire qu'ils sont placés entre les points d'insertion de ceux-ci. Au contraire, les étamines sont placées vis-à-vis des sépales et alternent avec les pétales, les pistils alternent avec les étamines et sont superposés aux pétales. Ainsi, si l'on fait une coupe horizontale, un *diagramme* (*fig.* 74) d'une fleur de fraisier, on verra en dedans de la bractée, le calice; puis, alternant avec lui, les cinq pétales de la corolle, puis trois verticilles d'étamines alternant avec les pétales et avec les pistils.

ORGANES DE LA FÉCONDATION.

77. Étamines. — Nous avons vu que le troisième verticille de la fleur portait le nom d'androcé et était constitué par les *étamines*, organes fondamentaux de la plante, puisqu'ils servent à la fécondation. Les étamines ne sont que des feuilles modifiées. On peut s'en convaincre en examinant une fleur de nénuphar, où l'on voit les pétales se transformer insensiblement en étamines (*fig.* 75). Nous avons d'ailleurs dit que les étamines pouvaient se transformer en pétales ; or, nous savons que les pétales ne sont que des feuilles modifiées, donc il en est de même pour les étamines.

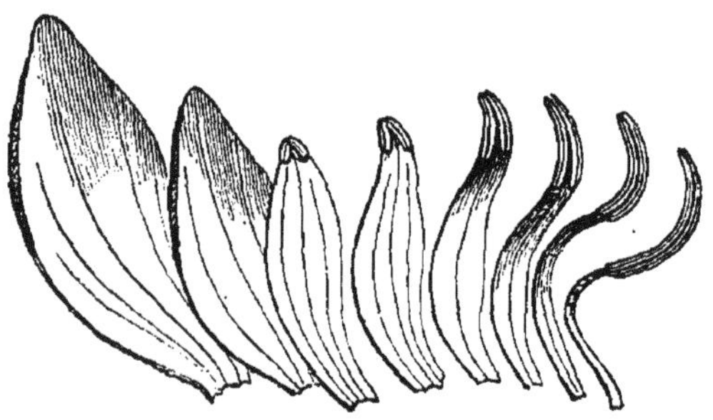

Fig. 75.
Pétales et étamines de Nénuphar.

78. *Filet.* — On distingue deux parties dans l'étamine (*fig.* 76), le *filet* et l'*anthère*. Le filet a la forme d'une petite colonne, c'est le représentant du pétiole de la feuille, de l'onglet du pétale ; il sert de support à l'anthère. Tantôt il est très-court et l'anthère est presque sessile ; tantôt il est très-long, comme chez le fuchsia.

Ordinairement le filet est *dressé;* quelquefois cependant il est *infléchi.*

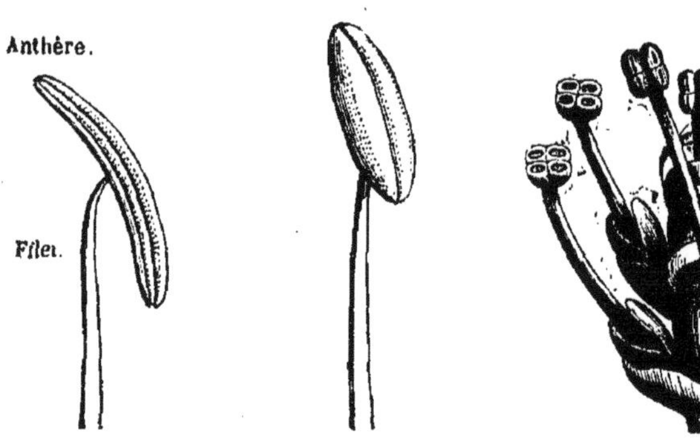

Fig. 76.
Étamine biloculaire.

Fig. 77.
Étamine uniloculaire.

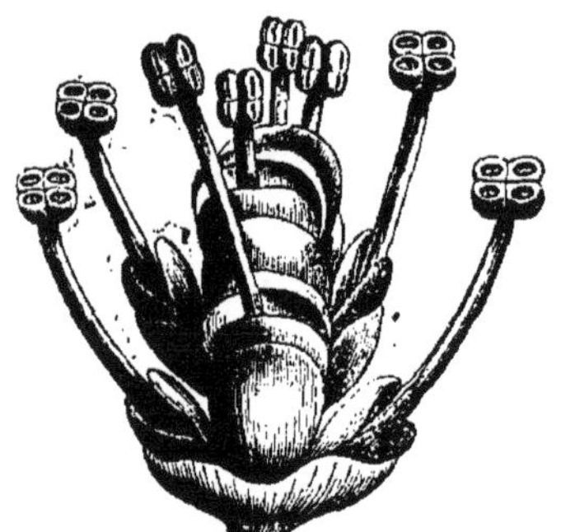

Fig. 78.
Étamines quadriloculaires.

79. *Anthère.* — L'anthère, qui termine l'étamine, est supportée par le filet ; elle est formée d'une petite masse creusée de *loges* ordinairement au nombre de deux. Dans ce cas l'anthère est biloculaire (*fig.* 76). Quelque-

fois l'anthère est *uniloculaire* (*fig.* 77), soit qu'une des loges ne se soit pas développée, soit qu'il n'y en ait réellement qu'une seule; enfin, chez quelques plantes, telles que les lauriers, les anthères sont *quadriloculaires* (*fig.* 78).

L'anthère peut être attachée directement au filet, dont elle paraît le prolongement; dans ce cas elle est *adnée* (*fig.* 79), ou bien les loges de l'anthère sont unies entre elles par un prolongement du filet, qui a reçu le nom de *connectif*. Quelquefois le connectif ne suit plus la direction du filet; il s'étend à droite et à gauche perpendiculairement au filet. Ainsi, chez la sauge (*fig.* 80), il forme deux filets latéraux terminés chacun par une loge, dont l'une est atrophiée *ls*, l'autre fertile *lf*.

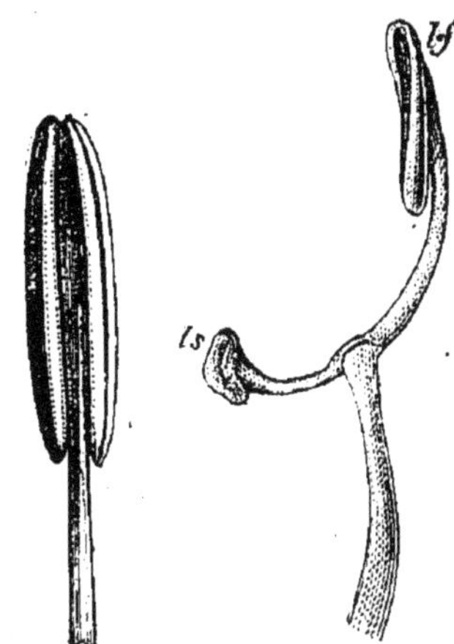

Fig. 79. Étamine adnée. Fig. 80. Étamine de Sauge.

Quand l'anthère paraît en équilibre sur l'extrémité du filet, elle est dite *oscillante* (*fig.* 76).

80. *Déhiscence des anthères.* — Les loges de l'anthère sont dans le principe complètement closes et contiennent dans leur intérieur une poussière particulière nommée *pollen*, sur laquelle nous reviendrons. Au moment de la fécondation, elles s'ouvrent, soit par un trou, soit par une fente qui se forme dans leurs parois. On désigne sous le nom de *déhiscence* le mode d'ouverture des loges. Tantôt la déhiscence est longitudinale (*fig.* 76 et 77), tantôt horizontale (*fig.* 81).

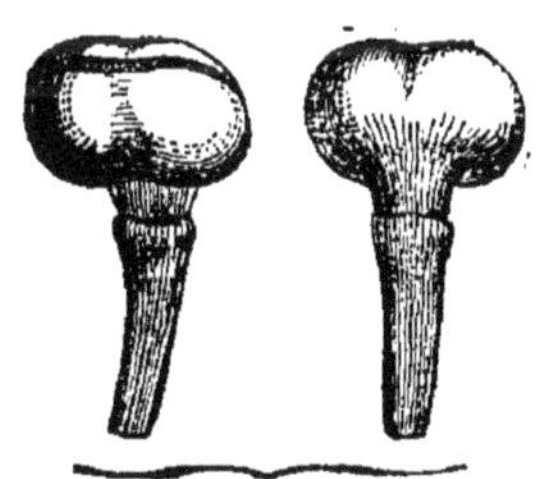
Fig. 81. Étamines à déhiscence horizontale.

Fig. 82. Déhiscence par des pores.

Fig. 83.

Quand la déhiscence se fait par un trou ou *pore*, ce dernier peut être placé au sommet de chaque loge (*fig.* 82) ou à sa base. — Quelquefois il y a vers le milieu ou au sommet de chaque loge une sorte de valvule qui, à l'époque de la fécondation, se soulève comme un couvercle et reste attaché par un de ses bords, comme sur une charnière (ex. : les berbèris, les monimia, *fig.* 83).

Lorsque la fente ou le trou de déhiscence regarde le centre de la fleur, l'anthère est *introrse*. C'est le cas le plus ordinaire; quand il regarde l'extérieur, l'anthère est *extrorse*.

Tantôt les étamines sont *libres* et indépendantes les unes des autres, tantôt elles sont soudées entre elles, soit par leurs filets, soit par leurs anthères (ex. : la campanule, *fig.* 84). On appelle *monodelphes* celles qui sont unies par leurs filets. Si elles sont soudées en deux ou plusieurs phalanges, on dit qu'elles sont *diadelphes* (*fig.* 85), *polyadelphes*.

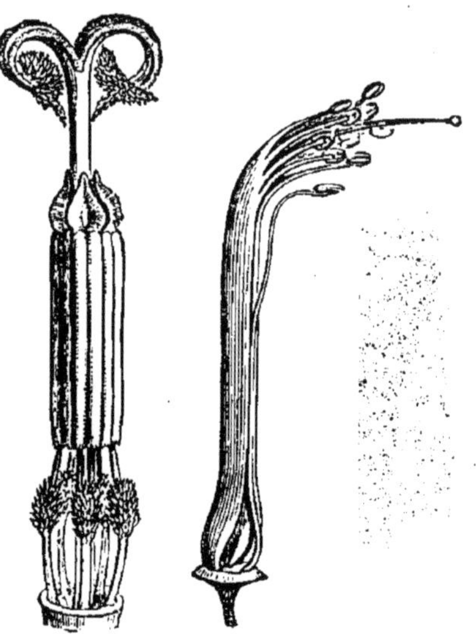

Fig. 84.

Fig. 85. Étamines diadelphes.

81. *Structure de l'anthère.* — Les parois des loges de l'anthère sont formées de deux couches de cellules. La plus extérieure, de nature épidermique, porte souvent des stomates. L'intérieure se compose en général de plusieurs rangées de cellules *fibreuses*. Son épaisseur diminue à mesure qu'elle se rapproche de la ligne de déhiscence; là elle devient nulle. — Ces cellules sont ordinairement des cellules spirales ou annulaires, dont la membrane extérieure ne tarde pas à disparaître, de sorte qu'à l'époque de la maturité de l'anthère il ne reste plus que les fils ou les petites bandes, disposées soit en spirale, soit en anneau; sous l'influence de conditions hygrométriques différentes, elles se tordent, se courbent plus ou moins, et déterminent des tractions dans le tissu de l'anthère, qui ne tarde pas à se rompre sur le point où il présente le moins de solidité, c'est-à-dire sur la ligne de déhiscence.

82. **Pollen.** — Nous avons dit que les loges de l'anthère contenaient une poussière très-fine qui sort au moment de la déhiscence et est expulsée par les contractions des cellules fibreuses. Cette poussière est connue sous le nom de *pollen*. Les grains de pollen se forment dans l'intérieur de l'anthère, qui primitivement est rempli d'un tissu mucilagineux, lequel bientôt s'organise en *cellules mères* du pollen. Les granules qu'elles contiennent se concentrent en une petite masse, qui se divise bientôt en quatre

parties par des cloisons. Chaque noyau se revêt d'une tunique spéciale, qui elle-même se double d'une autre tunique plus dure et plus épaisse. Les cloisons se détruisent et les noyaux, qui ne sont autre chose que les grains de pollen, sont libres dans leur petite loge. Cette loge disparaît elle-même, et les granules intérieures se trouvent contenues seulement dans la cavité de l'anthère.

Les grains polliniques ne sont pas toujours complétement indépendants. Quelquefois ils sont unis entre eux par une matière glutineuse élastique qui se distend facilement, comme chez les orchis (*fig.* 86)

Cette matière peut se durcir tellement qu'il devient impossible de séparer les grains. — Chez les asclépiadées, chaque anthère contient deux masses polliniques.

Le cas le plus général est celui où les grains du pollen sont libres. Leurs formes sont très-variables, tantôt ils sont sphériques (*fig.* 87), tantôt ellipsoïdes, tantôt

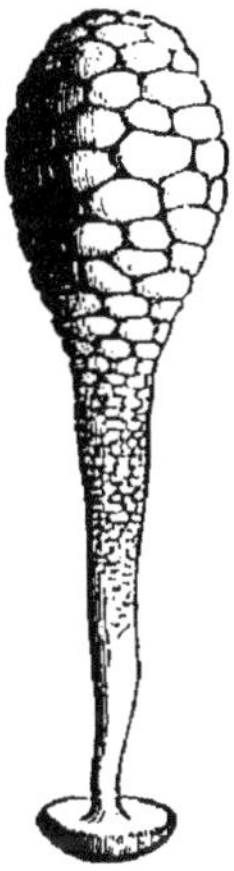

Fig. 86.
Masse pollinique d'Orchis.

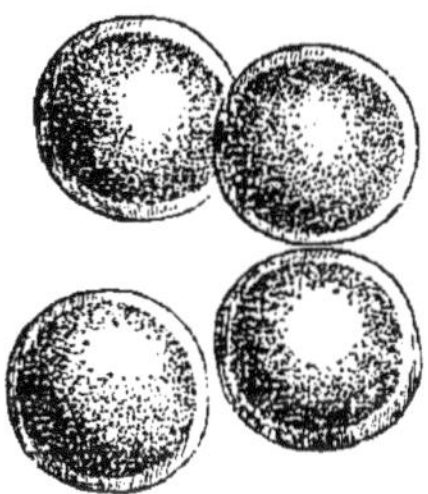

Fig. 87.

Fig. 88.

cubiques (*fig.* 88), tantôt ils présentent des sortes de facettes. C'est la membrane externe qui donne au grain du pollen sa forme. En effet, elle est dure et ferme, tantôt lisse, tantôt granulée, tantôt hérissée de petites aspérités.

83. Chaque grain de pollen renferme une matière fluide dans laquelle sont suspendus un grand nombre de granules. Ce contenu porte le nom de *fovilla*, et paraît jouer un rôle important dans les phénomènes de fécondation. C'est à cette époque seulement qu'il s'échappe du grain de pollen. La *déhiscence* du pollen peut s'expliquer facilement. La membrane extérieure ou *exhyménine* est rigide, tandis que l'intérieure ou *endhyménine* est beaucoup plus extensible. Quand cette dernière est exposée à l'humidité, elle se gonfle et rompt l'exhyménine, qui l'entoure comme une coque.

Quelquefois la déhiscence se fait indifféremment sur un point quelconque du grain, mais presque toujours elle a lieu par de petites ouvertures spéciales, comme nous l'avons vu pour les anthères. Ce sont des *pores* pratiqués dans la membrane externe; leur nombre peut varier suivant les plantes. Quelquefois ce sont des *plis*, que l'on observe à la surface du grain : chez les monocotylédones, on ne trouve ordinairement qu'un seul pli; chez les dicotylédones, on en voit souvent trois, quelquefois une douzaine ou plus.

Si l'on place un grain de pollen dans l'eau, bientôt, par l'effet de l'endosmose, il se gonflera; la membrane extérieure, si elle est homogène, ne tardera pas à se rompre. Mais, si elle présente des amincissements sur certains points, ces points céderont plus facilement et commenceront par se soulever sous l'effort de la membrane interne; bientôt elle se rompra et l'endhyménine s'allongera par ces petites ouvertures, sous forme d'ampoule allongée, puis de boyau (*fig.* 89); qui finira bientôt par céder, et la fovilla sera expulsée au dehors (*fig.* 90). On désigne cette dilatation pyriforme de la membrane interne sous le nom de *tube* ou *boyau pollinique*. Les phénomènes qui ont lieu lorsque l'on met un grain de pollen dans l'eau se passent de même quand le grain est placé sur l'extrémité humide du pistil.

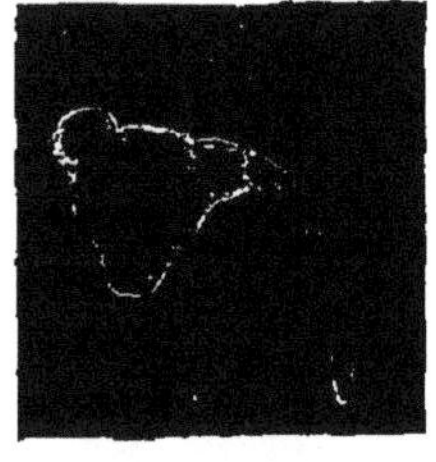

Fig. 89.

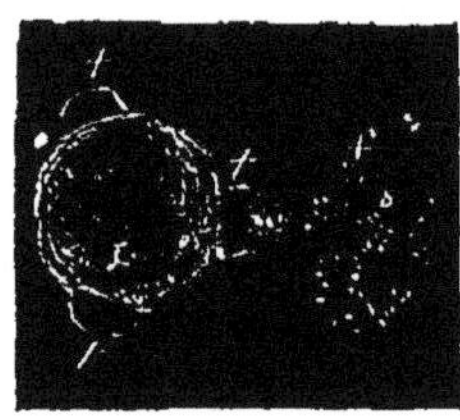

Fig. 90.

ORGANES FEMELLES DE LA REPRODUCTION.

PISTIL.

84. Origine du pistil. — Le pistil est le verticille le plus intérieur de la fleur, il est situé au centre et entouré par les étamines, les pétales et les sépales. Il est formé par la réunion des *feuilles carpellaires* ou *carpelles*. On donne aussi à ce verticille intérieur le nom de *gynécée*.

Les carpelles ne sont que des feuilles modifiées, comme il est facile de s'en convaincre en examinant certaines fleurs, celles du cerisier double par exemple, dont le centre est occupé par de petites feuilles un peu pliées terminées par un prolongement qui semble continuer la nervure moyenne (*fig.* 91). Chez le cerisier ordinaire, à la place de ces petites feuilles

Fig. 91.

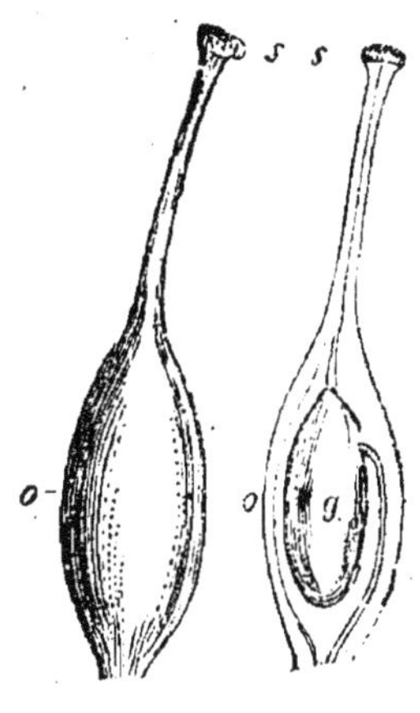

Fig. 92.
Pistil de Cerisier.

on trouve un petit corps renflé à sa base surmonté d'un prolongement dilaté au sommet; le renflement basilaire est creux et contient un autre corps plus petit (*fig.* 92). On appelle *ovaire* la partie renflée *o*; *ovule g*, le petit corps qui y est contenu; *style t*, le prolongement; et *stigmate s*, la dilatation terminale; entre ce pistil complétement formé et les feuilles centrales du cerisier double il n'y a que peu de différence; pour transformer ces dernières en un carpelle il suffit que les deux bords du limbe se rapprochent et se soudent, de façon à constituer une loge où se développerait l'ovule.

85. **Structure du pistil.** — Si maintenant nous examinons la structure des diverses parties du carpelle, nous devons trouver l'ovaire constitué par un parenchyme parcouru par des faisceaux fibro-vasculaires, comme le limbe d'une feuille, dont il est l'analogue. L'épiderme extérieur, qui correspond à celui de la face inférieure de la feuille, est percé par de nombreux stomates, tandis que l'épiderme intérieur n'en présente pas.

Le style se compose de faisceaux fibro-vasculaires et de cellules, son axe est occupé par un canal étroit qui s'étend du stigmate à la loge de l'ovaire. Ce canal est rempli par un tissu cellulaire, lâche et mucilagineux, qui porte le nom de *tissu conducteur*.

Le stigmate n'est que l'épanouissement de ce tissu conducteur, il est hérissé de cellules saillantes en forme de papilles, sa surface est toujours humide et visqueuse, et sert à retenir les grains de pollen qui y sont tombés.

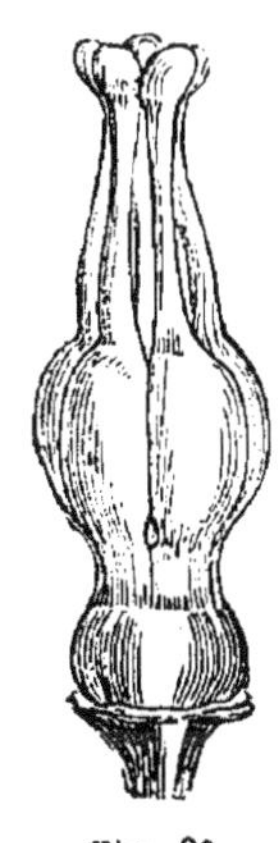

Fig. 93.

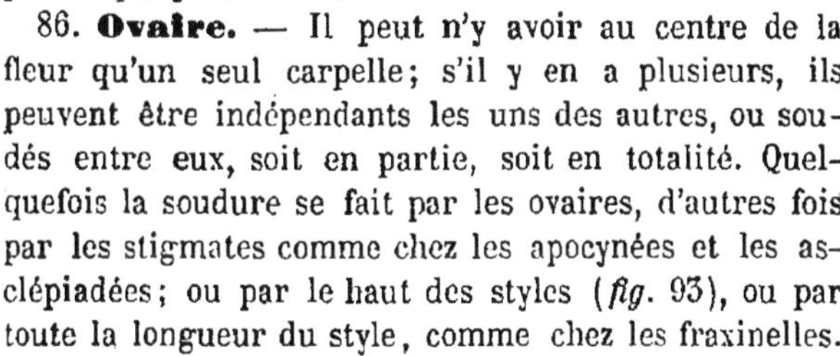

86. **Ovaire.** — Il peut n'y avoir au centre de la fleur qu'un seul carpelle; s'il y en a plusieurs, ils peuvent être indépendants les uns des autres, ou soudés entre eux, soit en partie, soit en totalité. Quelquefois la soudure se fait par les ovaires, d'autres fois par les stigmates comme chez les apocynées et les asclépiadées; ou par le haut des styles (*fig.* 93), ou par toute la longueur du style, comme chez les fraxinelles.

Lorsque plusieurs carpelles sont soudés, il semble n'exister qu'un seul pistil au centre de la fleur, mais si on le coupe en travers, on remarque qu'à l'intérieur il se compose de plusieurs loges, correspondant à chaque carpelle primitif. Chez la scrofulaire, par exemple (*fig.* 94), on reconnaît de cette manière que le pistil résulte de l'accolement de deux feuilles carpellaires.

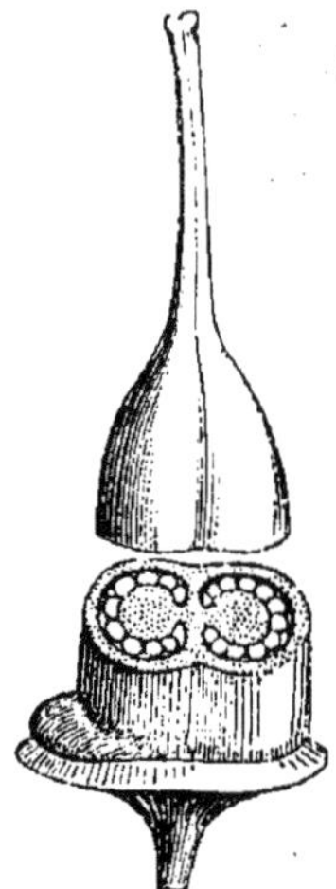
Fig. 94.

Un ovaire *uniloculaire* est donc formé en général par un seul carpelle, un ovaire *biloculaire* par deux, un ovaire *triloculaire* par trois, et ainsi de suite.

Les carpelles peuvent se souder avec le calice, supprimant ainsi la partie inférieure des verticilles intermédiaires; dans ce cas on dit que le calice et l'ovaire sont *adhérents;* la position du pistil peut dépendre de la forme du réceptacle : si celui-ci se termine en cône, le pistil en occupe le sommet et les autres verticilles sont placés au-dessous; si, au contraire, il a la forme d'une coupe, le pistil en occupe le fond, et les autres verticilles sont situés au-dessus.

Lorsque les feuilles carpellaires se soudent pour former un pistil pluriloculaire, leurs faces latérales s'aplatissent par la pression qu'elles exercent les unes sur les autres, de manière à former des cloisons qui s'étendent de la périphérie au centre. Chacune de ces cloisons appartient par moitié à chacun des ovaires contigus; quelquefois les cloisons ne persistent pas, elles se détruisent, de sorte que l'ovaire devient uniloculaire, et que pour déterminer le nombre de carpelles qu'a formé le pistil il faut examiner de jeunes plantes. Le nombre des styles et celui des stigmates correspond en général au nombre des carpelles, il peut donc guider aussi dans cette recherche, on peut aussi se servir du mode de distribution des ovules. L'ovaire peut être également uniloculaire lorsque les carpelles se soudent par les bords sans se recourber vers l'axe.

87. **Placenta**. — On nomme *placenta* la partie renflée de la cavité de l'ovaire, sur laquelle s'attachent les ovules.

La disposition des placentas, ce que l'on nomme la *placentation*, peut varier, on en connaît trois modifications :

1° La *placentation axile;*

2° La *placentation pariétale;*

3° La *placentation centrale.*

Ces deux derniers modes n'existent que dans les ovaires uniloculaires, le premier ne se trouve que dans les ovaires pluriloculaires. En effet, lorsque plusieurs feuilles carpellaires se soudent entre elles, tous leurs bords peuvent se rencontrer au centre; or, comme les ovules s'attachent toujours aux bords des carpelles, les placentas se trouvent alors rangés au-

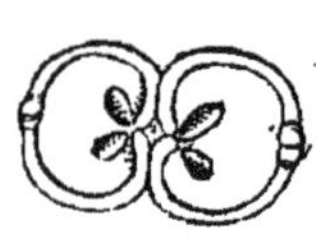
Fig. 95.

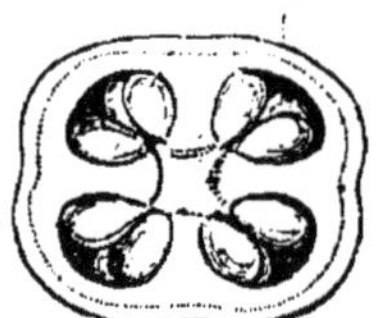
Fig. 96.

tour de l'axe en nombre égal à celui des loges, et forment ce que l'on nomme la placentation axile; il y a deux rangées d'ovules, puisque chaque bord en porte (*fig.* 95 et 96).

Si les feuilles carpellaires se sont seulement soudées par leurs bords, au lieu de se plier, le pistil est uniloculaire, et les bords, au lieu de converger au centre, s'écartent l'un de l'autre; les placentas sont alors placés sur les parois de la loge. On a alors une placentation pariétale (ex. : la petite centaurée, *fig.* 97), la violette (*fig.* 98 et 99), etc.). Dans ce cas

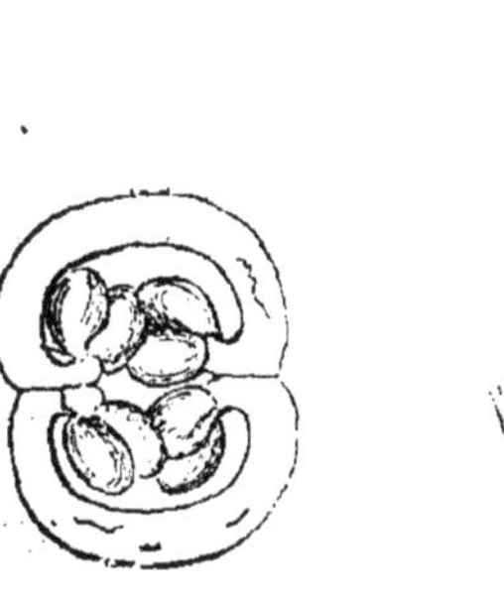
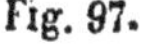

Fig. 97.

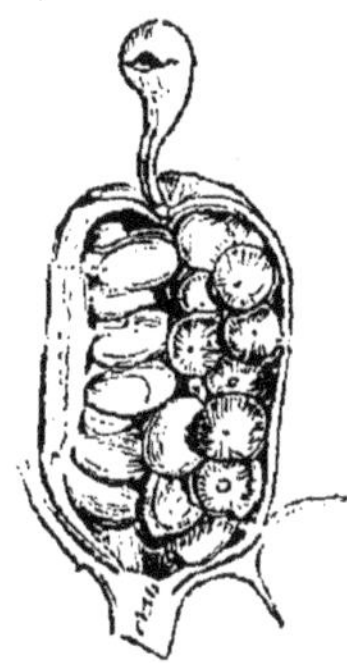

Fig. 98.

Fig. 99.

chaque placenta est encore double, mais appartient par moitié à deux carpelles, au lieu d'être formé aux dépens des deux bords de la même feuille carpellaire.

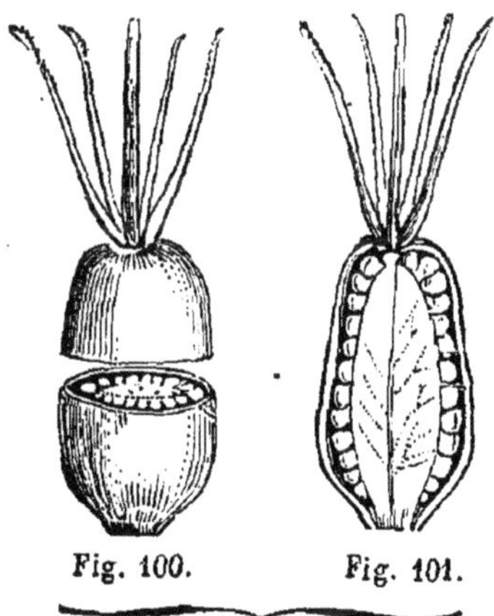

Fig. 100. Fig. 101.

Placentation centrale.

Lorsqu'un ovaire pluriloculaire, formé par la soudure de plusieurs carpelles, devient uniloculaire par suite de la disparition des cloisons, il restera néanmoins au centre un axe isolé formé par les placentas, la placentation sera dite centrale (*fig.* 100 et 101). Ce mode peut se rencontrer chez les ovaires formés primitivement d'un seul carpelle (ex. : la primevère).

88. **Style.** — Le nombre des styles est toujours égal à celui des carpelles, mais quelquefois plusieurs styles se soudent de façon à paraître n'en constituer qu'un seul.

Le style d'un carpelle unique peut rester simple, ou se bifurquer, quelquefois même il peut devenir rameux, comme chez certaines euphorbiacées. Lorsque le pistil est formé de plusieurs carpelles, les styles se soudent souvent entre eux, mais dans la plupart des cas leur partie supérieure est libre. La mauve ordinaire nous offre un bon exemple de cette disposition (*fig.* 102).

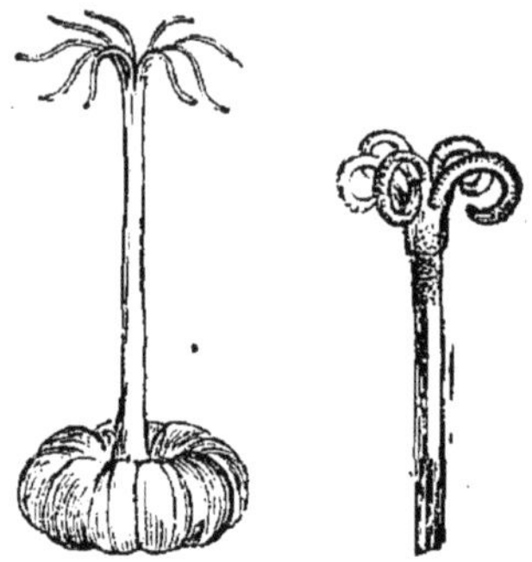

Fig. 102. Fig. 103.

89. **Stigmate.** — Le stigmate peut être sessile, c'est-à-dire que le style peut manquer. Il peut être situé soit à l'extrémité, soit sur un des côtés de ce support. Les divisions du stigmate correspondent en général au nombre des loges qui constituent l'ovaire. Le stigmate à cinq divisions des campanules indique que l'ovaire est quinquéfide (*fig.* 103). Nous avons déjà vu que chez les asclépiades, bien que les carpelles soient libres, les stigmates sont soudés.

90. **Ovule.** — Les ovules sont des petits corps attachés aux placentas et contenus dans l'intérieur de l'ovaire. Ce sont eux qui, en se développant, forment la *graine*, et sont destinés à reproduire la plante.

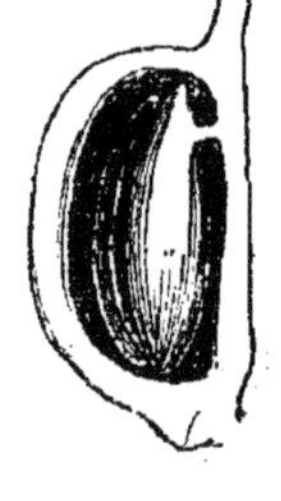

Fig. 104.

L'ovule s'attache quelquefois directement au placenta; dans ce cas, il est *sessile*, ou bien il est suspendu par une sorte de petit filet nommé *funicule f* (*fig.* 104).

Le point par lequel l'ovule s'unit au placenta ou au funicule porte le nom de *hile.*

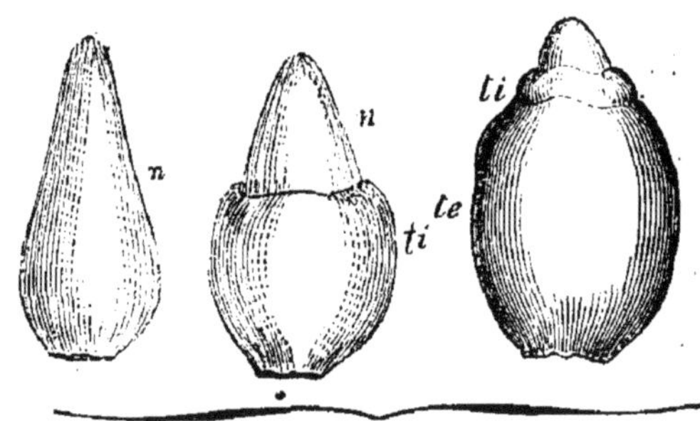

Fig. 105.

Les ovules (*fig.* 105) se composent d'un mamelon central, le *nucelle n*, enveloppé par un sac membraneux ordinairement double; la tunique extérieure porte le nom de *primine te*, l'intérieure celui de *secondine ti*; ce sac est percé à son sommet d'une petite ouverture appelée *micropyle.*

Le nucelle en se développant se creuse d'une cavité appelée *cavité embryonnaire*, au sommet de laquelle se trouvera suspendu, par un filet nommé *suspenseur*, le rudiment de la plante nouvelle, l'*embryon.* Cette cavité se revêt d'une membrane propre appelée *sac embryonnaire*. Chez quelques végétaux le développement de l'ovule s'arrête là et l'embryon seul s'accroît; mais, en général, à la base du nucelle il se développe une membrane, la secondine, qui tend à l'envelopper; la primine se montre ensuite, le sommet du nucelle apparaît quelque temps encore, mais finit par être caché, et il ne reste plus que le micropyle (*fig.* 106 *my*), composé alors de deux ouvertures : l'une correspondant au tégument externe et appelée *exostome;* l'autre au tégument interne, appelée *endostome*.

91. Le funicule s'attache sur la primine. C'est sur cette membrane que se trouve le hile, qui la traverse ainsi que la secondine, pour s'épanouir à la base du nucelle, où il forme une épaisseur nommée *chalaze*.

Le funicule ne s'attache pas toujours au même point sur les ovules, il en résulte de grandes différences dans les rapports qui existent entre le hile et le micropyle.

Lorsque le hile est à l'une des extrémités de l'ovule et le micropyle à l'autre, l'ovule est dit *orthotrope* (ex. : la rhubarbe, *fig.* 106).

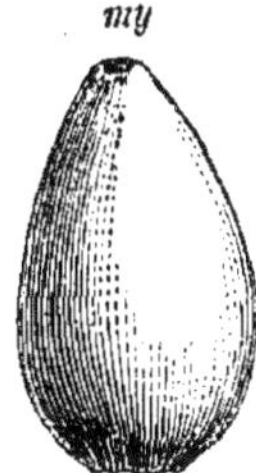

Fig. 106.
Ovule orthotrope.

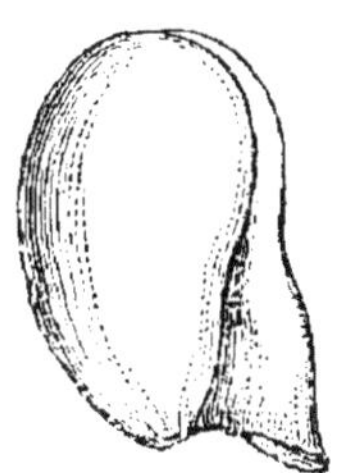
Fig. 107.
Ovule anatrope.

Fig. 108.
Ovule campulitrope.

Lorsque le hile est placé à côté du micropyle, l'ovule est dit *anatrope* (*fig.* 107); c'est le cas le plus ordinaire. Cette disposition est due à ce que le sommet de l'ovule a exécuté une demi-révolution qui a rapproché le micropyle du hile.

Lorsque l'ovule est courbé en forme de rein ou de haricot et que le hile est situé au milieu de la dépression, il est dit *campulitrope* (*fig.* 108). Ces ovules se rencontrent chez les légumineuses : haricot, pois, etc...

Les ovules peuvent être *dressés* ou *renversés* dans l'intérieur de l'ovaire; leur nombre est très-variable ; chez quelques plantes il n'y en a qu'un seul, chez d'autres il y en a un nombre considérable.

92. **Fécondation.** — Pour que l'ovule se transforme en graine il faut que la plante soit fécondée; cet acte important est dévolu au pollen ; et pour l'accomplir, cette poussière doit être mise en contact avec le pistil. Chez la plupart des plantes, les étamines et le pistil sont portés sur la même fleur, et le pollen peut tomber naturellement sur le stigmate ; mais il est des fleurs

qui ne portent que des étamines, tandis que sur le même pied d'autres fleurs sont seulement pistillées. Quelquefois il n'existe sur un même pied que des fleurs à étamines, et sur un autre que des fleurs à pistils; tel est le cas des dattiers et des pistachiers. Pour que la fécondation ait lieu, il faut que les grains de pollen, transportés soit par le vent, soit par les insectes, tombent sur le stigmate. On peut, dans ce cas, en recouvrant les fleurs pistillées d'une gaze légère, empêcher la fécondation.

Lorsque les graines de pollen arrivent sur le stigmate, celui-ci est enduit d'une liqueur visqueuse qui les retient d'abord, puis agit sur eux en les faisant gonfler; les boyaux polliniques s'allongent et se frayent un passage dans le style, à travers les cellules du *tissu conducteur* (*fig.* 109). Ils arrivent ainsi jusque dans l'ovaire et suivent toujours ce même tissu, qui se continue jusqu'auprès des ovules par les placentas; là, ils rencontrent l'ovule, ils s'engagent dans le micropyle et arrivent au contact du sac embryonnaire; ils se rompent alors, la fovilla s'échappe et se trouve en rapport avec la vésicule embryonnaire, qui, à partir de ce moment, devient apte à se développer et à se transformer en une graine.

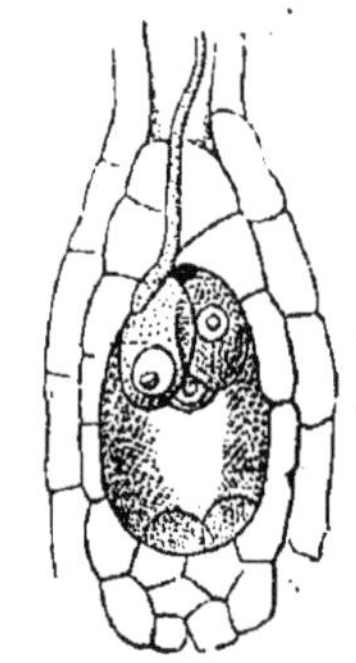

Fig. 109.
Trajet du boyau pollinique.

93. **Production de chaleur et de lumière.** — Au moment de la fécondation on remarque que chez certaines plantes leur température propre s'accroît d'une façon très-notable, et devient quelquefois sensible au toucher. On a remarqué qu'en même temps la combustion respiratoire devient beaucoup plus active, qu'une quantité considérable d'oxygène est absorbée et vient brûler le carbone des tissus pour se transformer en acide carbonique. C'est surtout chez les aroïdées que l'on a constaté ce développement de chaleur.

A l'époque de la floraison, on a remarqué que certaines plantes produisaient des lueurs phosphorescentes. Ces phénomènes s'observent principalement chez les fleurs jaunes ou dorées, telles que la capucine, le soleil, la rose d'Inde. Les rhizomorpha nous présentent un des plus curieux exemples de ces phénomènes lumineux, car ils cessent dans les gaz irrespirables et deviennent beaucoup plus vifs dans l'oxygène.

94. **Mouvements dans les plantes.** — A l'époque de l'émission du pollen on voit chez certaines plantes les étamines exécuter divers mouvements, se pencher chacune à leur tour sur le pistil pour y déposer leur poussière fécondante. Mais, à d'autres époques, et pendant toute la vie de certains végétaux, on observe dans les feuilles des mouvements très-apparents. Pendant la nuit les folioles des acacias se baissent verticalement; celles des trèfles et des fèves se relèvent; les folioles de l'*amorpha fructicosa* s'étendent horizontalement le matin et à mesure que le jour avance,

elles se relèvent pour s'abaisser quand la nuit approche, et deviennent tout à fait pendantes quand l'obscurité est complète.

Dans le baguenaudier, au contraire, les folioles se relèvent à partir du coucher du soleil.

Les folioles de la sensitive (*mimosa pudica*) se rapprochent le soir, et s'appliquent les unes contre les autres, en dirigeant leur pointe vers le sommet de la feuille.

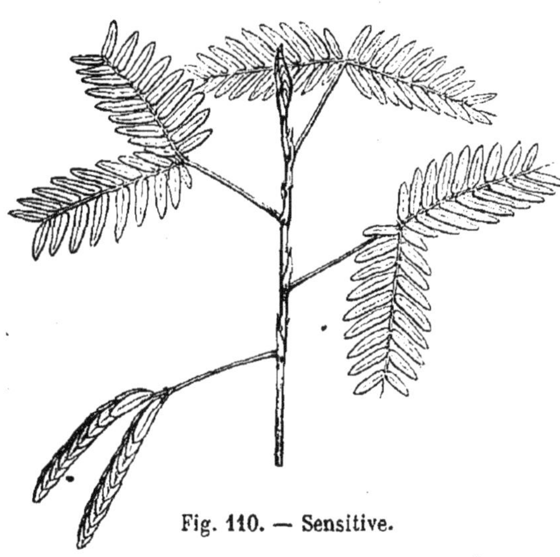

Fig. 110. — Sensitive.

Ces phénomènes ont été désignés sous le nom de *sommeil* des plantes; ils peuvent cependant avoir lieu sous certaines influences étrangères. il suffit par exemple de toucher ou d'imprimer une légère secousse à une branche de sensitive pour voir aussitôt les folioles se rapprocher et s'appliquer les unes contre les autres (*fig.* 110).

95. Certaines feuilles exécutent des mouvements continuels, chez l'*hedysarum gyrans*, petite plante dont les feuilles sont composées de trois folioles, l'une médiane, plus grande, et deux petites latérales, on remarque que la grande foliole s'incline lentement tantôt à droite, tantôt à gauche, tandis que les petites tournent sur elles-mêmes par de petits mouvements saccadés.

La *dionée-attrape-mouche* porte des feuilles hérissées de petits piquants; lorsqu'une mouche vient se poser sur elles les deux côtés se rapprochent vivement, la nervure médiaire jouant le rôle de charnière, et emprisonnent l'insecte.

Enfin il n'est personne qui n'ait entendu parler de la *valisneria spiralis;* cette plante aquatique porte des fleurs staminées et des fleurs pistillées sur des pieds différents; au moment de la fécondation la fleur staminée se détache et flotte sur l'eau, au même moment le pédoncule de la fleur à pistil, qui était contourné en spirale et complétement immergé, se déroule, s'allonge, porte cette fleur à la surface de l'eau, puis, quand la fécondation a eu lieu, il se roule une seconde fois et attire sous les eaux le fruit qui va mûrir.

Ces phénomènes de mouvement paraissent dus à une cause mécanique, et rien n'autorise à croire qu'ils se fassent sous l'empire d'une volonté ou d'une sensibilité quelconque.

96. L'épanouissement des fleurs est soumis, dans quelques espèces, à l'influence de la lumière et a lieu à des heures fixes. Les boutons du liseron des haies s'ouvrent à trois heures du matin, ceux du salsifis à quatre heures, ceux du pavot à tige nue à cinq heures, ceux de la belle de jour à six heures; ceux du lis des eaux à sept heures; ceux du mouron rouge à huit heures. On peut ainsi, en réunissant des plantes qui s'épanouissent à heure fixe, former une *horloge de flore.*

FRUIT ET GRAINE

Développement et structure des fruits, de la graine et des parties qui la composent. — Embryon. — Sa structure. — Changements chimiques pendant la germination. — Développement de l'embryon et structure de la jeune plante.

FRUIT.

97. **Différentes parties du fruit.** — Quand la fleur a été fécondée, les pétales tombent, ainsi que les étamines; le style et le stigmate disparaissent; quelquefois le calice persiste, devient adhérent à l'ovaire, l'ovule se développe et prend le nom de graine, l'ovaire subit aussi des changements notables, et c'est l'ensemble de la graine et du pistil ainsi modifié qui forme le *fruit.*

Les plantes qui n'ont qu'un ovaire ne présentent qu'un seul fruit; au contraire, celles qui portent plusieurs carpelles peuvent offrir plusieurs fruits. Le fruit se compose des mêmes parties que l'on trouve dans l'ovaire; or l'ovaire n'est autre chose qu'une feuille modifiée. Nous trouvons donc dans le fruit les parties de la feuille, c'est-à-dire un épiderme intérieur, un épiderme extérieur, et entre eux un parenchyme cellulaire. Dans le fruit, chacune de ces parties porte un nom spécial. La membrane externe forme l'*épicarpe* (*fig.* 111 *e*), la couche du parenchyme le *mésocarpe m* et la membrane interne l'*endocarpe n.*

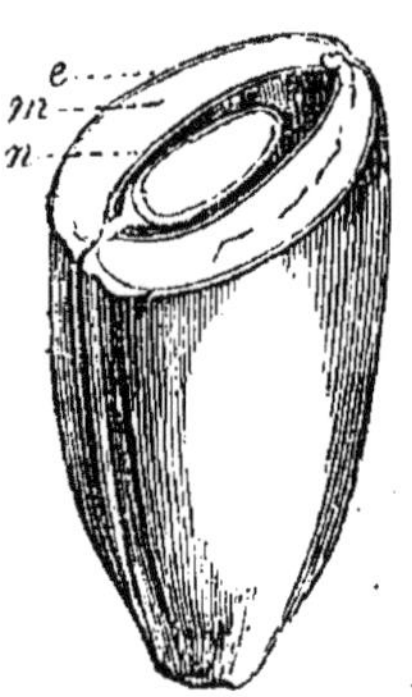

Fig. 111.
Coupe d'un fruit.

98. L'épicarpe, le mésocarpe et l'endocarpe forment par leur réunion le *péricarpe.* La consistance du péricarpe varie beaucoup, suivant les fruits. Quelquefois il est sec et membraneux, d'autrefois charnu, ou bien une ou plusieurs de ses parties peuvent être sèches et les autres charnues.

L'épicarpe, qui forme la peau, la *pelure* des fruits, tels que la pêche, etc., est ordinairement fin et conserve l'aspect qu'il avait dans le pistil.

Dans la cerise, la prune, l'abricot, il en est ainsi. Dans la poire et la pomme, l'épicarpe est doublé par l'enveloppe calicinale. Souvent il s'épaissit par l'addition de cellules nouvelles. Il peut se hérisser d'épines, comme dans la pomme épineuse (*datura stramonium*), le marron d'Inde (*æsculus hippocastanum*).

Le mésocarpe, appelé aussi *sarcocarpe*, prend souvent un développement considérable et forme la chair de nos fruits comestibles. tels que pommes, poires, cerises, abricots, prunes, pêches, etc... Dans le melon, le mésocarpe est rougeâtre et succulent à l'intérieur, vert et coriace à l'extérieur. Chez certaines plantes, le mésocarpe est sec et dur; dans l'amandier et le noyer, il constitue l'enveloppe verte et coriace qui protége l'amande et la noix; dans l'orange, il constitue l'enveloppe que l'on rejette, la partie comestible étant formée par un tissu cellulaire qui se développe dans les loges de l'ovaire.

L'endocarpe est ordinairement mince et transparent; il tapisse à cet état les parois des loges du fruit. C'est ce que l'on voit sur les prunes, les cerises, etc. Chez la pomme et la poire, il s'encroûte de matière ligneuse et forme l'enveloppe coriace des pepins. Enfin, chez la noix et l'amande, son épaisseur est considérable et il forme la coque que l'on est obligé de briser pour arriver à la graine; dans l'orange il constitue l'enveloppe transparente des quartiers.

99. Les carpelles qui constituaient le pistil peuvent tous se développer, ou quelques-uns peuvent avorter. C'est ce qui arrive en général pour ceux qui n'ont pas été fécondés. Quelquefois cet avortement se produit normalement. Ainsi, dans des ovaires d'abord formés de plusieurs loges, il arrive souvent qu'une seule se développe. Le fruit de la châtaigne se compose primitivement de trois loges; une seule des graines se développe, pousse la cloison contre la paroi de la loge et remplit seule sa cavité. Quelquefois, au lieu de perdre leurs cloisons, certains ovaires en acquièrent de nouvelles, formées par des replis de la paroi, qui s'avancent jusqu'à ce qu'ils rencontrent ceux du côté opposé. Les fruits de la casse, dont l'ovaire est simple, offrent un grand nombre de ces *fausses cloisons*.

100. **Déhiscence du fruit.** — Lorsque la graine est *mûre*, elle doit être expulsée au dehors et se développer séparément. Quelquefois les fruits se pourrissent et se détruisent. Dans ce cas ils sont *indéhiscents;* d'autres fois ils s'ouvrent, suivant des lignes déterminées, et laissent échapper la graine. Ces fruits sont *dehiscents*. — Dans ce cas on observe sur les parois du fruit des *valves*, ordinairement en nombre égal aux loges, quelquefois cependant en nombre double. — Le fruit du haricot s'ouvre en deux valves, qui portent chacune un rang de graines sur un de leurs bords (*fig.* 112).

Quand les carpelles, soudés à leur partie inférieure, sont indépendants vers leur sommet, il arrive souvent que la partie libre s'ouvre seule.

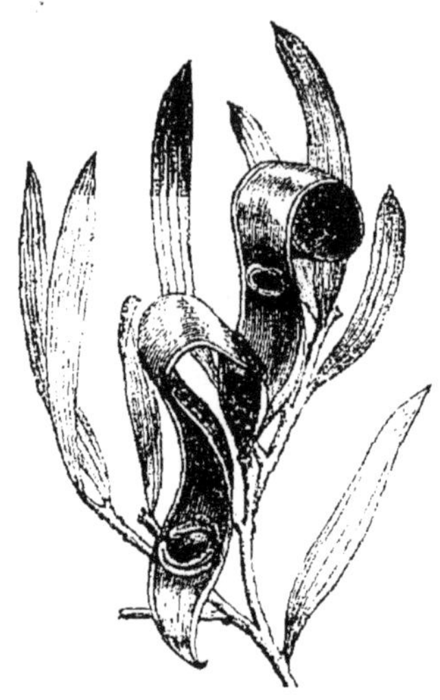

Fig. 112.
Fruit s'ouvrant en 2 valves.

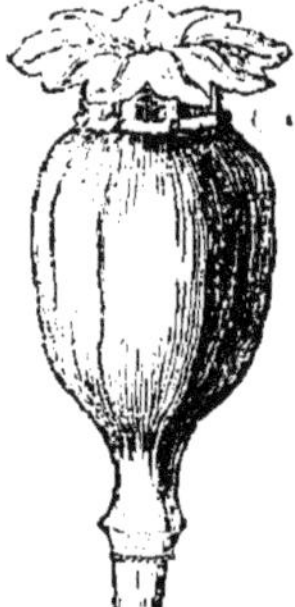

Fig. 113.

Fig. 114.

Fig. 115.

La déhiscence peut se faire par un trou ou pore situé soit au sommet, comme chez le pavot (*fig.* 113) et la gueule-de-loup (*fig.* 114), soit vers la base, comme dans la campanule raiponce (*fig.* 115). La déhiscence se fait quelquefois transversalement, de façon que le fruit se sépare en deux parties, dont l'inférieure représente une boite et la supérieure le couvercle (ex. : le plantain et la jusquiame).

Le plus ordinairement, la déhiscence est complète et les valves se séparent de trois manières différentes, que l'on a désignées sous le nom de déhiscence septicide, loculicide et septifrage.

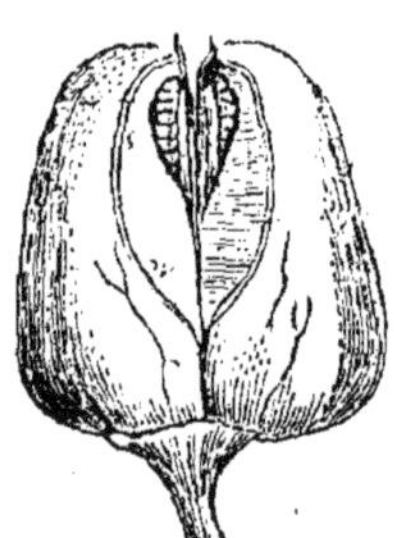

Fig. 116.
Fruit de la Digitale.

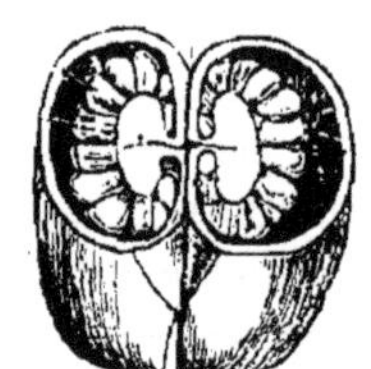

Fig. 117.
Coupe du fruit de la Digitale.

La *déhiscence septicide* se fait sur les lignes de réunion des cloisons avec le péricarpe; elles forment alors les côtes des valves (ex. : la digitale, *fig* 116 et 117).

La déhiscence *loculicide* se fait par des fentes longitudinales sur le milieu des feuilles carpellaires, par le point que l'on désigne sous le nom de suture dorsale et qui correspond à la nervure médiane de la feuille

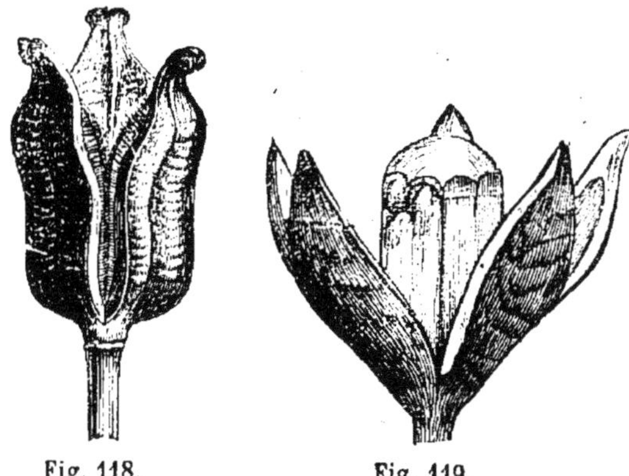
Fig. 118. Fig. 119.

modifiée. Chaque valve est alors formée de deux demi-carpelles, comme on le voit chez le lilas, la tulipe (*fig.* 118), l'iris.

Dans la déhiscence *septifrage*, les cloisons cèdent le long de leur bord externe et se séparent ainsi en valves (*fig.* 119).

101. **Différentes espèces de fruits.** — Les fruits dont les téguments sont secs et membraneux sont à peu près les seuls qui soient déhiscents; les fruits charnus et moux ne le sont pas, ainsi que ceux dont le tissu est ligneux.

102. *Fruits charnus indéhiscents.* — Parmi les fruits charnus, on distingue les *baies* et les *drupes.*

Les baies sont des fruits dont le péricarpe est complétement pulpeux. Le raisin et la groseille (*fig.* 120) sont des baies.

Fig. 120.
Baie.

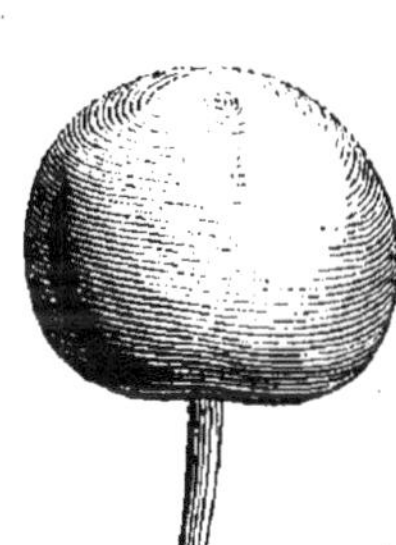
Fig. 121.
Drupe.

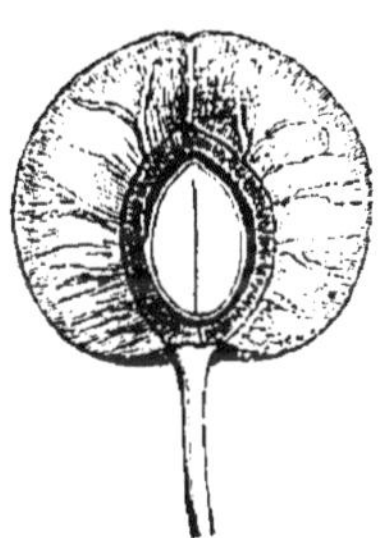
Fig. 122.
Coupe d'une Drupe.

Les drupes sont des fruits dont le mésocarpe est très-épais, comme dans la pêche, l'abricot, la cerise (*fig.* 121 et 122). Au milieu du fruit se trouvent un seul noyau, comme dans les plantes que nous venons de nommer, ou plusieurs, comme dans la nèfle.

Parmi les fruits secs, la plupart sont déhiscents; cependant quelques-uns ne le sont pas. Ces derniers ont ordinairement une seule loge et une seule graine.

103. *Fruits secs indéhiscents.* — Les principales espèces de fruits secs indéhiscents sont :

1° Le *caryopse*. Dans ce fruit, le péricarpe est soudé aux téguments de la graine, à la suite du développement extraordinaire de celle-ci (ex. : le blé, l'orge, l'avoine, le seigle, *fig.* 123) ;

2° L'*achaine* diffère du précédent en ce que la graine n'adhère au péricarpe que par un point d'attache (ex. : la chicorée, le pissenlit, le thalictrum, *fig.* 124) ;

Fig. 123. Caryopse.

Fig. 124. Achaine.

3° La *samare* est un achaine, présentant une lame membraneuse, qui s'étend en forme d'ailes. Dans l'érable deux samares s'accolent ensemble.

104. *Fruits secs déhiscents.* — Les fruits secs déhiscents sont en général désignés sous le nom de fruits capsulaires ou capsules. La gousse, la follicule, la silique, la pyxide sont des fruits secs déhiscents.

La *gousse* est un fruit allongé qui contient de nombreuses graines attachées longitudinalement d'un seul côté de la suture ventrale, et s'ouvre en deux valves, comme le haricot (*fig.* 112).

La *follicule* est une feuille repliée sur elle-même, dont la déhiscence se fait par la suture ventrale correspondant à l'accolement des deux bords de la feuille; le pied d'alouette (*fig.* 125), l'ancolie, etc., peuvent servir d'exemple de cette espèce de fruit.

Fig. 125. Follicule.

La *silique* ressemble par sa forme extérieure à une gousse, mais la déhiscence se fait par deux valves qui s'écartent, les placentas et les graines restant en place (ex. : la giroflée, *fig.* 126).

Fig. 126. Silique.

La *pyxide* est un fruit qui s'ouvre en deux parties par une fente transversale comme une boîte à savonnette; il y en a d'uniloculaires comme chez le mouron rouge (*fig.* 127) et de pluriloculaires.

Fig. 127. — Pyxide.

Fig. 128. — Cône

105. **Fruits composés.** — Lorsque les fruits de plusieurs fleurs sont très-rapprochés, ils peuvent se confondre et former un fruit *composé* qui au premier abord ressemble à un fruit unique.

Dans les arbres verts, pins, sapins, cyprès, la *pomme*, le *cône* (*fig.* 128), n'est qu'un fruit composé, car il provient de fleurs différentes.

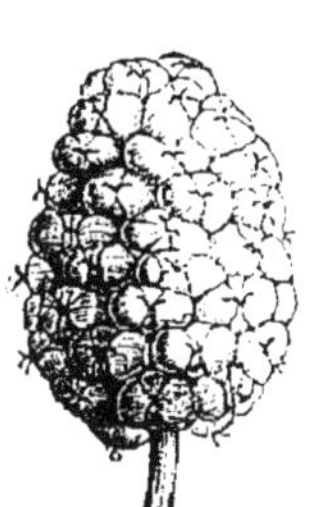
Fig. 129
Mûre.

Il en est de même pour la mûre. Chaque fruit en particulier est un achaine à calice persistant et succulent, mais par leur développement ils se soudent (*fig.* 129).

Fig. 130.
Framboise.

Les fruits composés ne doivent pas être confondus avec les fruits multiples provenant d'une seule fleur et résultant du développement d'un grand nombre de carpelles. La framboise (*fig.* 130) est composée d'une foule de petites drupes qui proviennent toutes de la même fleur. A leur base on voit les traces du calice, ce qui ne se voit jamais chez les fruits composés.

Nous avons déjà eu l'occasion de dire que le calice pouvait persister et même se développer avec le fruit et faire corps avec lui.

Dans la belle-de-nuit, le calice forme au fruit une enveloppe dure et noire. Dans la pomme, le calice est également adhérent.

GRAINE.

106. **Structure de la graine.** — La graine résulte du développement de l'ovule

Fig. 131.
Graine.

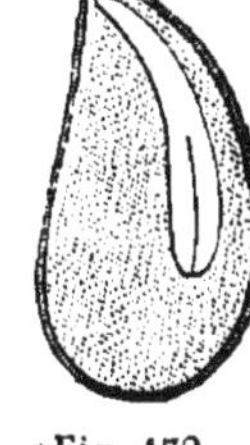
Fig. 132.
Coupe de graine.

On distingue dans la graine une partie essentielle, l'*embryon*, et des parties accessoires, les enveloppes et l'*albumen* (*fig.* 131 et 132).

107. *Albumen*. — L'albumen ou *périsperme* n'est autre chose qu'un magasin de matières nutritives destinées à subvenir aux besoins de l'embryon. Quelquefois ce corps peut manquer. Dans ce cas, ce sont les cotylédons qui remplissent son rôle; ils deviennent alors épais et charnus, comme dans le haricot

L'albumen renferme tantôt de la fécule, comme dans les graminées; tantôt des matières oléagineuses, comme dans le ricin.

Dans le café, il acquiert la consistance de la corne; dans le blé, il est très-volumineux, par rapport à l'embryon; dans le frêne, il est à peu près égal au volume de l'embryon.

108. *Embryon.* — L'embryon, qui plus tard deviendra la petite plante, constitue quelquefois à lui seul la graine; dans l'amande, on le trouve immédiatement sous les téguments. Quand l'albumen existe, les rapports de ces deux parties peuvent varier beaucoup. Tantôt l'embryon est appliqué sur un point de ce corps (ex. : le blé), tantôt il est enroulé de façon à l'entourer plus ou moins complétement (ex. : nielle des blés, *fig.* 133). Enfin, il peut être renfermé dans l'intérieur de l'albumen comme chez le ricin.

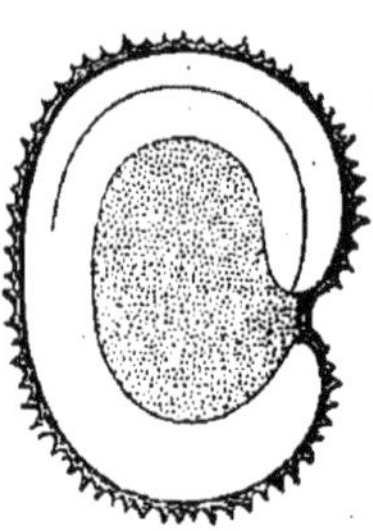

Fig. 133

Nous avons déjà dit (Voy. paragr. 14) que dans l'embryon on distinguait trois parties essentielles :

1° La *radicule;*

2° La *gemmule;*

3° Les *cotylédons.*

La radicule (*fig.* 134 *r*), est d'abord toujours simple; plus tard, en se développant, elle tend à se ramifier en même temps qu'elle s'enfonce dans la terre.

La gemmule *g* s'allonge en sens inverse de la radicule, avec laquelle elle se continue; elle ressemble d'abord à un petit mamelon nommé *tigelle*, surmonté bientôt de petites lobes qui se développeront en feuilles.

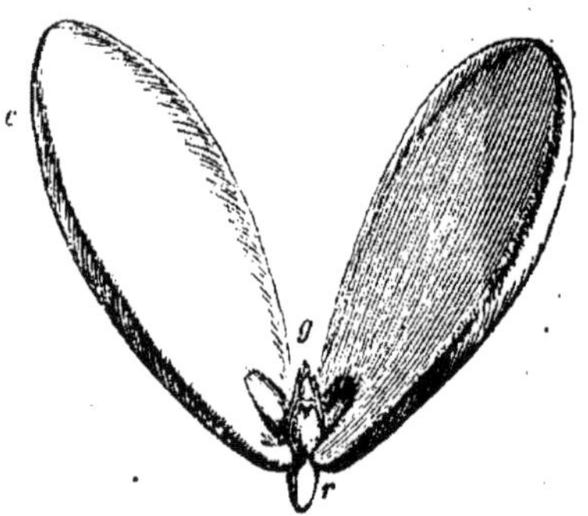

Fig. 134.
Embryon d'Amandier.

Les cotylédons *c* sont les premières feuilles de l'embryon; dans l'amandier, le haricot, ils sont épais, charnus et gorgés de matières féculentes destinées à la nourriture de la jeune plante.

Chez les plantes dicotylédonées, les deux cotylédons naissent à la même hauteur sur la tige (*fig.* 134); il peut y en avoir un nombre plus considérable.

Chez les monocotylédonées, le cotylédon est unique et s'insère tout autour de la tigelle, comme une feuille engainante, de façon à recouvrir la gemmule comme d'une coiffe. Sur un de ses côtés on aperçoit un petit pertuis qui doit livrer passage à la gemmule (*fig.* 14).

109. Les graines, une fois mûres, sont expulsées du fruit, soit que celui-ci s'ouvre naturellement, soit qu'il se détruise ; quelquefois elles sont surmontées d'une aigrette qui donne prise au vent et permet leur dissémination (ex. : chardon) ; elles peuvent aussi porter des espèces d'ailes qui jouent le même rôle (ex. : pin, sapin).

110. Germination. — Quoi qu'il en soit, après l'émission de la graine, si les conditions au milieu desquelles elle se trouve sont favorables, conditions que lui fournit ordinairement la terre quand elle y est enfoncée à une petite profondeur, l'embryon se développe, la graine *germe*.

Si, au contraire, les circonstances extérieures ne favorisent pas ce développement, les graines peuvent se conserver très-longtemps sans s'altérer ; on peut faire germer des haricots conservés pendant des années ; on a semé et on a vu se développer des graines enfermées par les anciens Gaulois dans les tombeaux ; on a fait la même expérience sur du blé trouvé à côté des momies dans les pyramides d'Égypte.

111. Pour qu'une graine puisse germer, elle doit être soumise à l'action de certaines influences dont les principales sont l'*humidité*, la *chaleur* et l'*air*.

L'humidité agit en ramollissant les téguments de la graine, en gonflant les parties essentielles, et en déterminant des phénomènes chimiques sur lesquels nous reviendrons.

Une chaleur modérée est indispensable ; au-dessous de 0° on ne voit se développer aucune graine, au-dessus de 50° il en est de même ; cependant on connaît quelques végétaux inférieurs qui vivent et se reproduisent dans des eaux thermales (à Dax, par exemple) dont la température est très-élevée.

L'air agit surtout par son oxygène.

112. Lorsque la graine est pourvue d'un albumen, celui-ci se ramollit, sa nature chimique se modifie, et l'embryon se nourrit à l'aide des matières qui viennent d'être ainsi préparées, de façon qu'à mesure que l'albumen diminue, l'embryon grandit. S'il n'y a pas d'albumen et que les cotylédons soient chargés de fournir à la jeune plante les matières nutritives nécessaires à son développement (haricot, pois), la germination se fait plus rapidement que dans le cas précédent.

L'embryon, en se développant, brise les téguments de la graine et se montre au dehors. C'est la radicule qui paraît la première, puis la tigelle s'allonge ; ses petits lobes latéraux se développent au-dessus des cotylédons entr'ouverts, qui ne tardent pas à se flétrir et à disparaître, et bientôt la plante ne tire plus sa nourriture que d'elle-même par l'intermédiaire de ses racines.

113. Changements chimiques de la graine pendant la germination. — Nous avons déjà dit que l'albumen, quand il existe, ou les cotylédons, s'il manque, sont ordinairement chargés de matières féculentes; dans le blé, dans le haricot, dans le pois, il est facile, à l'aide de la teinture d'iode, de mettre en évidence la présence de la fécule; mais si on répète l'expérience quand la jeune plante se développe, la coloration bleue caractéristique ne se montre plus, et au microscope on n'aperçoit plus de grains de fécule dans les cellules de l'albumen (chez le blé) ou des cotylédons (chez le haricot). Ce résultat est dû à ce que la fécule, pour devenir absorbable, s'est transformée en dextrine, puis en glucose. Cette transformation est due à la présence dans la graine d'un principe quaternaire particulier, la *diastase;* analogue quant à ses propriétés, à la *ptyaline* de la salive, et qui, par une action catalytique, jouit de la faculté d'agir sur les fécules et de les transformer en sucre.

114. On a utilisé dans l'industrie cette propriété, et on emploie le sucre produit ainsi aux dépens de la fécule des graines, pour la fabrication de certaines liqueurs alcooliques et en particulier de la bière. Pour arriver à ce résultat, on fait d'abord germer de l'orge, puis on la fait tremper dans de l'eau chaude; la diastase agit alors avec une grande activité sur la fécule, qui se convertit en dextrine, puis en glucose. On soumet alors la matière à la fermentation; il se dégage de l'acide carbonique et il se produit de l'alcool; on aromatise la liqueur avec des feuilles de houblon et on la clarifie.

Pour fabriquer de l'alcool de grains, on emploie les mêmes procédés, puis on distille le liquide fermenté dans des appareils spéciaux.

STRUCTURE COMPARÉE ET CARACTÈRES GÉNÉRAUX DES PLANTES DICOTYLÉDONES, MONOCOTYLÉDONES ET ACOTYLÉDONES.

115. Nous avons déjà vu qu'en se basant sur la structure de l'embryon, les botanistes avaient divisé le règne végétal en trois grandes sections :

Les *dicotylédones;*

Les *monocotylédones;*

Les *acotylédones.*

Chez les premiers, l'embryon présente au moins deux cotylédons; chez les seconds il n'en offre qu'un; chez les troisièmes, l'embryon est homogène, sans distinction de parties, sans cotylédons. Ces sortes d'embryons portent aussi le nom de *spores* (*fig.* 135).

Fig. 135. Spore.

Bien que dans le courant de cet ouvrage nous ayons, à propos de chaque organe, indiqué les caractères qui distinguaient ces grands groupes, nous allons les résumer rapidement ici.

116. *Plantes dicotylédones.* — La tige se compose de faisceaux fibro-vasculaires et de cellules disposées par couches concentriques, et dont la croissance est *exogène.* Cette tige est ordinairement rameuse.

Les racines ne présentent ni moelle ni étui médullaire, et sont le plus ordinairement simples et pivotantes.

Les feuilles présentent presque toujours les nervations *palmée* ou *pennée*. C'est dans cette classe que nous trouvons les véritables feuilles composées et les feuilles simples à contours découpés. Les cycles offrent souvent la divergence 2/5, et rarement celle 1/3.

Les fleurs sont ordinairement complètes et portent un calice et une corolle; les verticilles floraux se composent le plus souvent de cinq parties ou de multiples de cinq.

117. *Plantes monocotylédones.* — La tige se compose aussi de faisceaux fibro-vasculaires et de cellules, mais les faisceaux sont disséminés dans la masse du parenchyme et ne forment pas de couches concentriques. La croissance est *endogène*.

Les racines, quand elles ont un grand diamètre, ont la même structure que la tige. Quand elles sont petites, les faisceaux, au lieu d'être disséminés dans le parenchyme, se réunissent pour former un axe. C'est dans les monocotylédones que se rencontrent les racines multiples et souvent les racines aériennes.

Les feuilles sont *rectinervées*, sans nervures ramifiées, ou n'émettant que des nervures secondaires qui se courbent un peu de haut en bas et se relèvent vers le sommet de la feuille sans se disposer en réseau. Jamais les feuilles ne sont composées; en général elles sont alternes et jamais véritablement opposées ou verticillées; elles forment souvent le cycle représenté par la fraction 1/3.

Les fleurs sont ordinairement complètes. Le calice et la corolle se confondent souvent en une seule enveloppe nommée *périanthe*, formée le plus fréquemment de six folioles. En effet, les parties de la fleur sont presque toujours trois ou des multiples de ce nombre.

118. *Plantes acotylédones.* — La structure de ces plantes est en général très-simple; quelques-unes ne sont composées que de cellules; d'autres, mais en petit nombre, présentent des faisceaux fibro-vasculaires; chez ces dernières, dont les fougères sont un exemple, la tige peut acquérir une taille considérable; les faisceaux, ordinairement dépourvus de trachées déroulables, se trouvent seulement à la périphérie, où ils forment une couche dure et foncée.

Les racines sont toujours adventives, fréquemment elles sont aériennes Leur organisation est la même que celle de la tige.

Les feuilles de fougères ont des ramifications en réseau plus compliquées que celles des dicotylédonées; elles peuvent cependant être entières, portées ou non sur un pétiole; on en trouve d'alternes et d'opposées.

Les fleurs n'existent pas; la reproduction se fait à l'aide de spores (*fig.* 132) portées ordinairement à la face inférieure des feuilles.

Les plantes cellulaires sont uniquement composées de tissu utriculaire qui forme une masse homogène rarement verte. On n'y distingue ni tiges, ni racines, ni feuilles. Sur certains points du parenchyme se développent de petites cavités nommées *conceptacles*, dans lesquelles se développent les spores.

CLASSIFICATION.

De la classification du règne végétal. — Espèce, genre et variété. — Des classifications artificielles. — Système de Linné. — De la méthode naturelle. — Familles naturelles.

119. **Espèce.** — Toute classification a pour but de grouper un grand nombre d'espèces, de les réunir en séries distinctes, de façon à ce que l'observateur puisse facilement se retrouver au milieu du nombre immense d'êtres qui habitent le globe terrestre. L'*espèce*, chez les végétaux aussi bien que chez les animaux, est l'ensemble des individus descendus directement d'une paire primitive et semblable à eux en tout ce qui est essentiel.

120. **Variété.** — Si l'on considère les différents individus qui font partie d'une espèce, on voit que tous ne reproduisent pas exactement les caractères physiques de leurs parents. Ce sont ces légères différences individuelles qui constituent les *variétés*.

Les variétés héréditaires constituent les *races*.

Une espèce peut renfermer un grand nombre de races, mais elle est toujours invariable et tient à l'essence même des êtres organisés. Deux espèces, même très-voisines, ne produisent pas entre elles, ou si elles produisent leurs descendants sont inféconds.

121. **Hybrides.** — Chez les végétaux on peut produire des métis aussi bien que chez les animaux; on les désigne sous le nom d'*hybrides*.

On peut assez facilement obtenir des hybrides de plantes faisant partie d'un même genre; pour cela on isole le végétal qui doit produire les graines, on enlève les étamines avant leur formation et on dépose sur le stigmate un peu de pollen pris sur la plante dont on veut avoir des produits croisés. C'est en croisant les races ensemble que les jardiniers obtiennent des variétés si nombreuses de fleurs. L'hybride peut être féconde, mais elle l'est toujours moins que ses parents; abandonnée à elle-même, sa fécondité disparaît, ou elle tend à prendre exclusivement le caractère d'un de ses parents. Aussi ne voit-on jamais se créer d'espèces intermédiaires, et l'espèce étant fondamentale, doit être prise pour base de classification.

Dans le règne végétal nous retrouvons les mêmes lois que dans le règne animal : en réunissant les espèces les plus voisines on constitue les *genres*, des genres on forme les *familles*, des familles les *ordres*, des ordres les *classes*, etc...

Nous avons déjà vu (*Zoologie*, p. 154) qu'il y avait deux sortes de classifications :

La classification méthodique;

La classification systématique.

Dans cette dernière on ne se sert que d'un petit nombre de caractères pris arbitrairement.

Dans les méthodes on se sert de l'ensemble des caractères en donnant plus de valeur aux plus importants.

122. **Classifications artificielles.** — Les premiers essais de classification des végétaux sont des systèmes. Le premier est celui de Tournefort, il commença par diviser le règne végétal en deux sections : les herbes et les arbres, puis il s'appuya sur des caractères secondaires tirés principalement de la disposition des enveloppes florales. Ce système péchait par la base, puisque certaines espèces peuvent, suivant le climat, être arborescentes ou herbacées. Le ricin, par exemple, dans notre pays est une petite plante annuelle, dans le Midi c'est un arbuste persistant pendant des années.

123. **Système de Linné.** — En 1734 parut le système de Linné, qui remplaça celui de Tournefort; il est basé sur les différences qu'offrent les végétaux sous le rapport des diverses parties essentielles de la fleur, mais surtout des étamines.

Le règne végétal tout entier est ainsi divisé en vingt-quatre classes.

Une de ces classes, placée la dernière, comprend les plantes qui n'ont pas de fleurs visibles, et est désignée pour cette raison sous le nom de *cryptogames*.

Les plantes à fleurs apparentes ou *phanérogames* se divisent en vingt-trois classes, suivant qu'elles renferment dans la même enveloppe floralè des étamines et des pistils, ou que ces organes sont portés sur des fleurs différentes.

Linné désignait les premières sous le nom de *monoclines;*

Les deuxièmes sous celui de *diclines.*

Il subdivise ensuite ces deux groupes en se basant sur les caractères des étamines, comme le tableau ci-contre peut le montrer.

124. **Application du système de Linné.** — Lorsque l'on veut déterminer le nom d'une plante à l'aide de ce système de classification, on examine tour à tour les différentes parties qui ont servi de caractères à la classe, puis à l'ordre, puis au genre; arrivé à cette division, on compare la plante aux espèces du même genre et on arrive ainsi à sa personnification exacte.

Si l'on suppose que la plante qu'il s'agit de déterminer ait des fleurs à deux étamines et à un pistil, elle appartiendra à la *diandrie monogynie;* si ces fleurs sont monopétales et régulières et son fruit en capsule, ce sera un lilas; si au lieu dè capsule elle porte des drupes, ce sera un olivier;

TABLEAU DE LA CLASSIFICATION DES PLANTES D'APRÈS LE SYSTÈME DE LINNÉ

							CLASSES	EXEMPLES
Plantes à étamines et pistils.	visibles.	réunis dans la même fleur.	non adhérents entre eux.	Étamines égales entre elles.	Moins de 20 étamines.	1 étamine.	*Monandrie.*	Pesse.
						2 étamines.	*Diandrie.*	Lilas, Jasmin, Sauge.
						3 étamines.	*Triandrie.*	Iris, Lis, Graminées.
						4 étamines.	*Tétrandrie.*	Scabieuse, Garance.
						5 étamines.	*Pentandrie.*	Pomme de terre, Panais.
						6 étamines.	*Hexandrie.*	Lis, Asperge, Riz.
						7 étamines.	*Heptandrie.*	Marronnier d'Inde.
						8 étamines.	*Octandrie.*	Bruyère.
						9 étamines.	*Ennéandrie.*	Laurier, Rhubarbe.
						10 étamines.	*Décandrie.*	Œillet, Rue.
						11 à 19 étamines.	*Dodécandrie.*	Réséda, Aigremoine.
					20 étamines ou plus.	adhérentes au calice.	*Icosandrie.*	Rosier, Myrte.
						adhérentes au réceptacle	*Polyandrie.*	Pavot, Coquelicot.
				Étamines inégales.		4 étamines dont 2 plus longues.	*Didynamie.*	Thym, Digitale.
						6 étamines dont 4 plus longues.	*Tétradynamie.*	Giroflée.
			Étamines adhérentes entre elles ou réunies au pistil.	Étamines non adhérentes au pistil, mais entre elles.	par les filets.	en 1 seul faisceau.	*Monadelphie.*	Mauve, Guimauve.
						en 2 faisceaux.	*Diadelphie.*	Acacia, Mélilot.
						en plusieurs faisceaux.	*Polyadelphie.*	Oranger.
					par les anthères.		*Syngénésie.*	Violette, Marguerite.
				Étamines soudées en un seul corps avec le pistil.			*Gynandrie.*	Aristoloche, Orchis.
		non réunis dans la même fleur.	Fleurs mâles et femelles sur le même individu.				*Monœcie.*	Maïs, Chêne.
			Fleurs mâles et femelles sur deux individus différents.				*Diœcie.*	Saule, Dattier.
			Fleurs mâles, femelles et hermaphrodites, sur 1, 2 ou 3 individus.				*Polygamie.*	Frêne, Pariétaire.
	invisibles.						*Cryptogami*	Champignons, Mousses.

si au lieu de capsules et de drupes elle porte des baies, et si le tube de la corolle est long et à cinq divisions, ce sera un jasmin.

125. Ce système est fondé sur des lois arbitraires; Linné sentit lui-mêmes les défauts de son travail, et il tenta, sous le titre de *Fragments de la méthode naturelle*, un autre essai de classification plus méthodique. Mais il n'indiqua pas par quelles séries d'idées il arrivait aux conclusions qu'il tirait, et il fut plutôt guidé par les inspirations de son génie que par des observations suivies.

126. **Méthode naturelle.** — Les premières bases d'une méthode naturelle ont été posées par Bernard de Jussieu, chargé de diriger les plantations du jardin botanique de Trianon; il ne publia rien, mais fit ranger méthodiquement les plantes dans les parterres.

Vingt-cinq ans après, Antoine-Laurent de Jussieu, neveu de Bernard, publia en 1789 un ouvrage où il exposait les caractères des genres connus, distribués en *familles naturelles*. Pour cela Antoine-Laurent se basait sur l'étude de toutes les parties d'une plante.

Il ne donna pas à tous les caractères une valeur égale, il les mesura d'après leur importance; c'est ce que l'on a désigné sous le nom de principe de la *Subordination des caractères*, qui, d'aprés cette méthode, sont pesés et non comptés. Un caractère de premier ordre équivaut à plusieurs du second, et un du second à plusieurs du troisième. L'observation et l'expérience déterminent la valeur des caractères.

127. **Familles naturelles.** — Pour arriver aux familles naturelles, de Jussieu examina spécialement quelques familles composées de plantes qui avaient entre elles les plus grands rapports, et qui évidemment devaient rentrer dans un même cadre. Il étudia quels étaient leurs caractères communs, et quels étaient ceux qui les distinguaient des familles voisines; il arriva ainsi à évaluer l'importance de tel ou tel caractère.

Les familles que L. de Jussieu prit d'abord pour type de ses études étaient les graminées, — les liliacées, — les labiées, — les composées, — les ombellifères, — les crucifères, — les légumineuses.

DIVISION DES PLANTES EN DICOTYLÉDONES, MONOCOTYLÉDONES, ACOTYLÉDONES.

128. De Jussieu partagea d'abord le règne végétal en trois embranchements :

Les *acotylédones*,

Les *monocotylédones*,

Les *dicotylédones*,

Suivant que l'embryon ne présentait pas de cotylédon, ou qu'il y en avait un ou deux. Nous avons insisté (Voy. p. 117 et suiv.) sur les caractères qui appartiennent à ces différents groupes.

DICOTYLÉDONES.

129. Pour établir des coupes dans l'embranchement des dicotylédones, Laurent de Jussieu se basa sur l'étude des organes de la reproduction, comme étant les plus importants.

Il distingua les fleurs *monoïques*, qui portent à la fois un pistil et des étamines, et les fleurs *dioïques*, où ces parties sont séparées. Ces dernières, ou *diclines*, comprennent presque tous les arbres de nos bois.

Les plantes monoïques furent subdivisées, d'après la forme de la corolle, en *apétales*, *monopétales* ou *gamopétales* et *polypétales*.

130. **Dicotylédones monoïques, apétales.** — Les plantes qui forment cette division ont des fleurs dépourvues de corolle et ne présentant que le calice.

Chez ces plantes le nombre cinq se retrouve rarement dans les diverses parties de la fleur; le nombre trois est au contraire fréquent. — Les principales familles de ce groupe sont :

Les *aristolochiées*, ex. : l'aristoloche.

Les *laurinées*, ex. : le laurier.

Les *polygonées*, ex. : la rhubarbe.

Les *nyctaginées*, ex. : la belle-de-nuit.

131. Si nous prenons pour exemple de ce groupe l'aristoloche (*fig.* 136), nous trouverons une fleur à étamines épigynes, un calice adhérent à l'ovaire, prolongé au-dessus de lui en un tube. Les étamines, au nombre de dix à douze, sont réduites à des anthères presque sessiles portées sur un

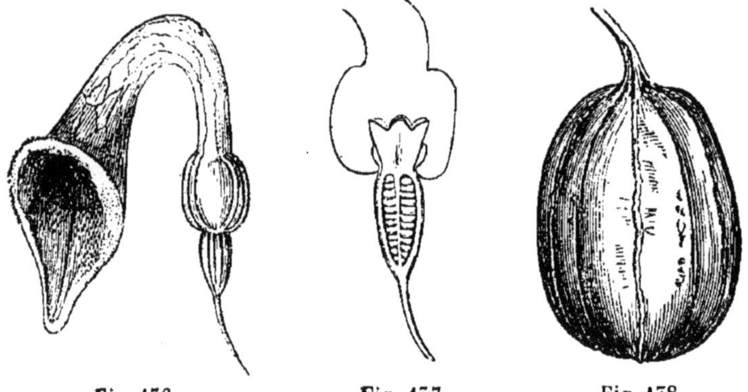

Fig. 136. Fig. 137. Fig. 138.

disque annulaire. L'ovaire, à six loges, renferme de nombreux ovules attachés à l'angle interne (*fig.* 137). Il devient un fruit capsulaire (*fig.* 138) à déhiscence loculicide. La tige est herbacée et grimpante, les feuilles alternes.

132. Dicotylédones monoïqués monopétales. — Les monopétales sont caractérisées par l'existence d'une corolle composée de pétales soudés. Elle se divise, d'après le mode d'insertion des pétales, en quatre classes :

Les *hypocorollées*, dont la corolle, qui est soudée aux étamines, est insérée sous le réceptacle (ex. : famille des labiées, des jasminées, des solanées, des convolvulacées) ;

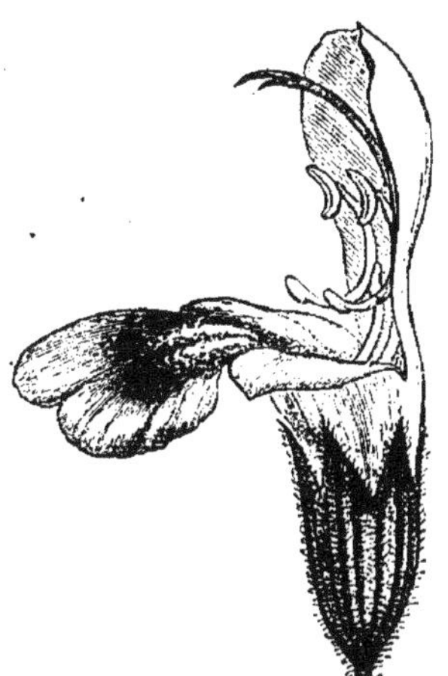

Fig. 139. — Sauge.

Les *péricorollées*, dont la corolle est insérée sur le calice (ex. : famille des bruyères, des campanulacées) ;

Les *épicorollées synanthérées*, dont la corolle est insérée sur l'ovaire et dont les anthères sont soudées entre elles (ex. : famille des composées) ;

Les *épicorollées chorisanthérées*, dont la corolle est également insérée sur l'ovaire, mais dont les anthères sont distinctes.

Nous allons passer en revue quelques-unes des principales familles de monopétales.

Labiées. — Ces plantes, presque toujours herbacées, ont une tige carrée, des feuilles simples et opposées, un calice à cinq pétales (*fig.* 139), une corolle à cinq pétales, divisée en deux lèvres ; les étamines sont au nombre de quatre. L'ovaire, à quatre loges, renferme deux ovules, dont l'un avorte. Le fruit est composé de quatre achaines, le calice est persistant.

Fig. 140. — Tabac.

Exemples : La sauge, la mélisse, la menthe, le thym, le serpolet, la marjolaine, le patchouly, la lavande.

133. *Solanées.* — Les solanées sont ordinairement herbacées et remarquables par leurs propriétés vénéneuses et narcotiques. Le calice est persistant et composé de cinq sépales; la corolle, régulière, a cinq pétales soudés; l'androcée présente cinq étamines libres, le pistil est formé par un ovaire à deux loges, un placenta charnu supportant un grand nombre d'ovules. Le fruit devient ordinairement une capsule à deux loges.

Exemples : La pomme de terre, le tabac (*fig*. 140), la belladone, la stramoine, la jusquiame, la tomate, l'aubergine.

134. *Campanulacées*. — Les plantes de cette famille sont herbacées, et la fleur présente ceci de remarquable, que les étamines sont insérées directement sur le calice. La corolle est persistante; le fruit, ordinairement à trois loges, s'ouvre par des ouvertures placées sur les parois (Voy. *fig*. 115).

135. *Composées*. — Dans cette famille les fleurs sont ramassées à l'extrémité de l'axe, dilaté de façon à constituer un *capitule* entouré d'un involucre d'un ou de plusieurs rangs de folioles. Cette réunion de fleurs présente l'aspect d'une fleur unique.

Tantôt toutes les fleurs du capitule sont semblables, tantôt celles du centre diffèrent de celles de la périphérie. Les fleurs se distinguent en *fleurons* et *demi-fleurons*.

Chez les premiers, la corolle est régulière et divisée en cinq lobes égaux.

Chez les seconds, la corolle est rejetée sur le côté en forme de languette (Voy. *fig*. 71).

On a divisé les composées en :

Flosculaires, où le capitule entier est formé de fleurons;

Semi-flosculaires, où le capitule est formé de demi-fleurons;

Radiées (*fig*. 141), où le capitule est formé au centre de fleurons et à la circonférence de demi-fleurons.

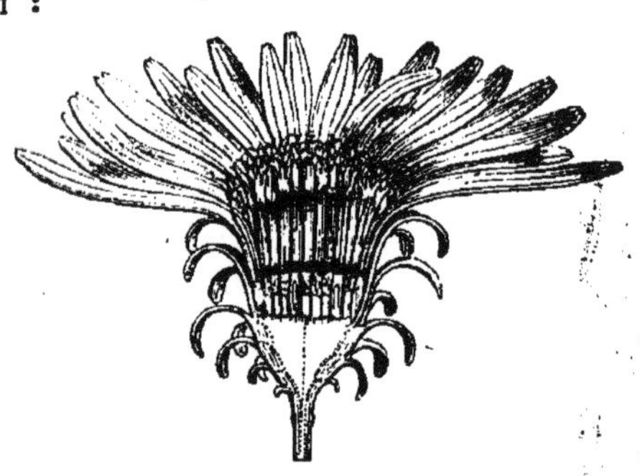

Fig. 141.

Comme exemples de flosculaires, on peut citer le chardon et l'artichaut; de semi-flosculaires, la chicorée, la laitue, le pissenlit, et de radiées les marguerites, le soleil, le dalhia, etc.

136. **Dicotylédones monoïques polypétales**. — Dans cette division, les pétales sont indépendants. On l'a subdivisée, d'après le mode d'insertion des étamines, en :

Epipétales, ex. : famille des ombellifères.

Hypopétales, ex. : famille des papavéracées, des ampélidées, des crucifères, des malvacées.

Péripétales, ex. : famille des rosacées, des légumineuses.

137. *Ombellifères*. — La famille des ombellifères est remarquable par son inflorescence en *ombelle simple* ou *composée*, qui permet de la reconnaître au premier abord. Ces plantes, pour la plupart herbacées, portent

des fleurs dont le calice a cinq divisions (*fig.* 142), la corolle cinq pétales, et pourvues de cinq étamines; l'ovaire est placé au-dessous de la co-

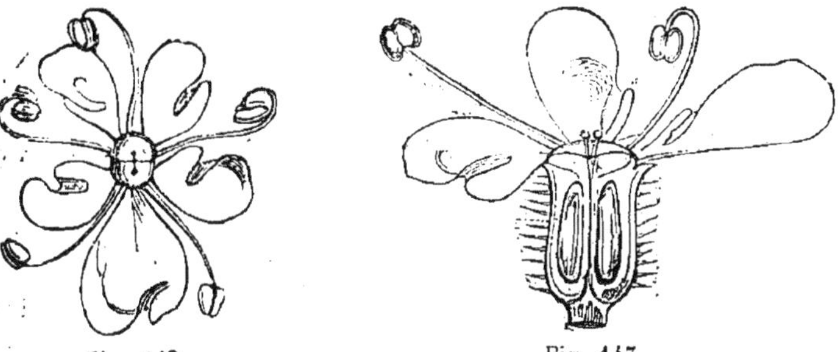

Fig. 142. Fig. 143.

rolle (*fig.* 143), et présente deux loges renfermant chacune un seul ovule; le fruit consiste en deux achaines.

Exemples : La ciguë, le cerfeuil, la carotte, le panais, l'angélique.

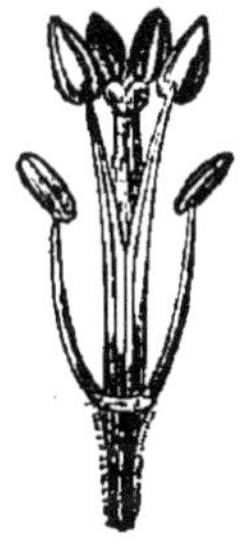

138. *Crucifères.* — Les crucifères sont ainsi appelées à cause de la forme de leurs fleurs, dont les sépales et les pétales sont disposés en croix (Voy. *fig.* 66). Les sépales sont au nombre de quatre et alternent avec quatre pétales. On trouve six étamines, dont quatre grandes et deux petites (*fig.* 144); l'ovaire est à deux loges à placentas pariétaux, chargés de nombreux ovules; le fruit est une silique (*fig.* 126).

Fig. 144.

Exemple : La moutarde, le choux, le colza, la giroflée.

139. *Papavéracées.* — Dans cette famille nous retrouvons des verticilles qui se croisent. Le calice, en général à deux sépales, alterne avec la corolle à quatre pétales; le pistil est à plusieurs loges, le stigmate sessile (*fig.* 103), et la déhiscence se fait par des pores.

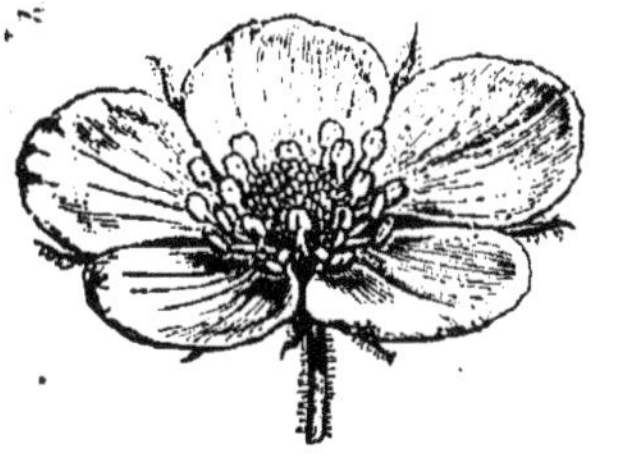

Exemples : Le coquelicot, le pavot, dont on extrait l'opium, la grande éclaire.

Fig. 145.
Fleur de Fraisier.

140. *Rosacées.* — Dans cette famille les étamines se disposent en cercle vers le sommet du tube calicinal; les tiges peuvent être herbacées ou arborescentes, les feuilles sont en général alternes. Ordinairement le calice est monosépale et présente cinq divisions (*fig.* 145), les pétales sont au nombre de cinq, les étamines en nombre multiple quinze ou vingt. Le pistil est placé au fond d'une coupe

formée par le réceptacle (*fig.* 146); il est uniloculaire et présente un seul ovule sans albumen. Le fruit devient une drupe (*fig.* 121).

Les *rosacées* se subdivisent en plusieurs groupes :

Les *rosacées proprement dites*. Ex.: le rosier.

Les *pomacées*, ex. : le pommier, le poirier.

Les *fragariées*, ex. : le fraisier.

Les *drupacées*, ex. : le prunier, l'abricotier, le pêcher, le cerisier l'amandier.

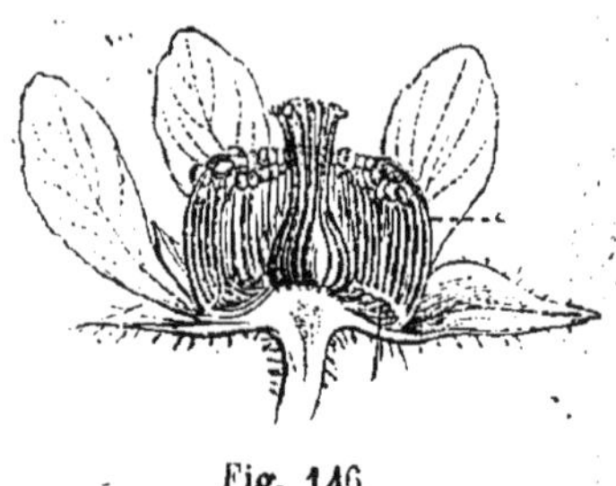

Fig. 146.

141. *Légumineuses*. — La famille des légumineuses est désignée souvent sous le nom de *papillonacée*, à cause de la forme singulière de la fleur, dont nous avons déjà étudié la disposition. (Voy parag. 74, *fig.* 69).

Ces plantes sont ou herbacées ou arborescentes; les étamines sont en nombre double des pétales ; elles sont *diadelphes*, c'est-à-dire réunies en faisceau à leur base (*fig.* 85), à l'exception de celle qui est superposée à l'étendard; l'ovaire est uniloculaire, à placenta pariétal et portant deux séries d'ovules sans albumen (*fig.* 147). Le fruit est une *gousse* (parag. 104, *fig.* 112).

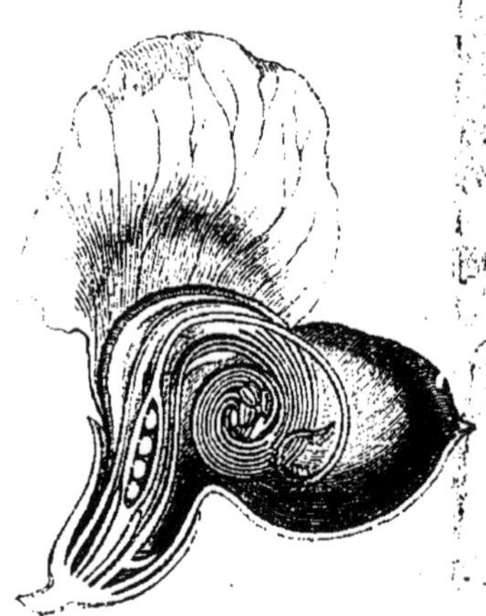

Fig. 147.
Coupe de Fleur papillonacée.

Exemples : le trèfle la luzerne, le sainfoin, le genet, l'acacia, la casse, la sensitive, la fève, le haricot, le pois.

142. **Dicotylédones diclines**. — Ce groupe comprend deux grandes familles, celle des *amentacées* et celle des *conifères*.

143. *Amentacées*. — Les amentacées comprennent la plupart des arbres de nos forêts; les fleurs sont toujours unisexuées. Les fleurs mâles sont en châtons (*fig.* 148) et consistent en une écaille calicinale (*fig.* 149), à

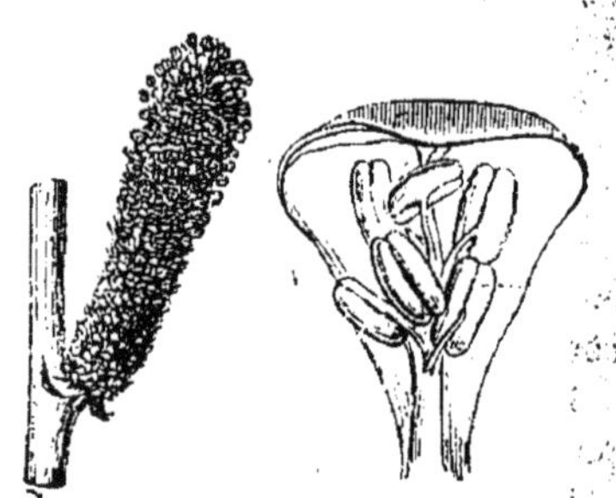

Fig. 148.
Chaton mâle de Saule.

Fig. 149.
Fleur mâle

la face supérieure de laquelle sont attachées des étamines au nombre de six ou davantage.

Fig. 150.
Fleur femelle.

Les fleurs femelles (*fig.* 150) sont généralement axillaires, tantôt solitaires, tantôt en châtons.

On a subdivisé les amentacées en plusieurs groupes, basés sur la disposition du calice, des étamines, de l'ovaire. On y distingue :

Les *salicinées*, ex. : le saule et le peuplier.

Les *bétulinées*, ex. : le bouleau et l'aulne.

Les *ulmacées*, ex. : l'orme.

Les *carpinées*, ex. : le charme, le noisetier, le coudrier.

Les *juglandées*, ex. : le noyer.

Les *quercinées*, ex. : le chêne, le hêtre, le châtaignier.

144. *Conifères.* — Les conifères, connus vulgairement sous le nom d'arbres verts, sont des arbres à feuilles presque toujours aciculaires, qui restent fixées aux branches même pendant l'hiver.

Les fibres du bois offrent une structure remarquable, que nous avons déjà étudiée. (Voy. parag. 29, *fig.* 25 et 26.)

Les fleurs sont monoïques ou dioïques, et disposées en châtons (*fig.* 151) ou en cônes. Les fleurs mâles sont formées par une étamine nue (*fig.* 152) ou accompagnée d'une écaille; les fleurs femelles (*fig.* 153 et 154) consistent en un

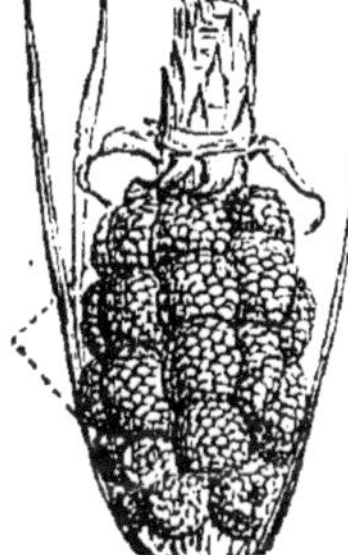

Fig. 151.
Fleur de Pin.

Fig. 152.
Fleur mâle.

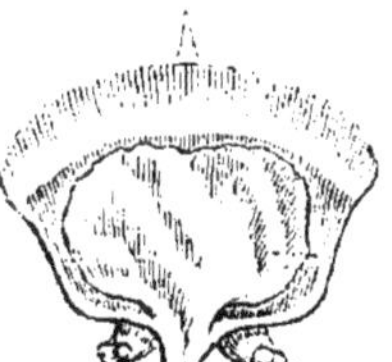

Fig. 153.
Fleur femelle.

Fig. 154.
Fleur femelle
vue en dedans.

ou deux ovules nus portés sur une écaille, et se groupant en forme de cône sur un axe commun.

Les fruits sont agrégés et forment un cône (Voy. *fig.* 128); l'embryon a plusieurs cotylédones.

Exemples : Les pins, les sapins, les mélèzes, les genévriers, les cyprès, les ifs, les thuyas.

MONOCOTYLÉDONES

145. Nous avons déjà insisté (Voy. parag. 106) sur les caractères principaux du groupe des monocotylédones. Les végétaux dont il est composé sont moins nombreux que les dicotylédones. Quelques familles offrent une très-grande importance. Effectivement on range dans cette division les aroïdées, les graminées, les palmiers, les asparaginées, les narcissées, les liliacées, les iridées, les orchidées, etc.

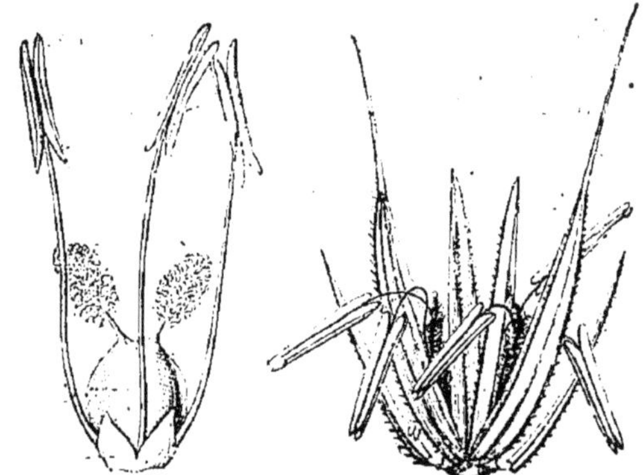
Fig. 155. — Seigle. Fig. 156. — Avoine.

146. La famille des *graminées* comprend des plantes pour la plupart herbacées, à rhizome; la tige, ordinairement creuse, porte le nom de *chaume*. — Leurs feuilles sont engainantes; les fleurs sont disposées en épi. Leur fruit est une caryopse, et contient un albumen très farineux, qui rend ces plantes si utiles en fournissant à l'homme un aliment sain et abondant, la farine. Le froment, le seigle (*fig.* 155), l'avoine (*fig.* 156), le maïs, le riz, la canne à sucre se rangent dans cette famille.

147. La famille des *palmiers* (*fig.* 157) rend des services immenses aux habitants des pays où poussent ces végétaux. Leur bois est employé pour les constructions; leurs feuilles fournissent des toitures et des vêtements; les fibres servent à fabriquer des

Fig. 157.

cordages ; enfin les fruits sont, pour la plupart, nourrissants et d'une agréable saveur. — Des populations entières se nourrissent presque exclusivement de dattes. Le périsperme de la noix de coco est d'abord presque fluide, et fournit une crème acidule. Enfin on extrait l'huile de palme d'un arbre de cette famille.

148. Les *liliacées* sont cultivées à la fois, et comme plantes d'ornement, et pour l'emploi culinaire : telles sont différentes espèces du genre ail (oignons, échalottes, poireaux). Chez la scille (*fig.* 158, 159 et 150)

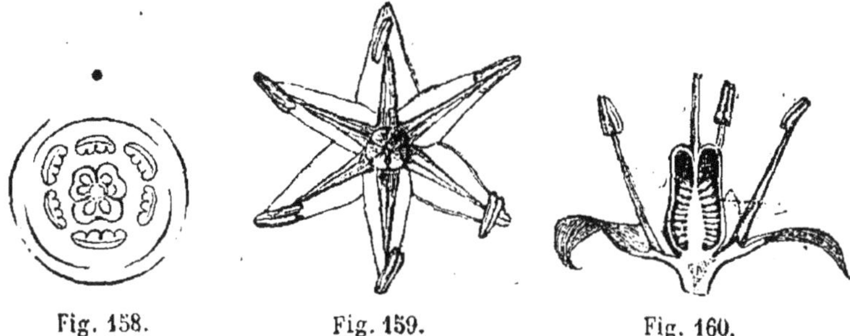

Fig. 158. Fig. 159. Fig. 160.

et l'aloès, les sucs acquièrent des propriétés que l'on a utilisées pour la médecine.

149. Parmi les *iridées* on doit citer en première ligne les iris (*fig.* 161) et le safran.

150. Les *orchidées* ne sont en France d'aucune utilité ; elles ne sont recherchées qu'à cause de la bizarrerie et de la beauté de leurs fleurs (*fig.* 162 *et* 163). — Dans les pays chauds, les tubercules du *salep* sont em-

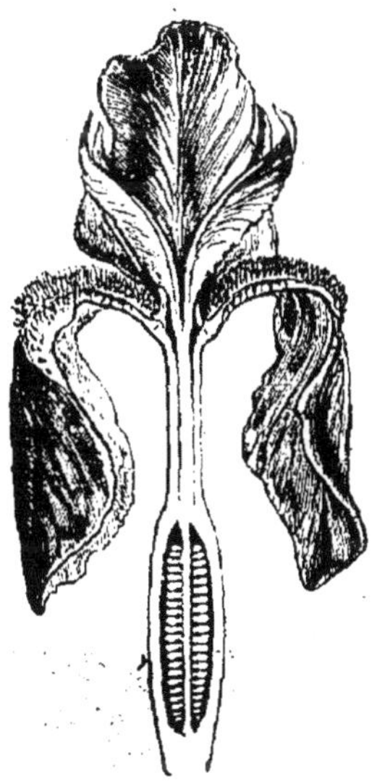

Fig. 161. — Iris.

Fig. 162.
Spiranthes autumnalis.

Fig. 163.
Masses polliniques de *l'Orchis maculata.*

ployés pour la nourriture. Enfin la vanille (*fig.* 164), dont le fruit renferme un délicieux parfum, fait partie de cette famille.

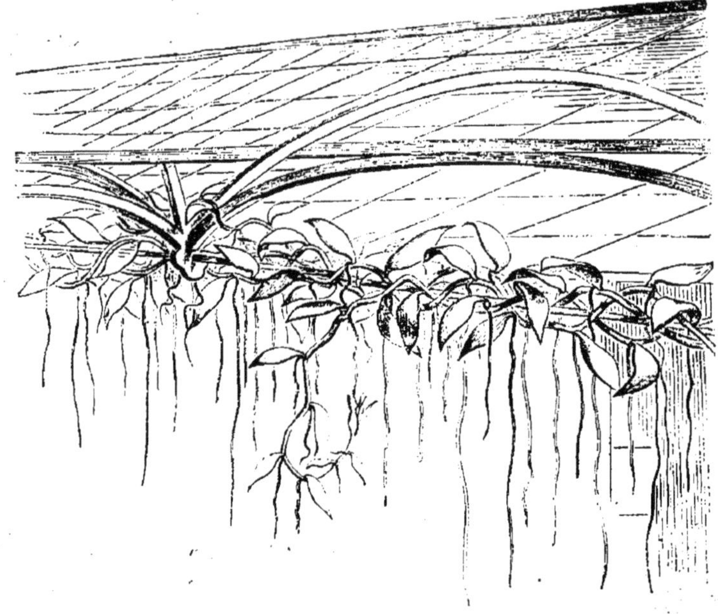

Fig. 164. — Vanille.

ACOTYLÉDONES.

Fig. 165. — Algue.

151. Les acotylédones sont quelquefois uniquement composées de cellules et dépourvues de vaisseaux et de stomates; quelquefois elles en sont pourvues : aussi les divise-t-on en plantes cellulaires et en plantes cellulo-vasculaires.

152. **Plantes cellulaires.** — Ces plantes comprennent plusieurs familles, parmi lesquelles nous citerons les algues, les champignons, les lichens et les mousses.

153. Les *algues* (*fig.* 165) ont besoin pour vivre d'un milieu aquatique; on appelle *conferves* celles qui habitent les eaux douces, et *fucus* ou varechs celles qui vivent dans la mer. Ces dernières sont

Fig. 166 — Agaric.

ordinairement soigneusement recueillies pour en extraire la soude et l'iode, qui se trouvent en abondance dans leurs tissus.

154. Les *champignons* (*fig.* 166) renferment à la fois des espèces comestibles et des espèces très-vénéneuses.

155. Les *lichens* (*fig.* 167 et 168) forment des expansions ordinairement sèches qui recouvrent les pierres, la terre, l'écorce des arbres. En Islande et en Laponie, ces plantes servent à la nourriture des hommes et des animaux. Quelques espèces

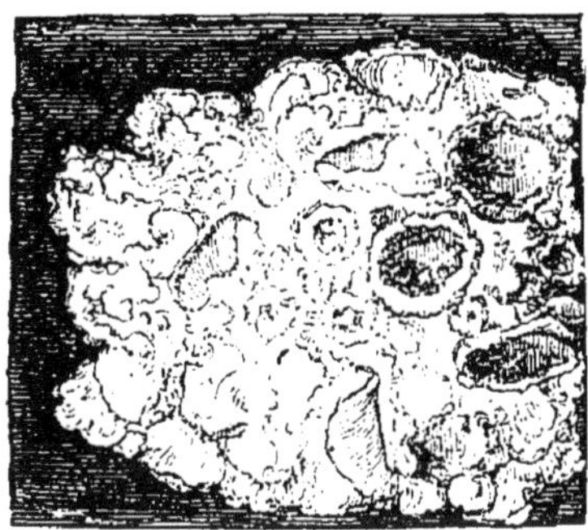

Fig. 167. — Lichen.

Fig. 168 — Coupe d'un lichen.

fournissent une matière mucilagineuse employée en médecine; d'autres, telles que l'orseille, servent à préparer une matière rouge particulière.

156. Les *mousses* (*fig.* 169) abondent à la surface de la terre; elles sont formées par de petites tiges grêles *p*, couvertes de feuilles *f* menues et entièrement cellulaires; elles portent à leur extrémité les organes de fructification. — Les mousses ne sont d'aucun usage économique; elles servent à entretenir un certain degré d'humidité et de fraîcheur à la surface de la terre.

157. **Plantes cellulo-vasculaires.** — Ces végétaux, formés d'abord de cellules, acquièrent, en se développant, des vaisseaux et des fibres. On range dans cette famille les fougères, les équisétacées et les lycopodiacées.

158. Les *fougères*, dans nos climats, n'attei-

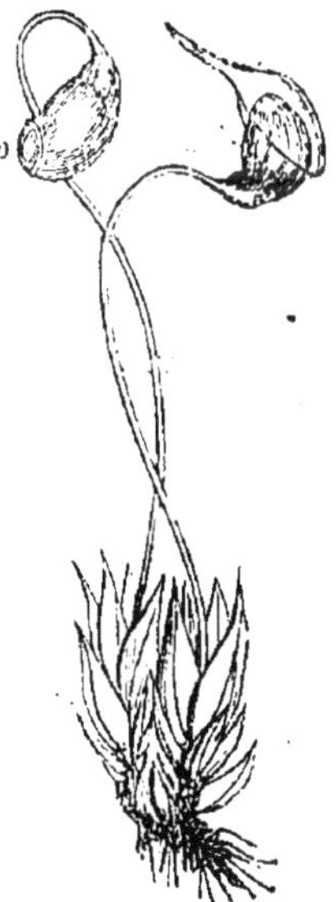

Fig. 169. — Mousse.

gnent qu'à une taille peu élevée (*fig.* 170); mais dans les pays chauds

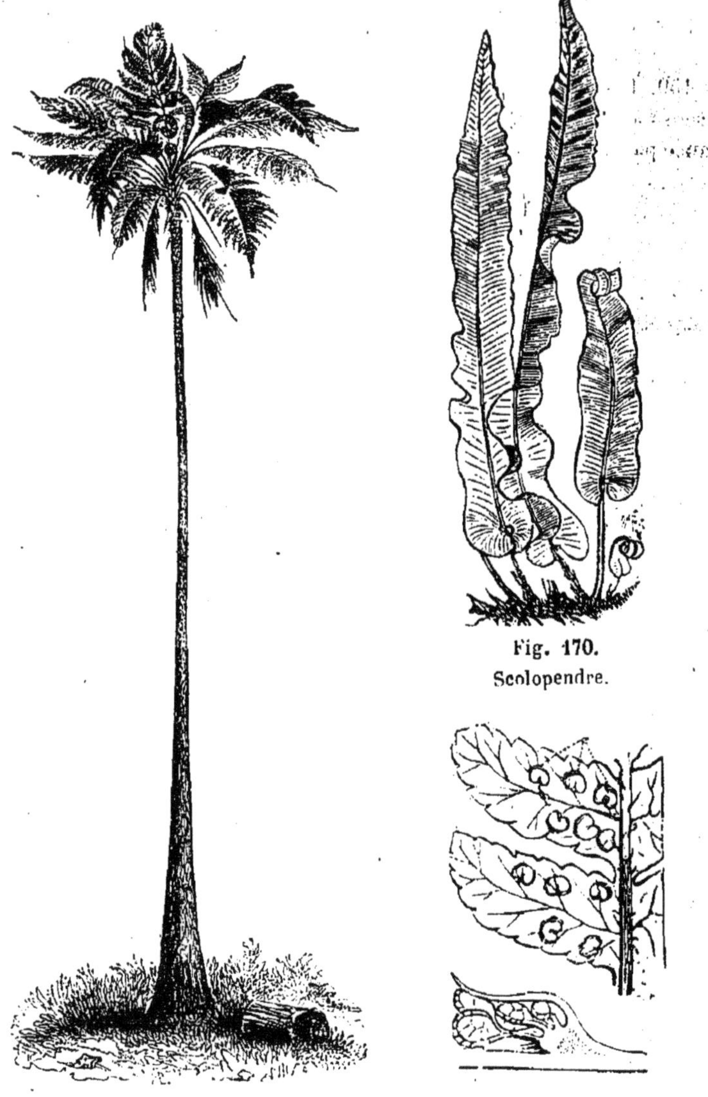

Fig. 170.
Scolopendre.

Fig. 171.
Fougère en arbre.

Fig. 172.
Organes de fructification

elles forment de véritables arbres (*fig.* 171). Les organes de fructification sont portés à la face inférieure des feuilles (*fig.* 172). — Aux époques géologiques antérieures à la nôtre, cette famille était très-richement représentée, et quelques espèces avaient des dimensions considérables.

Beaucoup de fougères contiennent un principe amer, et quelquefois purgatif qui les fait employer en médecine.

159. Les équisétacées sont remarquables par la disposition de leur tige creuse à l'intérieur et dont la cavité est interrompue de distance en distance par des cloisons qui répondent à autant d'articulations.

GÉOLOGIE

NOTIONS PRÉLIMINAIRES.

Origine de la Terre. — Différentes couches qui la composent.

1. La géologie (de γῆ terre, et λόγος discours), est la science qui traite de la constitution physique du globe terrestre.

Elle en étudie les différentes couches, examine les changements qui s'y sont produits, et cherche les causes qui ont pu agir.

Elle comprend également l'histoire des restes organisés que l'on trouve enfouis dans le sein de la terre.

2. **Origine de la terre.** — Le globe terrestre a la forme d'un sphéroïde légèrement aplati aux deux pôles; il n'a pas toujours présenté l'aspect que nous lui connaissons aujourd'hui : primitivement tout porte à croire que ce n'était qu'une masse incandescente et en fusion. En se refroidissant, sa surface s'est solidifiée peu à peu. Une première croûte d'abord très-mince a ainsi été formée; mais elle a dû se fendre bientôt sous l'effort du liquide en fusion sur lequel elle reposait, et ce n'est que graduellement qu'elle a pu acquérir une épaisseur assez considérable pour résister à l'effort qu'elle avait sans cesse à soutenir.

C'est alors que les eaux qui primitivement étaient suspendues dans l'atmosphère à l'état de vapeur, ont commencé à se condenser, et sont tombées sous forme de pluie sur la croûte terrestre dont elles ont désagrégé sur divers points les particules; puis laissant déposer les matières qu'elles tenaient en suspension elles ont ainsi formé des couches solides. Mais pendant longtemps encore il est arrivé souvent que la masse centrale incandescente brisait et soulevait l'enveloppe solide qui la couvrait et se frayait un chemin pour répandre à sa surface des matières minérales en fusion qui ne tardaient pas à se solidifier.

3. **Différentes couches du globe.** — D'après ces faits, il est évident qu'il doit exister deux sortes de roches.

Les premières, de *formation ignée* ou *plutonique*, paraissent résulter de la solidification des matières qui primitivement étaient incandescentes. Elles sont disposées sans aucune espèce de régularité; leur masse présente ordinairement une structure plus ou moins cristalline qui rappelle leur origine.

Les secondes, de *formation aqueuse* ou *neptunienne*, ont été formées par les sédiments que les eaux tenaient en suspension et qu'elles ont laissé déposer; elles doivent, par conséquent, contenir dans leur sein les débris, connus sous le nom de *fossiles*, provenant des animaux qui habitaient alors les eaux.

Ces couches ainsi formées sont *stratifiées*, c'est-à-dire déposées en lits plus ou moins réguliers, qui dans l'origine étaient tous horizontaux, mais qui sous l'influence de la pression intérieure ont pu être plus ou moins soulevés ou disloqués. Leur nature varie suivant la nature des sédiments qui les ont formés et qui pouvaient être ou argileux, ou calcaires ou arénacés.

Ces formations, d'origine aqueuse, sont de deux sortes :

Les unes sont marines, c'est-à-dire se sont déposées au fond de la mer.

Les autres sont d'eau douce, c'est-à-dire se sont déposées au fond des lacs ou des marécages.

C'est par l'étude des débris organiques qui sont renfermés dans la masse de ces couches que l'on peut juger de leur origine. Dans le premier cas, ils appartiennent à des animaux marins ; dans le second cas, ils se rapportent à des types qui habitent exclusivement les eaux douces

PHÉNOMÈNES VOLCANIQUES.

Volcans. — Nature et disposition des roches et autres produits auxquels ils donnent naissance. — Leur action physique et mécanique. — Volcans éteints. — Basaltes et Laves.

4. **Volcans ; leur action physique et mécanique.** — L'épaisseur de l'écorce solide du globe est très-faible par rapport au diamètre de ce dernier. En effet, suivant toute probabilité, elle ne dépasse guère quarante kilomètres, le rayon terrestre ayant plus de six mille kilomètres. Or il arrive souvent que la masse incandescente qui occupe le centre de la terre se fraye un passage à travers la pellicule solide; il s'établit ainsi une communication entre l'intérieur et l'extérieur de notre sphère.

Ordinairement ces phénomènes se traduisent au dehors par des tremblements de terre et par la formation de *volcans*. Les volcans sont des sortes d'*évents* naturels par où s'échappent les gaz et les matières dont l'effort aurait brisé la pellicule terrestre s'ils n'avaient pu s'échapper au dehors.

Ainsi, les éruptions volcaniques suivent en général les tremblements de terre et ceux-ci cessent alors ou deviennent moins violents. Au contraire, quand un volcan cesse de fonctionner on remarque souvent que les tremblements de terre reprennent, ou augmentent d'intensité.

5. Lorsqu'un volcan se produit, les couches de l'écorce solide du globe sont d'abord soulevées; elles se bombent et finissent par se briser et se fendre ; il se forme une ouverture qui livre passage aux matières qui ten-

daient à s'échapper au dehors. La butte qui résulte du soulèvement des couches porte le nom de *cône de soulèvement* et l'orifice qui se forme à son sommet est appelé *cratère de soulèvement* (*fig.* 1).

Fig. 1.
Cône et cratère de soulèvement.

Les cônes de soulèvement se distinguent des buttes que peuvent constituer les matières rejetées par le volcan, par ce fait que les couches des terrains préexistant sont inclinées autour de l'axe du cône, en se relevant de plus en plus de la base au sommet, et présentent une pente abrupte du côté du cratère de soulèvement (*fig.* 1). Les flancs du cône sont souvent sillonnés par des crevasses qui partent du cratère. Lorsque le volcan a été pendant quelque temps en activité, il arrive souvent que les matières rejetées par l'éruption s'accumulent autour du cône de soulèvement et forment un autre cône quelquefois d'une étendue très-considérable que l'on désigne sous le nom de *cône d'éjection.*

6. Le nombre des volcans est considérable. On en compte environ quatre cents qui ont été en activité depuis les temps historiques et plus de deux cents fonctionnent encore. En général, ils sont situés à peu de distance de la mer et se trouvent fréquemment dans des îles ou sur les côtes. Les plus remarquables par leur activité sont ceux de la chaîne des Andes et du Mexique en Amérique. En Océanie, ils sont très-nombreux. En Asie, il faut citer ceux des îles de la Sonde et du Kamtschatka. En Afrique, ceux des îles Canaries et de l'île de la Réunion. En Europe, les principaux sont l'Hécla en Islande, le Vésuve en Italie, l'Etna en Sicile, le Stromboli dans les îles Lipari.

Fig. 2.
Vésuve ancien.

Le Vésuve n'a pas toujours fonctionné. Avant l'année 79 de Jésus-Christ, où eut lieu l'éruption qui causa la mort de Pline et qui ensevelit Pompéia et Herculanum, les habitants n'avaient aucun souvenir de l'activité de ce volcan. Ses flancs étaient cultivés ou couverts de forêts (*fig.* 2). En 79, le Vésuve évidé à son centre, par l'éruption qui déblaya l'ancien cratère et en rejeta au loin les débris, fut réduit à un vaste cirque qui constitue ce que l'on nomme *le Somma.* C'est dans ce cirque que s'est formé le cône actuel.

Fig. 3.
Vésuve actuel.

qui est un cône d'éjection, et c'est le cratère de celui-ci qui s'obstrue pour se rouvrir à chaque éruption (*fig.* 3).

Le Stromboli a toujours été en activité; depuis plus de deux mille ans, il n'a pas cessé d'avoir des éruptions.

Les volcans peuvent être sous-marins et déterminer la formation d'îles (*fig.* 4 et 5).

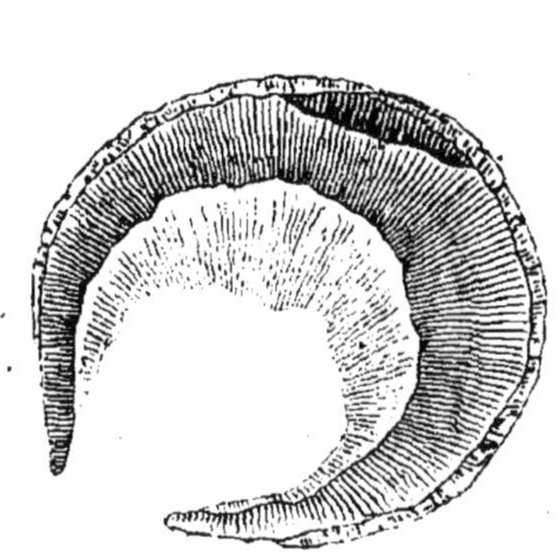

Fig. 4. — Ile volcanique.

Fig. 5.

L'île Julia, qui parut en juillet 1831, au milieu de la Méditerranée, n'était que le sommet d'un immense cône submergé qui avait comblé une partie de la mer qui avait plusieurs centaines de mètres de profondeur.

L'île Santorin apparut également dans la Méditerranée à la suite de violents tremblements de terre. Quelquefois on ne voit pas d'île se former à la surface des eaux, et l'éruption ne se manifeste que par la chaleur et l'ébullition de la mer, la présence de pierres ponces qui nagent à sa surface et l'élévation du fond.

7. **Nature et disposition des roches et autres produits des volcans.** — Les matières qui déterminent la rupture de l'écorce du globe pour s'échapper par le cratère du volcan sont gazeuses, liquides ou solides. Les premières sont surtout formées de vapeur d'eau, puis d'acides chlorhydrique, carbonique, sulfhydrique, de gaz nitreux, de vapeur de soufre qui en se condensant produit des cristaux ou des concrétions et en brûlant donne naissance à de l'acide sulfureux.

Les matières liquides sont principalement à l'état de fluidité ignée ; en se refroidissant elles se solidifient et constituent les roches connues sous le nom de laves, qui se rapportent aux silicates anhydres (silicates doubles d'alumine, de potasse, de soude et de chaux).

8. **Laves.** — Ces matières en fusion remplissent le cratère, puis se déversent et coulent sur les flancs du volcan en formant des coulées qui

varient d'aspect suivant la disposition du cratère, la pente sur laquelle elles descendent, etc. Quand la surface est unie (*fig.* 6), la lave s'étend en nappe comme en Islande où cette matière couvre un espace de près de quatre-vingt lieues carrées. Si la pente est rapide, elle coule comme une source et forme une coulée étroite. Quand la lave se refroidit et se consolide dans les crevasses et dans les cheminées volcaniques où elle s'était élevée, elle forme ce que l'on appelle des *filons* ou des *dykes* (*fig.* 7) qui coupent les couches du cône de soulèvement, lorsque ces dernières à raison de leur peu de cohérence ont été désagrégées par les agents extérieurs.

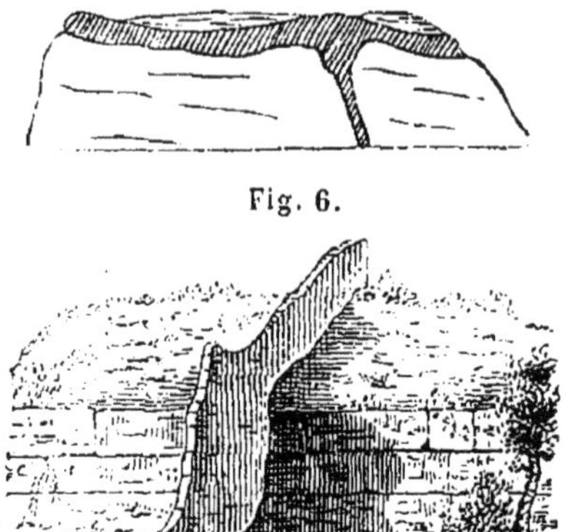

Fig. 6.

Fig. 7. — Dyke.

9. Quelquefois les volcans rejettent des matières à l'état de fluidité aqueuse, telles que de la boue ou même de l'eau.

Les matières solides lancées par les volcans sont souvent des cendres quelquefois en quantité immense et qui alors forment des nuages épais qui obscurcissent le jour et peuvent être transportés à des distances énormes. Ces cendres sont souvent accompagnées de débris plus volumineux. Ce sont des morceaux de pierres poreuses incandescentes appelées *pouzzolanes* et *lapilli;* des fragments de roches d'une grosseur énorme peuvent être lancés au loin. Ce sont ces matières qui en s'accumulant forment des dépôts ordinairement poreux que l'on désigne sous le nom de *tufs*.

10. **Volcans éteints.** — Nous avons vu que les volcans ne sont pas toujours en activité et que d'une éruption à l'autre il peut s'écouler un temps considérable. Quelques-uns paraissent même pouvoir s'éteindre complétement. Il existe en effet des volcans présentant encore leur cratère de soulèvement, leurs dépôts de tufs, leurs coulées de laves et tantôt formés d'un seul cône de soulèvement, tantôt portant un cône d'éruption à leur centre, mais ne donnant aucun signe d'activité. La France,

Fig. 8. — Chaîne des Puys.

qui aujourd'hui ne possède aucun volcan en activité, en était couverte anciennement. La chaîne des *Puys* (*fig.* 8), en Auvergne, est constituée par une suite de cônes volcaniques dont le sommet est creusé d'un cratère d'où partent de nombreuses coulées de laves et d'autres matières analogues connues sous le nom de basaltes. Ces laves recouvrent les couches anciennes de notre globe; donc elles sont plus récentes qu'elles; d'autre part, les cours d'eau que nous savons exister depuis les temps historiques, y ont creusé leur lit, ce qui prouve qu'elles se sont répandues à une époque antérieure à celle où nous étions sur la terre, et probablement ces cratères étaient en activité à la fin de la période tertiaire.

Les bords du Rhin, la Saxe, la Bohême, la Hongrie, la Transylvanie, le Caucase, la Grèce, l'Archipel, nous offrent de nombreux exemples de ces volcans éteints; le centre de l'Asie, l'Afrique, l'Amérique en présentent encore davantage; à une époque qui a précédé la nôtre, la terre paraît avoir été couverte par une quantité énorme de volcans en activité.

11. **Basaltes.** — Les volcans éteints ont donné naissance à des matières analogues à nos laves, mais d'une composition un peu différente et désignées sous le nom de *Basaltes*. Ce sont des roches d'un noir foncé qui forment des dépôts assez épais qui ordinairement se divisent en colonnes prismatiques assez régulières (*fig.* 9). Cette apparence est due à ce

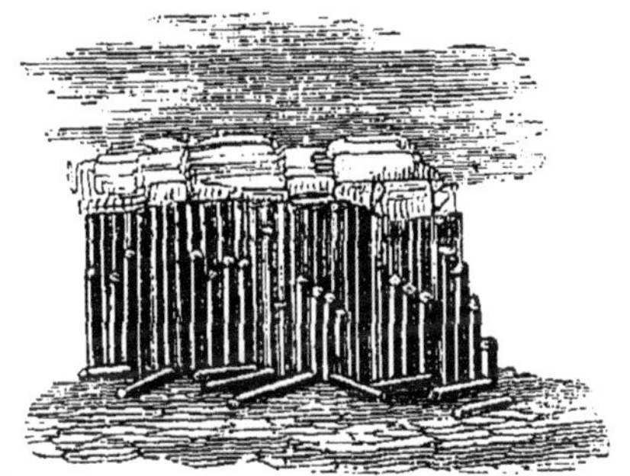

Fig. 9. — Basaltes prismatiques.

que la masse de basalte, parfaitement homogène dans sa composition, s'est refroidie lentement et s'est fendue en divers sens avec une grande régularité, ce qui a divisé la roche en un grand nombre de prismes semblables entre eux, et qui leur donne souvent l'aspect de véritables colonnes. Partout où il y a des volcans éteints on rencontre ces masses basaltiques; quelques-unes se divisent en prismes tellement réguliers qu'elles affectent des formes géométriques et architecturales parfaites. Les plus célèbres sont celles qui forment la chaussée des Géants en Irlande, la grotte de Fingal dans l'île de Staffa, l'une des Hébrides. En France, le Vivarais offre des effets analogues. La chaussée basaltique de la petite rivière du Volant (Ardèche), (*fig.* 10) rappelle la chaussée des Géants.

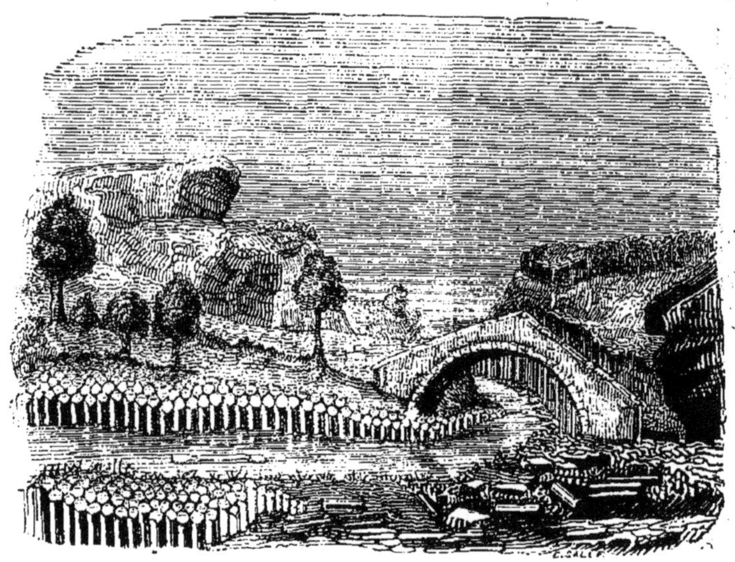

Fig. 10.

12. Les *Diorites*, les *Trapps* et les *Trachytes* sont des roches qui se rencontrent également aux environs des volcans éteints et qui ont été produites par eux; elles présentent d'ailleurs une grande analogie avec les basaltes.

CHALEUR CENTRALE.

Sources thermales. — Puits artésiens.

13. **Chaleur centrale.** — Puisque le centre du globe est occupé par une masse incandescente, il est évident que plus on s'enfoncera dans l'intérieur de la terre, plus la température s'élèvera. En effet, on peut mesurer avec exactitude cet accroissement de température; on a constaté qu'à une faible profondeur, variable suivant les localités, les changements de température ne se font plus sentir. Au-dessous de ce point, la chaleur augmente d'environ un degré centigrade par 33 mètres. Si les mêmes choses se passent à de grandes distances, au-dessous du sol, à 3 kilomètres, la température serait celle de l'eau bouillante, et à 20 kilomètres, on aurait 600°; la plupart des roches seraient alors en fusion; enfin, au centre de la terre, si la loi se continuait régulièrement, la température serait de

200,000°; rien ne peut nous donner une idée d'une chaleur pareille, aussi il est probable qu'à une certaine profondeur il se fait un équilibre général de température suffisant pour maintenir tous les corps en fusion

14. **Sources thermales.** — D'après ce que nous venons de dire, on comprend facilement que les eaux qui arrivent à la surface de la terre d'une profondeur considérable, aient une température égale à celle des couches qu'elles ont traversées. Il ne faut que 3 kilomètres de profondeur pour qu'elles soient bouillantes. On comprend aussi facilement que, pendant les tremblements de terre, de nouvelles sources chaudes puissent apparaître. On désigne sous le nom de *thermales* ces sources dont la température est plus ou moins élevée. Quelquefois même l'eau est complétement vaporisée, et s'échappe avec bruit du sein de la terre en jets de vapeur portant le nom de *fumarolles*.

15. En Islande, il existe des sources nommées *geysers* (*fig* 11), dont la

Fig. 11. — Geysers de l'Islande.

température est d'environ 100°, et qui, de demi-heure en demi-heure lancent à 50 mètres de hauteur une colonne d'eau de près de 6 mètres de diamètre.

Pour acquérir une température aussi élevée, il ne suffit pas que les eaux traversent des couches très-profondes, il faut encore qu'elles restent quelque temps en contact avec elles. Dans leur trajet, elles dissolvent ordinairement d'assez fortes proportions de matières minérales qu'elles laissent ensuite déposer à la surface de la terre. C'est à raison des substances qu'elles contiennent que beaucoup de sources thermales sont employées en médecine. On donne communément le nom d'*eaux minérales* à celles qui tiennent en dissolution une quantité notable de substances inorganiques, et on les subdivise en *eaux gazeuses*, *eaux ferrugineuses*, *eaux sulfureuses*, *eaux salines*, etc. Suivant qu'elles doivent leurs caractères les plus remarquables à du gaz acide carbonique, à des sels de fer, à des sulfures alcalins ou à des sels tels que du sulfate de magnésie, du sulfate de soude, etc.

L'eau des geysers tient en dissolution une forte proportion de silice, qui se dépose bientôt, à l'état d'hydrate, et forme ainsi des monticules assez élevés, au centre desquels s'élève la colonne d'eau qui leur a donné naissance. Dans ces dépôts, il se trouve des débris organiques, particulièrement de végétaux, qui, tantôt passent à l'état siliceux, tantôt ne laissent que leurs empreintes.

Certaines eaux, grâce à l'acide carbonique dont elles sont chargées, peuvent dissoudre des quantités notables de carbonate de chaux qu'elles laissent déposer lorsqu'elles arrivent au contact de l'air. Il se forme ainsi des dépôts d'une étendue et d'une épaisseur parfois considérable, connus sous le nom de *tufs calcaires*. Ces eaux encroûtent les corps organisés qui y sont plongés, et se moulent sur eux comme on le voit dans beaucoup de localités en France, et particulièrement à Vichy et à Saint-Allyre, près de Clermont.

16. **Puits ordinaires.** — Une partie des eaux qui tombent à l'état de pluie à la surface de la terre, et une partie de celles qui coulent et forment les fleuves et les rivières, s'infiltrent dans le sol en traversant les assises perméables (*fig.*12 I, J, K) jusqu'à ce qu'elles soient arrêtées par une couche imperméable (H). Ce peut être une assise d'argile ou de grès ou de marnes argileuses. Elles s'accumulent alors et forment des nappes d'eau souterraines plus ou moins vastes que l'on peut atteindre en perçant les couches supérieures; c'est ainsi que l'on forme les *puits ordinaires* (1). Leur profondeur n'est généralement pas très-grande, car, surtout dans le bassin de Paris, les couches argileuses se montrent à peu de distance au-dessous du sol.

17. **Puits artésiens.** — Les différents terrains stratifiés s'étant déposés dans de vastes dépressions ou bassins se sont moulés sur eux et forment comme une série de cuvettes emboîtées, de plus en plus petites, qui ont ainsi fini par combler leur bassin. D'après leur mode de formation, on doit trouver sur les bords les couches les plus anciennes qui plongent et sont bientôt recouvertes par les plus récentes.

On comprend facilement que les eaux qui coulent ou qui tombent sur la tranche des terrains perméables tels que des couches arénacées, s'y infiltrent. Si la couche de sable C est comprise entre deux couches d'argile B et D (*fig.* 12), l'eau ne pourra s'échapper et formera une nappe

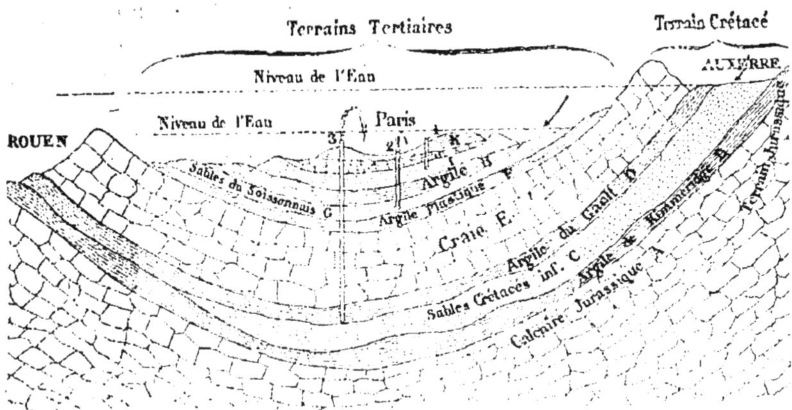

Fig. 12. — Puits artésien.

dont le niveau sera celui de l'affleurement de la couche sableuse sur le pourtour du bassin. Si, par conséquent, à un point 3, situé au centre du bassin, on pratique un sondage, et si on traverse les couches supérieures, et en dernier lieu la couche imperméable D, qui comprimait l'eau, celle-ci, obéissant aux lois qui régissent l'équilibre des liquides dans les vases communiquants, tendra à s'élever dans le trou ainsi pratiqué et à reprendre son niveau; on aura alors un *puits artésien* 3. L'eau s'élèvera d'autant plus que l'affleurement de la couche perméable sera plus élevé, et par conséquent si le point où on a fait le sondage est beaucoup plus bas que le pourtour du bassin, les eaux jailliront à une certaine hauteur au-dessus du sol; s'il est au même niveau, les eaux monteront dans le tube, mais ne dépasseront pas son orifice.

Donc, dans un puits ordinaire, les eaux sont simplement retenues par une couche imperméable sur laquelle elles reposent; dans un puits artésien, elles sont comprises entre deux couches imperméables, l'une supérieure, l'autre inférieure, et elles jaillissent par suite de la perforation de la première.

La température de l'eau des puits artésiens est d'autant plus élevée qu'elle provient de plus grandes profondeurs. Celle du puits de Grenelle, à Paris, qui est profond d'environ 550 mètres, atteint 30° centigrades.

18. Dans le bassin de Paris, il existe plusieurs nappes d'eau souterraines; quelques-unes sont situées dans des terrains qui font partie du système que nous étudierons plus tard sous le nom de *Parisien* ou *Éocène*. En effet, dans les couches inférieures de ce système, il existe une alternance de lits de sable G et d'argile (F, H), c'est-à-dire toutes les conditions nécessaires à l'existence d'un puits artésien 2. Ces nappes d'eau peuvent être facilement atteintes sans que l'on ait besoin de creuser à de grandes profondeurs, mais elles sont peu abondantes.

Il en existe une autre d'une richesse considérable à la partie inférieure des terrains crétacés. Cette nappe d'eau, qui s'est infiltrée dans les sables crétacés inférieurs (D) qui affleurent du côté de la Champagne et de la Bourgogne et plongent ensuite vers Paris, est comprise entre l'*argile de Kimmeridge* (B), qui se rapporte à la partie supérieure du terrain jurassique, et l'*argile du Gault* (D), qui fait partie du terrain crétacé inférieur; l'eau que l'on y trouve provient donc des environs d'Auxerre, de Bar-sur-Seine, de Troyes, etc., dont l'altitude est bien supérieure à celle de Paris et de ses environs. Pour arriver à cette nappe, il faut traverser toute la série des terrains tertiaires, et le grand massif de la craie; les eaux du puits de Grenelle et celles du puits de Passy sont fournies par ce réservoir. Les puits si nombreux de la plaine Saint-Denis sont alimentés par la nappe aquifère des sables tertiaires.

TERRAINS NON STRATIFIÉS.

Leur disposition relativement aux terrains de sédiment. — Terrains primitifs et terrains ignés anciens. — Granit et Porphyres. — Influence des terrains ignés sur les terrains stratifiés. — Filons.

19. **Terrains ignés.** — Nous avons vu (parag. 3) que les masses minérales qui constituent la croûte solide du globe sont de deux sortes : les unes ont une origine ignée et ne présentent aucune trace de stratification, les autres ont une origine aqueuse et sont stratifiées.

Les premières ou roches plutoniques ont ce caractère commun qu'elles sont cristallines et complétement dépourvues de débris organiques; en général ce sont des silicates doubles, principalement des *feldspath*. Les principales roches primitives sont le granit et les porphyres.

20. **Granit.** — Le granit est une roche cristalline composée de feldspath, de quartz (silice) et de mica, réunis en masses granuleuses et plus ou moins agrégées. Sa dureté qui dépend principalement du quartz est très-grande. Aussi l'emploie-t-on pour les constructions qui ont besoin d'une grande solidité, pour le dallage des trottoirs par exemple. Le mica s'y montre sous forme de lamelles brillantes, tantôt noires, tantôt argentées; le quartz offre un aspect vitreux et le feldspath s'y trouve en gros cristaux blancs ou roses. Le granit que l'on emploie à Paris provient principalement d'Auvergne, de Bretagne et de Cherbourg.

Certaines roches, désignées sous le nom de *granitoïdes*, ressemblent beaucoup au granit par leur aspect et la plupart de leurs caractères, mais elles en diffèrent par la quantité relative de leurs divers éléments constitutifs, par l'absence de l'un des trois principes constitutifs ou par la présence d'un minéral surajouté. Dans la *syénite*, par exemple, le mica est remplacé par de l'amphibole. Dans la *protogyne*, le mica est remplacé par du talc; dans la *pegmatite*, le mica manque et la roche se compose de quartz et de feldspath.

21. **Disposition des roches granitoïdes relativement aux terrains de sédiment.** — Le granit paraît être la plus ancienne des formations ignées, mais l'épanchement s'en est prolongé pendant les dernières époques géologiques, on en rencontre d'âges différents. Quelquefois il se montre isolé et forme le sol de quelques pays, tels que l'Auvergne et le Limousin. Ailleurs, comme en Bretagne, il est intercalé entre des roches de sédiment.

22. **Porphyres.** — Les porphyres sont des roches ignées, composées de cristaux de feldspath englobés dans une pâte homogène de la même substance. Quelquefois on y trouve encore du mica, du quartz et de l'amphibole; aussi distingue-t-on différentes espèces de porphyres.

Le *porphyre syénitique* est une véritable syénite à pâte compacte.

Le *porphyre rouge*, très-abondant en Égypte, se trouve aussi en France.

Le *porphyre noir*.

La *serpentine* ou *vert antique* est une pierre verdâtre, à texture compacte, composée de diallage (silicate de magnésie hydratée), d'un peu de feldspath et de talc.

Les porphyres sont des roches d'une haute antiquité; le porphyre syénitique ne s'est épanché que pendant les premiers âges du globe. La serpentine, est, au contraire, plus récente.

L'épanchement des matières qui constituent ces diverses roches d'origine ignée a donc eu lieu depuis les époques les plus reculées jusqu'à nos jours; ces grandes éruptions ont fendu et soulevé les couches de terrains sédimentaires qui s'opposaient à leur passage et ont déterminé la formation des pics, des chaînes de montagnes et des îles.

Ces éruptions ont donc beaucoup d'analogie avec les volcans, mais, au lieu d'être très-circonscrites et de se produire par un cratère, elles se sont faites sur une grande étendue à la fois par d'immenses fentes de l'écorce solide du globe.

23. **Influence des terrains ignés sur les terrains stratifiés.** — Au moment où ces matières en fusion se sont frayées un passage, leur température était extrêmement élevée, et souvent elles ont profondément modifié les couches stratifiées qu'elles traversaient. — On désigne sous le nom de *métamorphisme* les transformations que subissent les roches dans leur constitution, sous l'influence du voisinage des roches plutoniques. C'est à la suite de ces phénomènes que certains dépôts neptuniens prennent une structure cristalline et une ressemblance très-grande avec les roches ignées. Souvent la même couche de formation aqueuse se pré-

sente avec ses caractères primitifs à une certaine distance des coulées de matières en fusion, et prend les caractères des roches métamorphiques à mesure qu'elle s'approche de ces foyers de chaleur.

C'est ainsi que s'est formé le *gneiss*, roche qui a beaucoup d'analogie avec le granit, sous le rapport de ses éléments constituants, mais qui offre toujours une disposition stratifiée; elle s'est formée probablement au sein des eaux, à l'aide de l'accumulation des particules de granit déposées et charriées par les eaux. Ce terrain paraît être le plus ancien des terrains stratifiés, car il est toujours inférieur aux autres. Au voisinage des coulées de roches ignées, les calcaires terreux et les marnes se changent en calcaires compactes, saccharoïdes ou cristallins (*fig.* 13). Les argiles sont calcinées et transformées en schistes, les matières végétales qui y étaient enfouies sont carbonisées. Les argiles schisteuses passent à l'état de schistes micacés (micaschistes) ou de schistes talqueux (talcschistes). Les grès quartzeux deviennent des quartz compactes et granulaires.

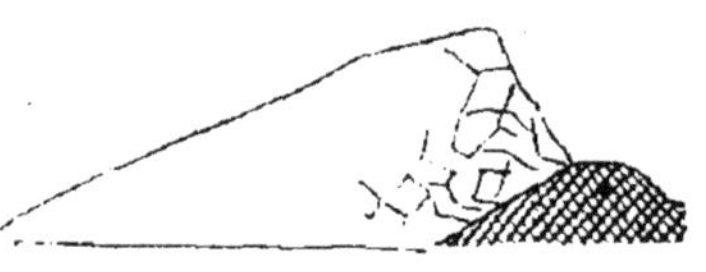

Fig. 13.
Transformation des calcaires.

24. **Terrains primitifs.** — Ce sont évidemment les couches sédimentaires les plus anciennes qui offrent le plus souvent ce genre de métamorphisme; l'action de la chaleur a fait disparaître les corps organisés qui s'y trouvaient enfouis; ce sont ces raisons tirées de leur structure cristalline, de leur âge reculé et de l'absence de fossiles qui avaient amené les géologues à les associer aux roches ignées sous le nom commun de *roches primitives*.

25. Ce ne sont pas seulement des modifications dans la structure et la constitution que les couches sédimentaires ont eue à subir, la pression que les roches ignées exerçaient sur les différentes assises qu'elles traversaient leur ont fait aussi éprouver de profonds changements; les couches ont été redressées ou diversement contournées (*fig.* 14), quelquefois même reployées plusieurs fois sur elles-mêmes. Ces soulèvements se sont faits à des époques différentes; à tous les âges du globe de grandes éruptions de matières en fusion ont eu lieu.

Un dépôt cristallin ou sédimentaire, traversé par une coulée ignée, est évidemment antérieur à celle-ci. Un dépôt sédimentaire recouvert par un dépôt igné est plus ancien que lui. Mais les choses ne se passent pas toujours d'une façon aussi nette. Quelquefois la force qui déterminait l'émission des matières en fusion a cessé d'agir avant que la coulée ait achevé de se frayer un passage à travers la totalité des couches qui lui faisaient obstacle. Dans ce cas il est difficile d'assigner un âge précis à l'éruption. D'autres fois, lorsqu'une couche très-épaisse et très-dense s'oppose au passage des matières en fusion, celles-ci s'étendent en nappe

Fig. 14. — Ondulation des couches du Jura.

au-dessous d'elle, et s'intercalent ainsi entre deux formations, toutes deux plus anciennes que la roche ignée (*fig.* 15).

Fig. 15. — Injection de trapp entre des roches sédimentaires.

26. **Filons.** — On désigne sous le nom de *filons* ces sortes de coulées qui ont rempli les crevasses du sol. Les filons sont de deux sortes : les uns ne sont formés que par des roches ignées ; les seconds renferment des matières minérales.

Nous avons déjà dit un mot des premiers. Ils peuvent être constitués par de la lave, du basalte, des trapps, des porphyres ou des roches granitiques.

Les filons de laves se forment encore de nos jours, il suffit qu'une crevasse se fasse dans le cône de soulèvement pour qu'immédiatement elle soit remplie par les matières en fusion, qui s'y solidifiant, deviennent en général plus dures que le sol environnant ; de façon que celui-ci se dégrade sous l'influence des pluies, des vents, etc., et laisse le sillon en saillie, comme une espèce de mur auquel on donne le nom de *dyke* (*fig.* 7).

27. Le basalte qui, comme nous le savons, a été produit par les vol-

cans éteints d'une époque antérieure à la nôtre, se présente fréquemment en filons; on en rencontre sur les bords du Rhin et dans le centre de la France. Tantôt le basalte est fendu, suivant des lignes sans régularité, d'autres fois, il est divisé en prismes perpendiculaires aux parois de la fente (*fig.* 16).

Fig. 16. — Filon de basalte.

Les trapps présentent toutes les allures des dépôts basaltiques, ils sont souvent disposés en filons, et, quand on trouve un plateau de cette roche, on peut être sûr qu'il communique avec un filon qui évidemment a amené au jour la matière alors fluide.

Les filons porphyriques se rencontrent au milieu de toutes les roches; souvent ils en englobent des fragments pour former des conglomérats.

Le granit a été également injecté dans les crevasses du sol et il y forme des filons; souvent aussi il enveloppe les débris des terrains qu'il traverse. En Bretagne, par exemple, le granit empâte des fragments de schistes.

28. Les filons métallifères sont des dépôts de même ordre qui remplissent des fentes et des crevasses du sol, et contiennent soit à l'état natif, soit à l'état de combinaisons, les métaux dont on se sert dans l'industrie (*fig.* 17). En général, les filons suivent les grandes lignes de dislocation de la croûte terrestre.

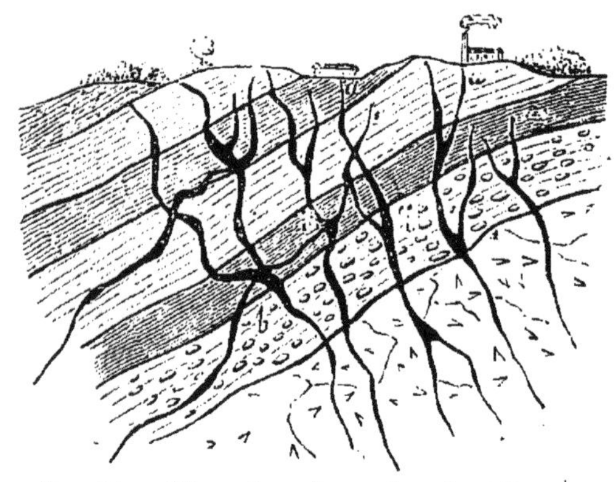

Fig. 17. — Filons dans des roches de sédiment.

Les *amas métallifères* ne sont que des accumulations de petits filons dirigés dans tous les sens.

Les *gîtes métallifères* sont des filons dont la direction est parallèle à celle des couches où ils se rencontrent.

On n'est pas encore bien fixé sur la manière dont les fentes métallifères ont été remplies. Les matières y sont arrivées le plus souvent à l'état fluide. Quelquefois elles paraissent avoir été en dissolution dans des eaux qui les ont laissé déposer, ou à l'état de vapeurs émanées de l'intérieur.

TERRAINS STRATIFIÉS.

Succession des divers dépôts de sédiment, ou terrains régulièrement stratifiés.

29. Les roches neptuniennes ayant été formées au sein des eaux, ont dû primitivement se déposer en couches horizontales, et les premières formées ont dû se trouver les plus inférieures, tandis que les plus récentes recouvraient les autres. On les désigne sous le nom de roches stratifiées, par opposition aux roches ignées ou non stratifiées. On peut, par l'examen des strates, arriver à déterminer leur âge relatif d'après leur ordre de superposition, et établir une échelle chronologique de leur dépôt.

30. **Différences de stratification.** — Dans le principe, et encore aujourd'hui sur beaucoup de points, les dépôts d'origine aqueuse se rencontrent encore en couches horizontales se recouvrant régulièrement les unes les autres (*fig.* 18). Mais lorsqu'une éruption de roches ignées a modifié leur position, leurs assises sont plus ou moins redressées; tantôt elles ne sont que peu inclinées (*fig.* 19), tantôt elles peuvent prendre une direction presque verticale, tantôt elles se renversent sur elles-mêmes (*fig.* 20).

Fig. 18.

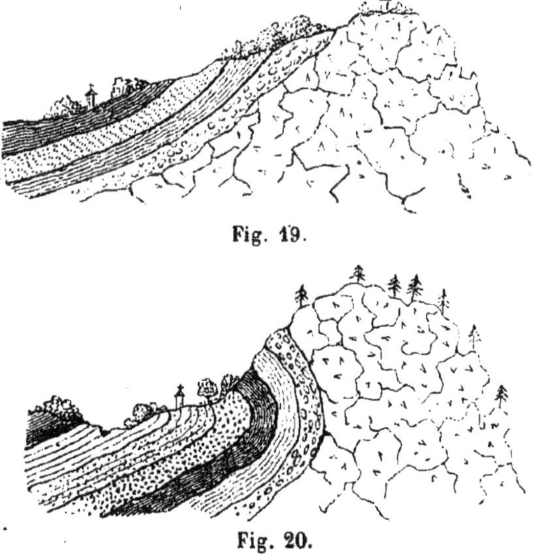

Fig. 19.

Fig. 20.

On dit que la stratification des couches est *concordante* lorsque ces diverses assises sont parallèles entre elles, quelles que soient d'ailleurs leur position et leur inclinaison (Voy. *fig.* 18 et 19).

31. Lorsque la cause qui a déterminé le soulèvement ou le redressement des couches a cessé d'agir, il peut arriver que les eaux déposent de nouveaux sédiments en stratification horizontale; on dit que ces secondes couches sont en stratification *discordante* par

rapport aux premières (*fig.* 21). Si, à leur tour, elles viennent à être

Fig. 21.

soulevées avec celles sur lesquelles elles reposent, elles cesseront d'être horizontales, mais la discordance de stratification n'en restera pas moins évidente, car il y aura toujours défaut de parallélisme entre les dépôts qui se sont formés avant et après le premier soulèvement.

Il est évident qu'entre le dépôt des lits horizontaux et celui des couches relevées il a dû se faire quelque bouleversement à la surface de la terre, quelque soulèvement dont on peut ainsi calculer l'âge relatif. Chaque ligne correspondant à une discordance de stratification correspondra donc aussi à une période de soulèvement.

Souvent les dépôts stratifiés ont été sillonnés par des cours d'eau qui les ont désagrégés, et en ont transporté ailleurs les matériaux; il a pu se former ainsi des coupures et des excavations dans des terrains anciennement déposés (*fig.* 22). Ces excavations ont pu ensuite être comblées par d'autres sédiments qui s'y déposent en couches horizontales.

Fig. 22.

32. **Failles.** — Il arrive quelquefois qu'à la suite d'un soulèvement le terrain se fend, et de l'un des côtés de la crevasse les couches sont plus relevées que de l'autre, de façon que les strates ne se correspondent plus (*fig.* 23). On désigne ces dispositions sous le nom de *failles*.

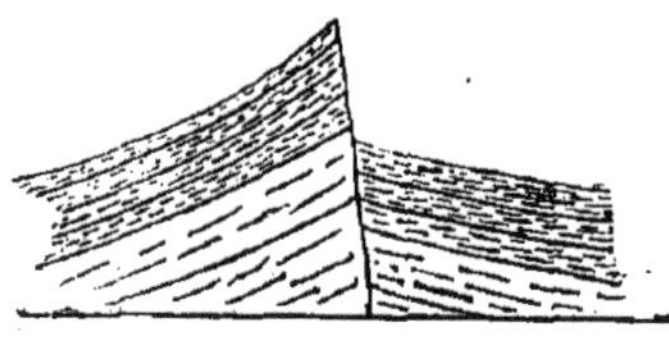

Fig. 23. — Faille.

33. Caractères tirés des restes organiques. — Ce n'est pas seulement la superposition des couches qui peut guider l'observateur dans l'étude de la constitution de notre globe, il doit étudier aussi les débris organiques contenus dans les diverses formations. En effet, la plupart des roches de sédiment renferment les débris ou les empreintes des végétaux ou des animaux qui vivaient sur la terre à l'époque du dépôt de ces couches, et, suivant les époques, la faune et la flore présentent des différences notables et souvent très-nettement tranchés. C'est ainsi que certains animaux ne se trouvent que dans certaines formations, et jamais ailleurs; ils servent donc à les distinguer, et forment des lignes de repère qu'on appelle des *horizons géologiques*.

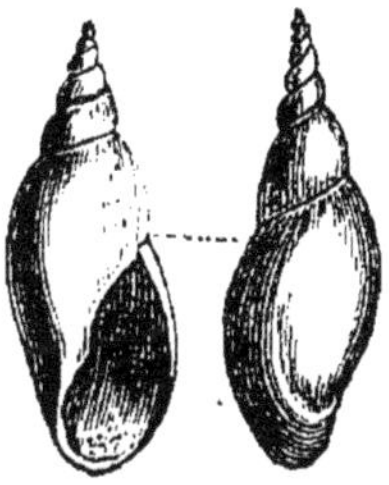

Fig. 24. Lymnea.

Fig. 25. Planorbis.

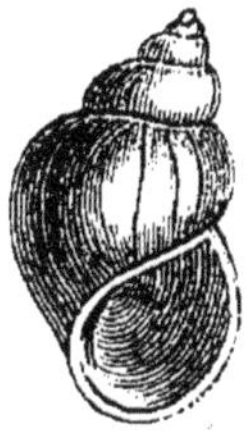

Fig. 26. Paludina.

Fig. 27. Melania.

Coquilles d'eau douce.

Fig. 28. Turbo.

Fig. 29. Cerithuim.

Fig. 30. Murex.

Fig. 31. Voluta.

Coquilles marines.

Enfin c'est encore l'étude des restes organiques qui permet de recomnaître si un terrain a été formé dans des eaux douces (*fig.* 24 à 27) ou au sein de la mer (*fig.* 28 à 31).

On a donné le nom de *paléontologie* à l'étude comparée des êtres fossiles.

34. **Succession des divers dépôts de sédiment.** — Les couches dont se compose notre globe ont donc été formées successivement, et si l'on pouvait ouvrir une tranchée à travers l'épaisseur de l'écorce entière de la terre, on aurait sous les yeux la superposition des différents dépôts. Nous n'avons pas ce mode d'observation à nos ordres, nous ne pouvons que profiter des coupes naturelles que nous présentent certains escarpements, ou des coupes artificielles telles que celles que nous produisons, soit pour l'exploitation des carrières, soit pour le percement des routes, des puits et des mines; c'est à l'aide de ces études fractionnées que l'on est arrivé à reconnaître quel était l'ordre de superposition des couches.

35. On a divisé l'ensemble des assises de notre globe en un certain nombre de groupes :

Le premier se compose des terrains primitifs composés de roches d'origine ignée ou modifiées par le métamorphisme.

Le deuxième est formé par les terrains de transition qui établissent le passage entre les précédents et les suivants, et qui se subdivisent en un certain nombre de formations principales auxquelles on a donné les noms de terrain *cambrien*, terrain *silurien*, terrain *dévonien* et terrain *carbonifère*. Souvent on les désigne sous le nom de *terrains paléozoïques*, parce qu'ils renferment les débris des animaux qui peuplaient la surface du globe pendant les premières périodes géologiques.

Le troisième groupe, qui vient au-dessus, porte le nom général de terrain secondaire subdivisé en terrains *permien*, *triasique*, *jurassique*, et *crétacé*.

Le quatrième, ou groupe de terrains tertiaires, se subdivise en terrains *éocène*, *miocène* et *pliocène*.

Le cinquième est le plus récent et porte le nom de terrain *quaternaire*. Le tableau suivant indique l'ordre de succession des principaux dépôts sédimentaires.

TABLEAU DES DÉPÔTS SÉDIMENTAIRES PRINCIPAUX

	Alluvions modernes. Diluvium	Terrain quaternaire.
Dépôts de la Bresse, collines subapennines.	Terrain subapennin	Terrains tertiaires.
Faluns, molasse, gypse d'Aix	Terrain de molasse......	
Gypse parisien, calcaire grossier, argile.	Terrain parisien.......	
Craie blanche.	Terrain crétacé supérieur.	Terr. secondaires.
Craie marneuse.		
Craie tuffeau.	Terrain crétacé inférieur.	
Craie verte.		
Grès vert.		
Dépôts néocomiens.		
Groupe portlandien.	Terrain jurassique......	
Groupe corallien.		
Groupe oxfordien.		
Groupe oolitique.		
Lias.		
Marnes irisées.	Terrain de trias.......	
Calcaire conchylien.		
Grès bigarré.		
Grès vosgien.	Terrain permien......	
Calcaire permien.		
Grès rouge.		
Grès houiller.		
Calcaire carbonifère, vieux grès rouge, grès divers.	Terrain dévonien.......	Terr. de transition.
Calcaires et schistes micacés.	Terrain silurien........	
Schistes micacés, calcaires, gneiss.	Terrain cambrien.......	
	Matières inconnues, peut-être primitives.	

TERRAINS PRIMAIRES INFÉRIEURS.

36. Anciennement ces terrains étaient confondus avec les terrains primitifs d'origine ignée, mais on a reconnu depuis qu'ils étaient d'origine aqueuse, et que leur structure cristalline était due au métamorphisme.

Les dépôts de gneiss, de micaschiste et de talcschiste paraissent s'être formés à cette époque. On ne rencontre dans cette formation aucun corps organisé ; on est donc en droit de supposer qu'à l'époque où elle s'est déposée il n'existait aucun être vivant à la surface de la terre, ou bien que les fossiles ont été détruits par la chaleur résultant du voisinage d'énormes masses de roches ignées. Tous les terrains primaires ne sont pas du même âge ; on a pu reconnaître que les gneiss avaient été déposés avant les micaschistes, et que ceux-ci étaient recouverts par les schistes argileux.

Ces différentes roches constituent à elles seules une grande partie de la surface du globe ; elles présentent quelquefois les traces de grands bouleversements, et les couches qui les composent sont alors plus ou moins contournées et fracturées. Les principales chaînes de montagnes sont en grande partie principalement formées par des terrains anciens, bien que leur soulèvement ait eu lieu à des époques moins reculées.

En France, dans le plateau central, et en Auvergne, on rencontre du granit associé à du gneiss et à d'autres roches primaires recouvertes elles-mêmes de sédiments plus récents. L'axe de la chaîne des Alpes, des Pyrénées, des Grampians, en Écosse, des monts Ourals, en Russie, des Andes, en Amérique, est également formé de roches anciennes.

TERRAIN CAMBRIEN.

37. Le terrain cambrien est caractérisé par sa position au-dessus des roches précédentes et au-dessous de tous les autres terrains stratifiés. C'est la première assise dans laquelle on rencontre des corps organisés fossiles.

Ce terrain se trouve en Angleterre, où on l'a observé pour la première fois; en France, on en connaît quelques dépôts. En Amérique, le cambrien forme une masse considérable dans l'État de New-York ; on le retrouve également dans le Canada et dans le Vermont.

Les roches qui constituent ce terrain ont en général une structure schisteuse. Les schistes sont de couleur foncée, soit noire ou verdâtre ou bleue. On y rencontre aussi des grès.

38. Les restes d'animaux que l'on trouve dans les assises du terrain cambrien se rapportent aux zoophytes, aux mollusques et aux crustacés.

Les zoophytes sont des polypiers, des encrines, espèce d'échinodermes, qui ressemblent à des étoiles de mer dont le corps serait porté par une tige qui s'attacherait à son centre et serait fixée au sol.

On y trouve aussi des graphtolithes, animaux agrégés qui paraissent appartenir à la classe des polypes et dont l'empreinte ressemble à une barbe de plume (*fig.* 32).

Fig. 32. — Graphtolithe.

Les crustacés dont on trouve les débris doivent se placer entre les isopodes et les branchiopodes; depuis longtemps ils ont disparu de la surface du globe. Les animaux aujourd'hui vivants dont ils se rapprochent le plus sont les apus et les cloportes, dont ils dépassaient de beaucoup les dimensions, puisqu'on en a trouvé qui avaient plus d'un pied de long; de même que les cloportes, ils jouissaient de la propriété de se rouler en boule, et, de même que les apus, ils n'avaient que des pattes membraneuses en forme de rames. Ces animaux ont le corps composé d'une série d'anneaux (*fig.* 33), et présentent une tête, un thorax et un abdomen. Le thorax est divisé par deux sillons longitudinaux en trois lobes, dont un médian ou dorsal, et deux latéraux connus sous le nom de flancs. Cette division a fait donner à ces animaux le nom de *trilobites*.

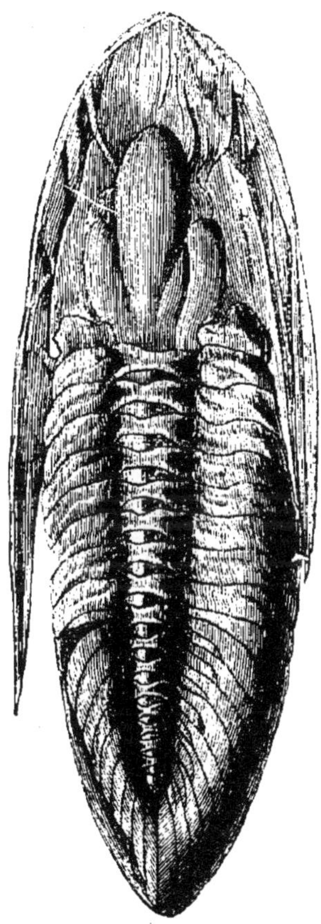

Fig. 33. — Crustacé trilobite (*Ogygia Guettardi.*)

TERRAIN SILURIEN.

39. Le terrain silurien [1] repose sur les assises supérieures de la formation précédente. Sa puissance est considérable, elle peut aller sur certains points jusqu'à deux mille mètres, mais en général elle ne dépasse pas cinq cents mètres d'épaisseur.

Les couches du terrain silurien reposent sur celles du terrain cambrien en stratification discordante. Elles consistent principalement en schistes et en roches calcaires; sur certains points on y trouve des grès.

[1] Ainsi appelé du nom d'une petite peuplade celtique (les Silures) qui habitaient une partie de l'Angleterre, où se rencontre le terrain silurien.

A cette époque, la mer occupait la plus grande partie de la surface du globe, car on ne connaît encore aucune trace de végétal ou d'animal ayant vécu alors dans les eaux douces ou sur la terre.

Le terrain silurien est bien développé en Angleterre, où M. Murchison l'a fait connaître, et en Bohême, où les travaux de M. Barrande l'ont rendu célèbre.

40. **Ardoises**. — En France, on rencontre ce terrain aux environs d'Angers, où il est représenté par des *schistes ardoisiers* que l'on exploite pour la toiture des maisons et d'autres usages, entre Avrillé et Trelazé, sur une longueur d'environ deux lieues, et sur certains points l'exploitation se fait à ciel ouvert.

41. **Fossiles.** — Les couches du terrain silurien sont riches en fossiles ; on y trouve des empreintes de végétaux appartenant pour la plupart à la famille des fucus et un grand nombre d'animaux marins. Des polypiers (*fig.* 34) et des éponges appartenant à des genres qui ont

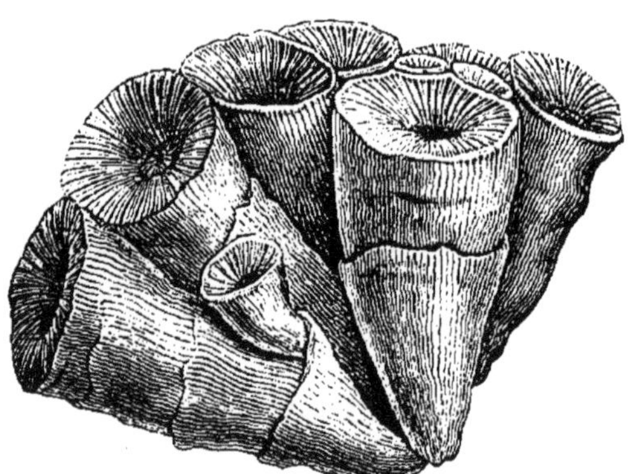

Fig. 34. — *Cyalophyllum Turbinatum.*

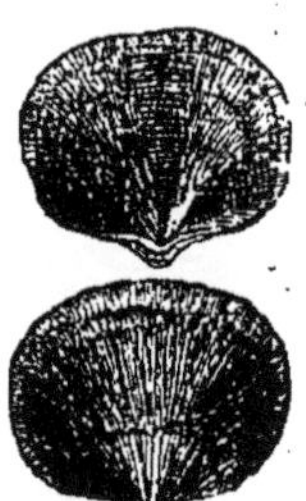

Fig. 35. — *Orthis orbicularis.*

aujourd'hui disparu ; les encrines y sont abondantes. De nombreux mollusques y ont laissé leurs dépouilles. Les uns sont bivalves et appartiennent à la division des *brachiopodes*. Tels sont les *spirifères* et les *orthis* (*fig.* 35).

Les autres sont univalves et se rapprochent de nos céphalopodes vivants et particulièrement des nautiles (mollusque remarquable par la légèreté de sa coquille spirale enroulée sur le même plan). Ainsi on peut regarder les *lituites* (*fig.* 36) comme des nautiles dont les tours de spire de la coquille seraient desserrés, et les *Orthocères* (*fig.* 37) comme des nautiles à coquille complétement déroulée et dont la spire serait redressée.

Les singuliers crustacés dont nous avons parlé plus haut sous le nom de trilobites sont extrêmement abondants, et leurs espèces varient suivant

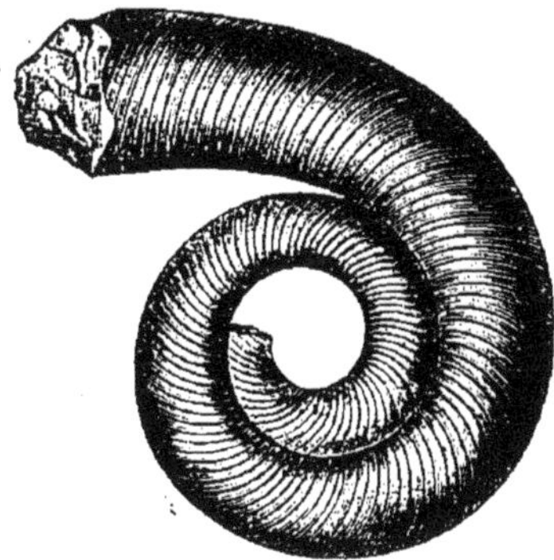
Fig. 36. — *Lithuites Cornuarietis.*

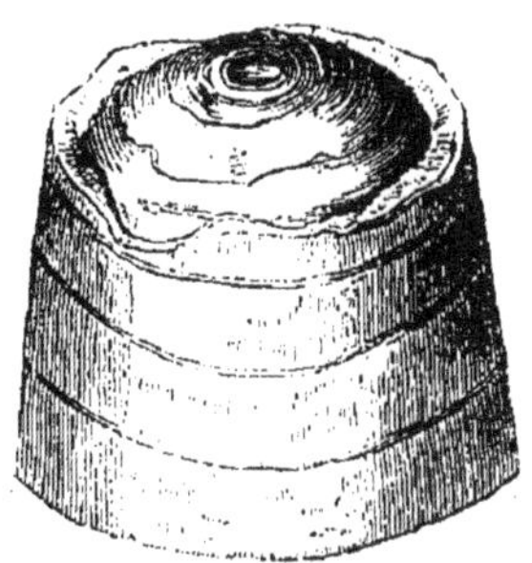
Fig. 37. — *Orthoceras conica.*

les différentes couches siluriennes que l'on examine. Ainsi, une espèce, le ***trinucleus Pongerardi*** (*fig.* 38) ne se rencontre que dans les assises inférieures, tandis qu'une autre, la ***calymène Blumenbachi*** (*fig.* 39) est propre aux couches supérieures.

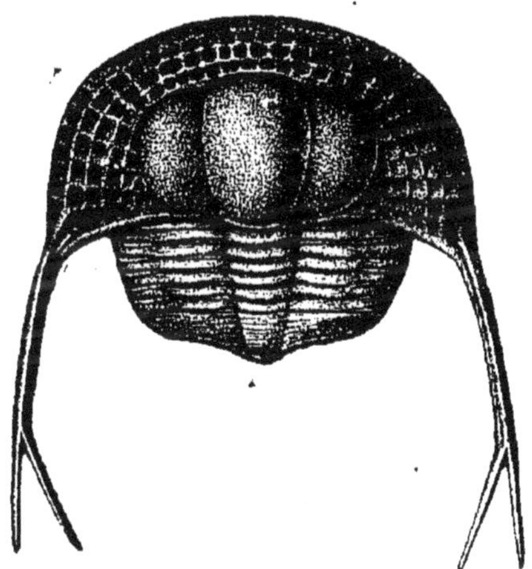
Fig. 38. — *Trinucleus Pongerardi.*

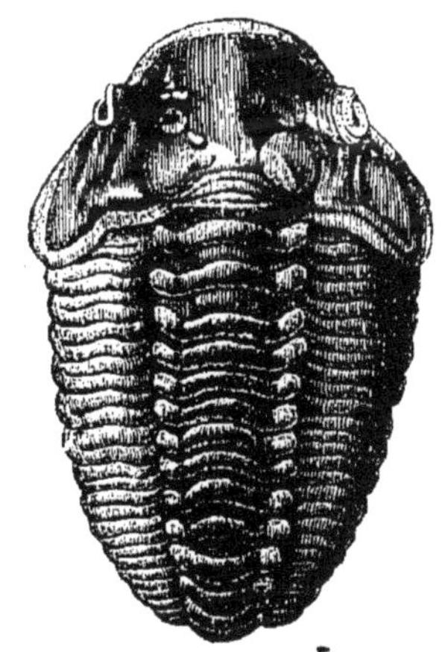
Fig. 39. — *Calymène Blumenbachii.*

Les empreintes que les trilobites ont laissées sont quelquefois tellement parfaites que l'on a pu étudier d'une façon complète beaucoup de parties de leur organisation extérieure. On a été jusqu'à compter le nombre de leurs facettes oculaires ; on a pu observer leurs œufs et suivre toutes les phases de leur développement et la manière dont apparaissaient leurs différents articles. Jamais on n'a retrouvé les traces de leurs pattes ou des appendices qui leur en tenaient lieu, et il est probable que ces parties étaient membraneuses et ont disparu en se fossilisant.

TERRAIN DÉVONIEN.

42. Le terrain dévonien repose en stratification discordante sur le silurien. A sa partie inférieure se trouvent des poudingues qui alternent à diverses reprises avec des grès schisteux auxquels leur couleur rouge et leur position ont fait donner le nom de *vieux grès rouge* (*Old red sandstone* en Angleterre). Dans cette assise on rencontre des débris de roches siluriennes roulées et brisées par l'action des eaux.

Au-dessus du vieux grès rouge se trouvent des grès schisteux et des calcaires entre lesquels on observe des couches d'*anthracite*, qui ont fait donner à ce terrain le nom de terrain *anthracifère*.

Cet anthracite, formé aux dépens des matières végétales qui existaient alors, forme le combustible charbonneux le plus ancien que l'on connaisse ; sur certains points, il constitue une véritable *houille*, que l'on exploite dans les environs d'Angers. Les mines de charbon de terre de Montrelais, de Saint-Georges, de Chatelaison, appartiennent à cette période. Le terrain dévonien se trouve en France, en Bretagne, le long de la Loire, dans la Mayenne et la Sarthe; on le rencontre dans la Belgique, le Hartz, la Saxe, l'Angleterre, la Suède, la Russie, l'Asie, l'Amérique. Les grès dominent en Angleterre, où ils forment des couches d'une grande puissance.

43. Les fossiles du terrain dévonien sont moins nombreux que ceux du silurien. On y rencontre des tribolites, mais en moindre abondance que dans les formations précédentes, et les espèces en sont différentes.

Les tribolites ne sont pas les seuls représentants de la classe des crustacés que l'on trouve dans ce terrain. Il en existe un de la taille de nos plus grands crabes, et se rapprochant des limules qui habitent les eaux saumâtres des pays chauds.

Les mollusques y sont très-abondants. Ce sont encore des céphalopodes voisins des nautiles, des orthocères ou des brachiopodes bivalves dont une espèce, la *calceola sandalina* (*fig.* 40), est remarquable par sa forme de soulier, et caractérise par sa fixité et son abondance les couches de cette époque. Cette coquille est analogue aux spirifères dont nous avons indiqué la pré-

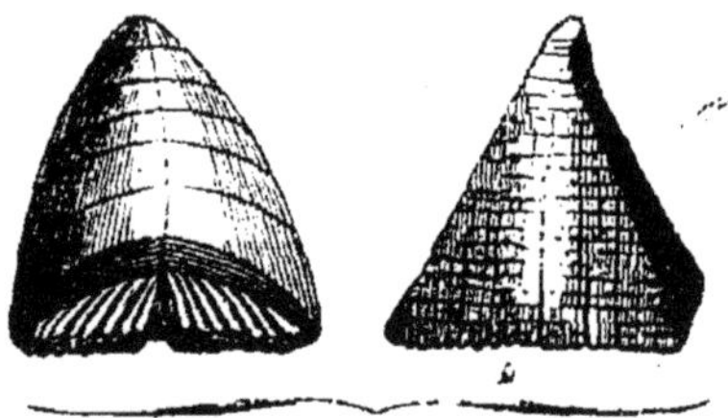

Fig. 40. — *Calceola sandalina*.

sence dans les assises siluriennes ; d'ailleurs on trouve encore dans le dévonien quelques espèces de ce dernier genre.

On a découvert dans ce terrain des poissons (*fig.* 41) très-singuliers,

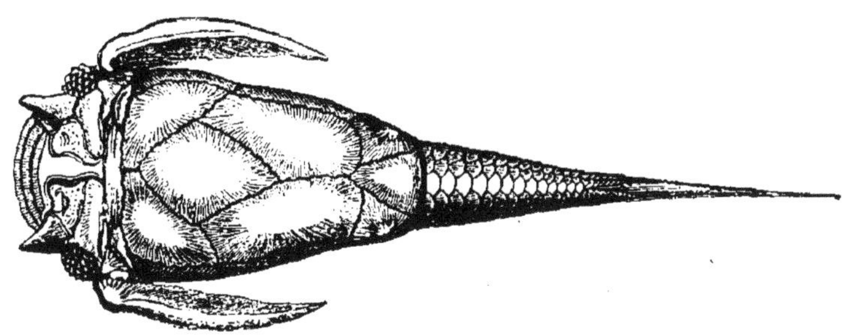

Fig. 41. — *Pterichthys cornutus.*

qui, par leur forme, s'éloignent de tous les types connus. L'un d'eux est le *pterichthys*, qui porte de chaque côté du corps, à la partie antérieure, des sortes de nageoires pointues, et dont la queue se termine en pointe.

C'est dans cette formation que l'on a rencontré le plus ancien reptile connu. Il est intermédiaire entre les batraciens et les iguanes. C'est le seul animal terrestre ou d'eau douce que l'on connaisse encore.

Les plantes devaient être très-abondantes, si l'on en juge par l'épaisseur des dépôts d'anthracite et de houille auxquels elles ont donné naissance.

TERRAIN HOUILLER.

44. **Disposition et fossiles du terrain houiller.** — Le terrain houiller, qui vient au-dessus du dévonien, doit son nom à la richesse des couches de houille qu'il renferme.

Ce combustible se rencontre en stratification alternante avec des grès, des schistes et des calcaires. La houille prise à part ne forme qu'une portion insignifiante de la masse totale des terrains houillers. Ainsi, dans le nord de l'Angleterre, l'épaisseur des couches carbonifères atteint plus de neuf cents mètres, et les couches de combustible, au nombre de vingt ou de trente ne dépassent pas ensemble vingt-cinq mètres.

La partie inférieure du terrain houiller est formée par un calcaire bleuâtre ne renfermant que peu ou pas de combustible, on le nomme *calcaire carbonifère* ; il a été formé au sein de la mer et renferme beaucoup de fossiles marins,

45. Les tribolites, si nombreux à l'époque cambrienne, silurienne et dévonienne, se montrent encore, mais ils tendent à disparaître et ne sont plus représentés que par deux genres qui ne dépasseront pas l'époque carbo-

nifère. En effet, cette singulière famille de crustacés ne se montre pas dans les terrains supérieurs à celui qui nous occupe et sont propres aux formations les plus anciennes que nous avons indiquées sous le nom commun de terrains paléozoïques.

Les mollusques sont très-nombreux. Les céphalopodes y sont représentés par diverses espèces d'orthoceras, par des *goniatites*, sortes de nautiles à cloisons anguleuses (*fig.* 42), par des *évomphales*, dont la coquille est cloisonnée et divisée ainsi en chambres dont le nombre est variable (*fig.* 43), par des *bellérophons*, qui se rapprochent jusqu'à un certain point de l'argonaute actuel, en ce que

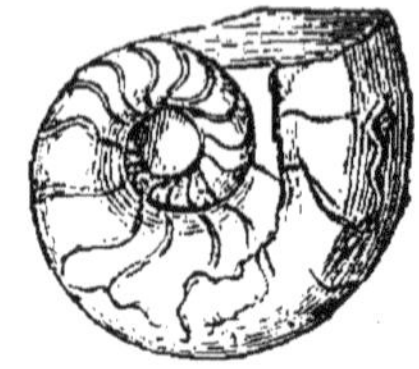

Fig. 42.
Goniatites Evolutus.

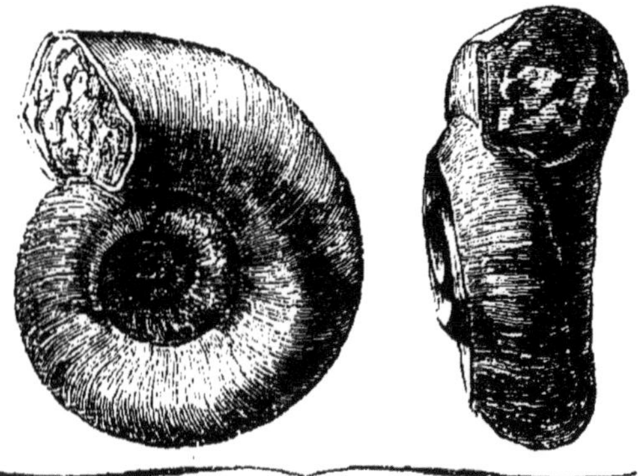

Fig. 43. — *Evomphalus Pentaugulatus.*

Fig. 44.
Bellerophon Costatus.

leurs coquilles ne sont pas cloisonnées (*fig.* 44). Les mollusques bivalves sont assez nombreux.

Au-dessus du calcaire carbonifère se trouvent des couches de grès alternant avec des lits de houille.

46. **Origine de la houille.** — Cette matière, appelée communément charbon de terre, résulte de la décomposition lente des végétaux qui, à cette époque, couvraient la terre. Tantôt la houille paraît avoir été formée sur place, c'est-à-dire dans les endroits mêmes où croissaient les arbres et où s'accumulaient leurs débris ; tantôt ces dépôts ont été accumulés par l'action des eaux qui charriaient les matières végétales.

On est conduit à la première de ces hypothèses par l'examen de certains lits de houille dans lesquels on retrouve en place des arbres entiers avec leurs racines, entre lesquelles sont encore les fruits et les écailles tombées. Sur d'autres points, et c'est le cas le plus fréquent, les matières végétales paraissent avoir été évidemment transportées par des cours d'eau. En effet, on y trouve bien des troncs d'arbres, mais presque toujours brisés ; quand les racines existent, elles sont souvent en haut et se trouvent distribuées à des niveaux différents. La pureté de la houille, l'absence des particules sableuses et de graviers dans sa masse, s'expliqueraient difficilement si on voulait admettre les couches de combustible comme résultant de la végétation développée dans un marécage.

Dans la plupart des cas, les eaux ont entraîné les troncs d'arbre et les différents débris végétaux et les ont accumulés en masse dans des lacs, des golfes ou aux embouchures des rivières ; les arbres, après avoir flotté quelque temps, ont coulé au fond, et c'est ainsi que lentement et successivement se sont formés ces dépôts de matières végétales qui, sous l'action simultanée du temps et de la pression, se sont transformées en houille. — De nos jours, certains fleuves, le Mississipi, par exemple, entraîne dans son cours une quantité considérable d'arbres qu'il accumule ensuite à son embouchure ; il se prépare ainsi pour l'avenir de nouvelles couches de combustible, d'une puissance bien petite, si on la compare à ce qui a eu lieu à l'époque houillère, où toutes les circonstances étaient réunies pour permettre le développement d'une végétation luxuriante et gigantesque, où l'air chargé d'acide carbonique était saturé d'humidité, et où la température élevée fournissait aux végétaux les conditions qu'ils ne trouvent aujourd'hui que dans les régions tropicales.

47. Flore de l'époque de la houille. — Les végétaux qui couvraient alors la surface de la terre différaient beaucoup de ceux qui existent aujourd'hui ; c'étaient surtout des acotylédones et des conifères.

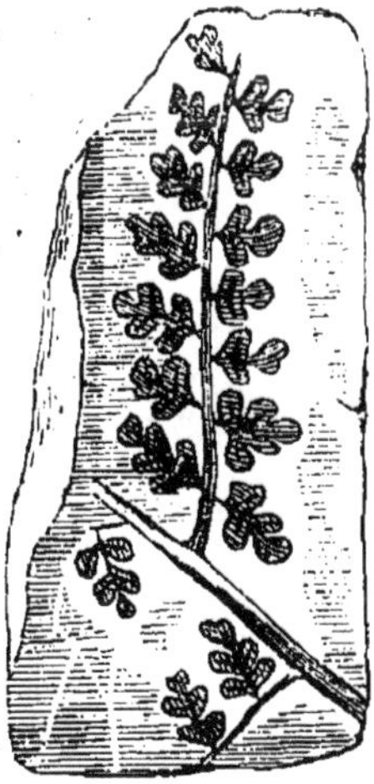

Fig. 45.
Pecopteris aquilina.

Fig. 46.
Sphenopteris Heningausi.

Les fougères, les lycopodiacées, les équisétacées, les sigillariées, qui aujourd'hui n'atteignent jamais à de grandes dimensions, présentaient alors une taille gigantesque.

On a extrait des couches du terrain houiller plus de deux cent cinquante espèces de fougères, et aujourd'hui, en Europe, il n'en existe que soixante vivantes de la même tribu. Les feuilles des espèces houillères offrent

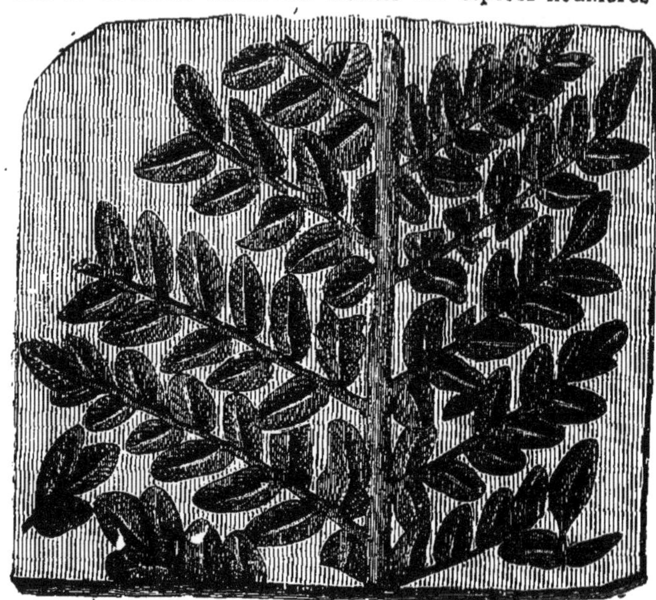

Fig. 47. — *Nevropteris heterophylla.*

une grande analogie de formes avec celles qui vivent encore. Les principales espèces se rapportent aux genres *pecopteris* (*fig.* 45), *sphenopteris* (*fig.* 46) et *nevropteris* (*fig.* 47).

Les lycopodiacées, qui aujourd'hui ne sont plus que de petites herbes, formaient alors des arbres de plus de vingt mètres de hauteur (*fig.* 48). On en a retrouvé des troncs entiers présentant très-distinctement les cicatrices des feuilles tombées et disposées en spirales.

Les sigillariées s'élevaient parfois aussi à plus de vingt mètres; leur tige était cannelée, cylindrique, régulière, et présentait de nom-

Fig. 48.
Lepidodendron elegans.

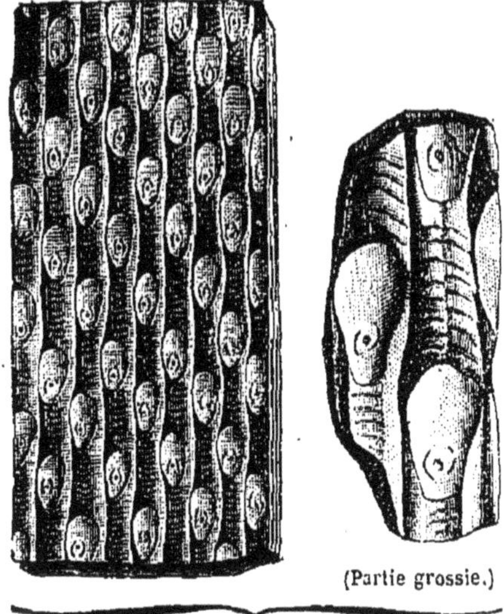

Fig. 49. — *Sigillaria Græseri.*

breuses cicatrices, traces des feuilles tombées (*fig.* 49).

Les stigmaria, qui pendant longtemps ont été regardées comme des plantes distinctes, ne sont que les racines des sigillaria.

Les plantes de la famille des *conifères* se rapprochent des araucaria actuels. A côté du tronc on trouve souvent leurs fruits ou cônes.

Dans les schistes argileux intermédiaires aux couches de houille, on rencontre de nombreux poissons dont quelques-uns paraissent se rapporter à la famille des squales; d'autres s'éloignent par leur organisation des types vivants et se rapprochent jusqu'à un certain point des reptiles sauriens. On connaît aussi dans le terrain houiller de véritables reptiles connus sous le nom d'*archægosaurus*, dont quelques-uns avaient plus d'un mètre de long.

Des mollusques acéphales du genre unio et de petits entomostracés vivaient dans les ruisseaux qui coulaient alors. A côté des empreintes de feuilles se trouvent parfois celles de divers insectes.

On désigne sous le nom de *coke* la houille que l'on a fait chauffer à l'abri de l'air, ou brûler incomplètement de manière à en chasser une huile empyreumatique et des gaz inflammables.

48. **Étendue du terrain houiller.** — Le terrain houiller ne peut se rencontrer qu'à la limite des terrains plus anciens ou au-dessous d'eux, et il faut les traverser pour y arriver; aussi l'étendue des dépôts houillers est-elle peu considérable à la surface du globe. En Angleterre et en Belgique, ils sont relativement très-puissants et très-étendus. En France, ils forment environ $\frac{1}{200}$ de la surface du sol, et sont pour la plupart réunis autour du plateau central, qui renferme le Morvan, le Bourbonnais, l'Auvergne et le Limousin, ou disséminés à sa surface; ils s'étendent depuis les rives du Rhône jusque dans la vallée de la Haute-Vienne, et reposent directement sur les roches granitiques ou métamorphiques des terrains anciens. Les principales exploitations de houille de cette région centrale sont celles de Saint-Étienne et de Rive-de-Gier, près de Lyon; d'Alais, dans le département du Gard; de Décazeville, dans le dé-

partement de l'Aveyron, et de Saint-Bérain, dans le département de Saône-et-Loire.

Un riche dépôt de houille qui s'étend entre Liége et Valenciennes repose sur le calcaire carbonifère et sur le vieux grès rouge. Il se continue jusque dans le Boulonnais; il existe aussi des houillères importantes dans le département de la Moselle, dans l'Alsace et dans le département de la Haute-Saône; enfin il s'en trouve quelques-unes, mais peu considérables, dans le département de l'Aude et du Var, ainsi que dans quelques autres parties de la France.

Un coup d'œil jeté sur la carte des dépôts houillers (*fig.* 50) en fera d'ailleurs comprendre la disposition générale.

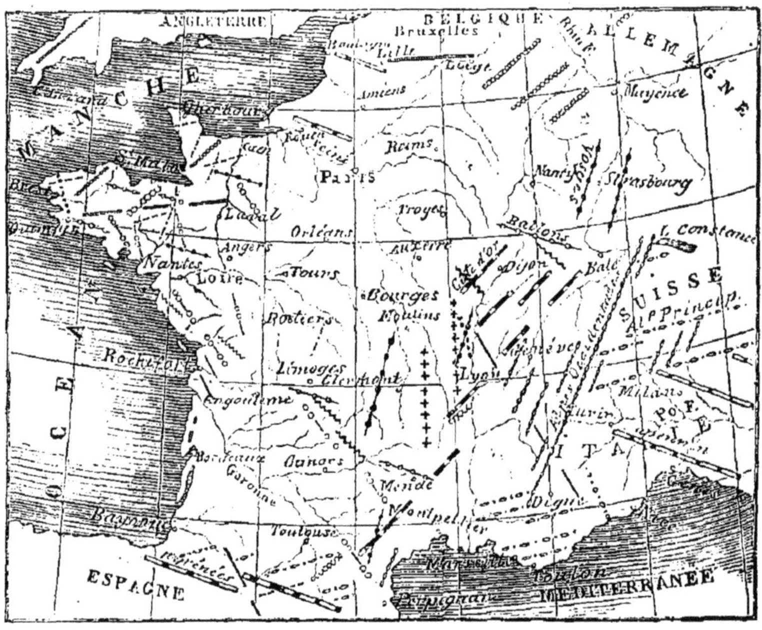

Fig. 50. — Carte des dépôts houillers de la France.

TERRAIN PERMIEN.

49. Les couches du terrain permien reposent en stratification discordante sur celles du terrain carbonifère. Ses assises les plus inférieures sont formées par un grès de couleur rougeâtre, connu des géologues sous le nom de *nouveau grès rouge*, par opposition au *vieux grès rouge* du terrain dévonien.

Au-dessus viennent des *schistes bitumineux* très-remarquables par les minerais de cuivre qu'ils présentent sur certains points, et particulièrement en Thuringe.

Sur les schistes reposent des assises de calcaire compacte qui, quelquefois, sont d'une épaisseur considérable et contiennent une quantité notable de magnésie, ce qui leur a fait donner le nom de *calcaires magnésiens*.

Au-dessus se trouvent des grès désignés sous le nom de *grès Vosgiens*, à raison de la localité où ils sont le plus développés. En effet, cette formation constitue toute la partie septentrionale des Vosges (*fig.* 52).

Ces grès ont, en général, une couleur rouge brique; leur épaisseur atteint quelquefois 500 mètres.

50. En France, le terrain permien n'est guère représenté que par les grès vosgiens.

En Angleterre, le nouveau grès rouge est bien développé, il en est de même en Thuringe.

En Allemagne, les schistes bitumineux et cuivreux se présentent sur une surface considérable, recouverts par du calcaire magnésien. Les grès se prolongent dans toutes les parties orientales de la Russie.

51. On trouve dans les couches du terrain permien des débris de reptiles sauriens analogues aux iguanes et aux monitors qui vivent encore aujourd'hui. On y rencontre aussi des poissons très-nombreux dans les lits de schistes cuivreux; probablement ils ont été détruits subitement par des émanations sulfureuses. Ces animaux se rapportent surtout au groupe des *hétérocerques* caractérisés par le prolongement de la colonne vertébrale dans le lobe supérieur de la queue.

A cette époque, les mers étaient aussi habitées par des mollusques. Quelques espèces de spirifères et de productus (*fig.* 52) sont caractéristiques de cette période.

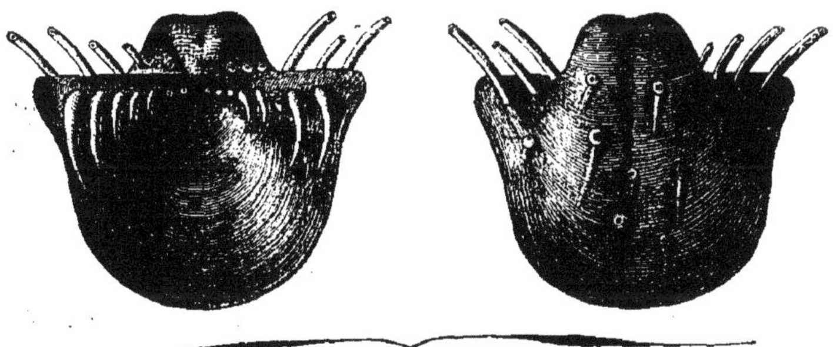

Fig. 51. — *Productus horridus.*

Dans les roches permiennes de Saxe, on trouve de nombreux débris végétaux appartenant au moins à soixante espèces de plantes fossiles, sur lesquelles quarante n'ont pas été rencontrées ailleurs. Quelques-unes sont communes au terrain houiller.

TERRAIN DE TRIAS OU SALIFÈRE.

52. Le terrain de trias tire son nom des trois groupes d'assises qui le composent. En effet, on trouve de bas en haut le *grès bigarré*, le *calcaire conchylien* ou *muschelkalk* et les *marnes irisées*.

Fig. 52.

53. **Grès bigarrés.** — Les grès bigarrés reposent en stratification discordante sur le grès vosgien. Ces grès sont, comme leur nom l'indique,

de couleurs assez vives, et mêlés à de nombreuses paillettes de mica; tantôt ils sont rouge foncé, tantôt gris, tantôt tachés de jaune. Ces assises apparaissent sur presque tout le pourtour des Vosges, sur la pente des montagnes de l'Aveyron, des Cévennes et des Pyrénées (*fig.* 52). On les retrouve en Angleterre et en Allemagne.

54. **Calcaire conchylien**. — Le calcaire conchylien, ou muschelkalk des Allemands, se confond d'abord avec le précédent; en effet, on voit d'abord les lits de grès alterner avec des lits de calcaire qui deviennent de plus en plus épais et finissent par former toute la masse. Ces calcaires sont compactes, grisâtres, verdâtres ou jaunâtres, souvent ils sont magnésiens. On les voit reposer sur les grès bigarrés sur quelques points. au pied des Vosges.

55. **Marnes irisées**. — Les marnes irisées, que l'on connaît aussi sous le nom de *marnes du Keuper*, sont composées d'une manière très-variable de couches de marnes plus ou moins calcaires alternant avec des couches d'une argile d'un rouge lie de vin, quelquefois bleuâtre ou verdâtre, et dont les couleurs lui ont fait donner son nom.

56. **Sel gemme et gypse**. — C'est dans cette assise que se trouvaient les dépôts de *sel gemme* exploités en Lorraine, et qui ont quelquefois fait désigner le trias sous le nom de *terrain salifère*.

Les mines de sel de Vic font partie de ce dépôt. Les sources salifères du Jura, de l'Allemagne et de l'Angleterre doivent leur richesse aux couches salifères que les cours d'eau ont traversées avant d'arriver au jour

Les masses de sel gemme sont souvent accompagnées de gypse ou pierre à plâtre (sulfate de chaux hydraté). Quelquefois ces derniers dépôts se rencontrent seuls; ils sont exploités sur certains points du midi de la France.

57. En Angleterre, les marnes irisées existent ainsi que les grès bigarrés, mais le calcaire conchylien manque. On désigne l'ensemble de cette formation sous le nom de *nouveau grès rouge supérieur*. En Amérique, ces assises présentent un développement considérable.

58. **Fossiles du trias**. — A l'époque triasique, une puissante végétation couvrait la terre qui était habitée, ainsi que les mers, par de nombreux animaux.

C'est dans ce terrain que l'on a trouvé le premier mammifère qui, jusqu'ici, paraît s'être montré à la surface du globe. On en découvrit quelques dents dans le Wurtemberg, et on lui donna le nom de *microlestes* (de μίκρος, petit, et λήστης, bête de proie). Bien que le microlestes soit le premier mammifère que l'on connaisse, il ne faut pas en conclure que ce soit seulement à cette époque que cette classe ait été créée; peut-être existait-elle longtemps avant, et peut être en découvrira-t-on un jour des représentants.

On a cru longtemps que les mammifères caractérisaient l'époque tertiaire, mais bientôt on en découvrit de l'époque jurassique. Aujourd'hui on en a trouvé dans le trias. Il faut donc bien se garder d'établir des lois sur les créations successives des animaux à la surface de la terre, quand la découverte inattendue d'une dent peut venir les renverser

On a trouvé sur un grand nombre de points, principalement en Amérique et en Angleterre, des empreintes de pas (*fig.* 53) que des oiseaux

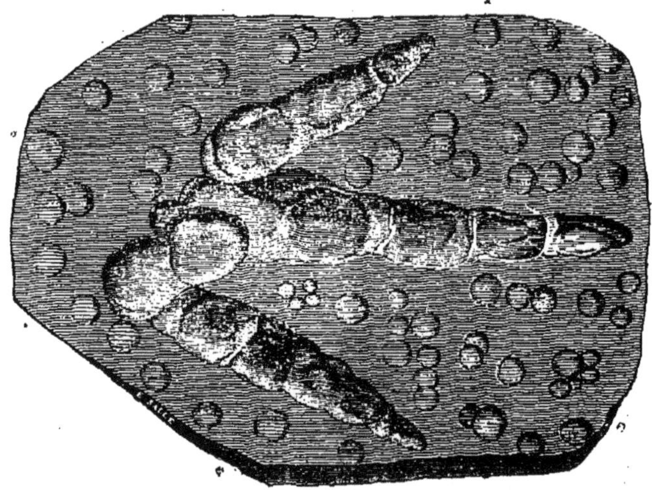

Fig. 53. — Empreintes de pied d'oiseau et de gouttes de pluie.

avaient laissées en marchant sur un sol argileux qui, sous l'influence du temps, s'était durci et transformé en schistes. A en juger par la grandeur du pied et la longueur des enjambées, ces oiseaux devaient dépasser de beaucoup la taille de l'autruche. Quelquefois les orteils ont jusqu'à 50 centimètres de long.

Fig. 54.
Empreinte d'un pied de Labyrinthodon.

A côté de ces traces d'oiseau, on a remarqué des empreintes (*fig.* 54) laissées par un grand batracien, le labyrinthodon (*fig.* 55).

Le calcaire conchylien renferme une grande quantité de coquilles dont

Fig. 55. — Labyrinthodon.

quelques-unes sont caractéristiques. Tels sont le *ceratites nodosus* (*fig.* 56), coquille de mollusque céphalopode analogue à nos nautiles, mais dont les cloisons seraient onduleuses; l'*avicula socialis*, petite coquille bivalve (*fig.* 57) qui se rencontre en quantités considérables. C'est dans cette formation que se montre, pour la première fois, le genre *trigonie*, qui vit encore aujourd'hui.

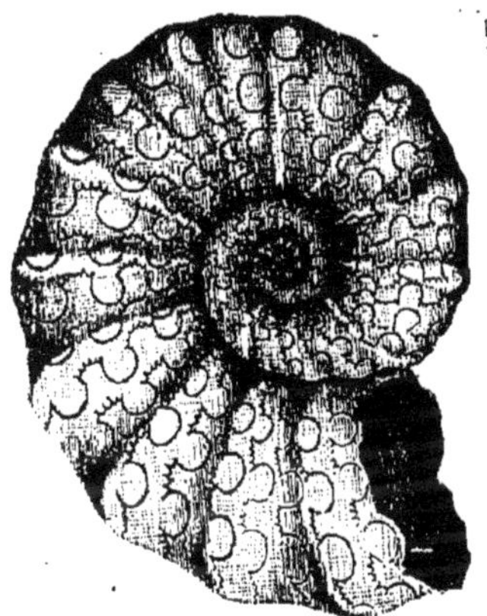

Fig. 56. — *Ceratites nodosus.*

Fig. 57. — *Avicula socialis.*

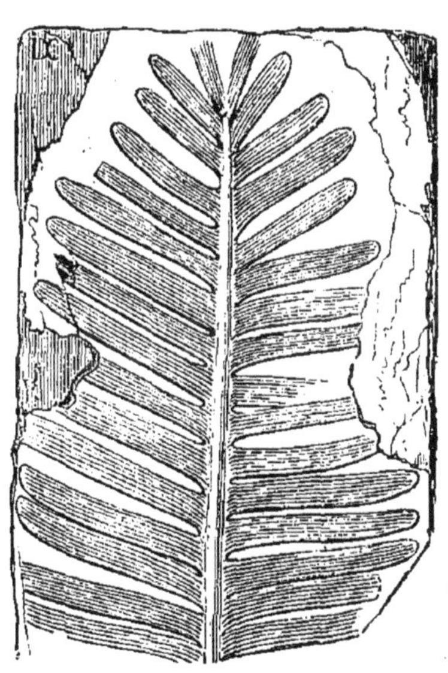

Fig. 58.
Pterophyllum Pleiningeri.

De nombreux végétaux ont laissé leurs empreintes dans les marnes irisées: ce sont des conifères, des cycadées (*fig.* 58) et quelques calamites.

TERRAIN JURASSIQUE.

59. Au-dessus des terrains salifères se sont déposées les couches du *terrain jurassique*, ainsi nommé parce que c'est d'abord dans les montagnes du Jura qu'il a été l'objet, en France, d'une étude sérieuse.

Cet ensemble de couches peut se subdiviser en un certain nombre de groupes.

A la partie inférieure se trouve le *lias* et au-dessus les calcaires *oolithiques*, qui se subdivisent eux-mêmes en quatre groupes secondaires.

60. **Lias.** — Le lias est lui-même formé de trois parties : la première, qui tantôt repose sur le trias, tantôt sur le granit ou les terrains anciens, est constituée par des couches d'un grès quelquefois très-peu cohérent. Elles renferment de nombreux dépôts métallifères, de l'oxyde de manganèse, de l'oxyde de chrome. Ces assises portent le nom de grès *infra-liasique*.

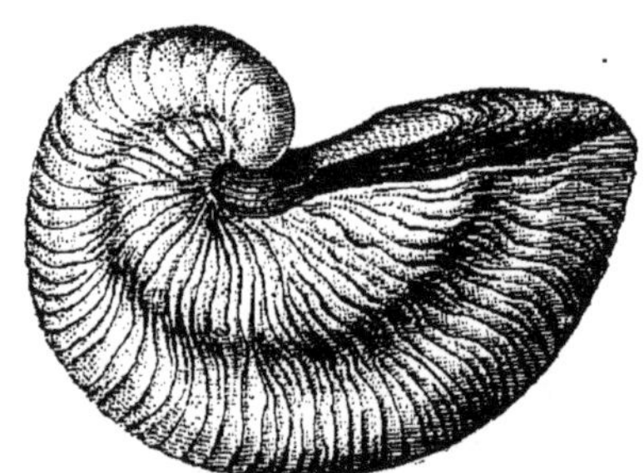

Fig. 59. — Gryphée arquée.

Au-dessus viennent des calcaires peu compactes, très-riches en fossiles, l'un d'eux y est particulièrement abondant. C'est une coquille bivalve, de la famille des huîtres, qui, à raison de sa forme, porte le nom de *gryphée arquée* (*fig.* 59).

61. Ces calcaires appelés *calcaires à gryphées* sont recouverts par des marnes schisteuses ou argileuses très-riches en débris organiques; on y trouve beaucoup de *bélemnites*.

Les bélemnites (*fig.* 60), que nous voyons paraître à l'époque secondaire, étaient des mollusques céphalopodes analogues à nos poulpes, à nos calmars, et qui, de même

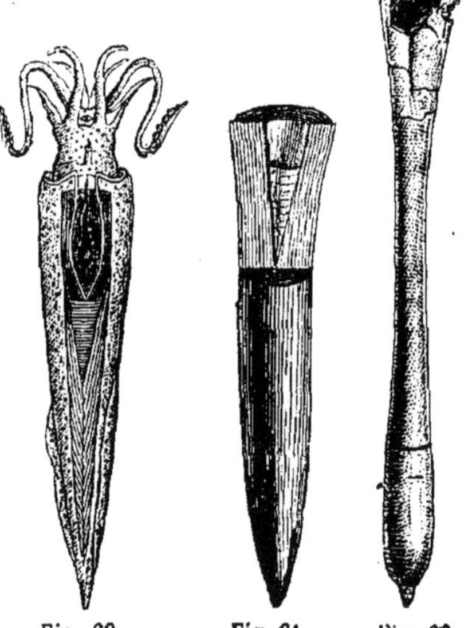

Fig. 60. Restauration d'une Bélemnite. Fig. 61. *Belemnites sulcatus*. Fig. 62. *Belemnites pistiliformis*.

que ces derniers, portaient sous leurs tissus une coquille styliforme, à laquelle on applique le nom de bélemnite (*fig.* 61 et 62), qui servait de soutien à leurs téguments. Cette partie dure et résistante s'est seule conservée, le reste de l'animal a disparu. Aussi pendant longtemps ne s'est-on pas rendu compte de la nature des bélemnites, jusqu'à ce que l'on ait trouvé sur des plaques de calcaire l'empreinte entière de l'animal, pourvu de ses longs tentacules préhenseurs, et présentant sur la partie dorsale son osselet protecteur.

Dans toutes les autres couches de la période secondaire que nous allons passer en revue, nous trouverons des bélemnites, et ces corps sont d'un grand secours pour la détermination des terrains, car leurs formes, variant suivant les diverses couches, elles peuvent, par conséquent, former de bons horizons géologiques.

A cette époque vivaient en grand nombre d'autres céphalopodes qui se sont montrés et ont disparu avec la période secondaire ; ce sont les *ammonites*. De même que les nautiles, elles ont des coquilles enroulées sur elles-mêmes et divisées en un certain nombre de chambres que traverse un conduit appelé siphon. Les cloisons qui séparent les chambres, au lieu d'être régulièrement courbes, sont très-onduleuses (*fig.* 63).

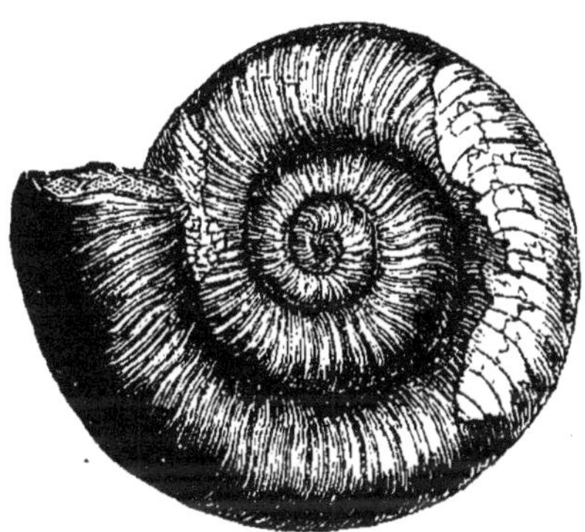

Fig. 63. — *Ammonites Walcoti.*

Dans le lias on rencontre également de nombreux restes de reptiles sauriens dont nous ne connaissons aucun analogue dans la nature actuelle. Leur ostéologie rappelle à la fois les lézards les crocodiles et les poissons.

Fig. 64. — Ichthyosaure.

Les *ichthyosaures* (*fig.* 64), par exemple, ont le museau et l'aspect général d'un marsouin, et au premier abord ils semblent avoir la tête d'un lézard, les dents d'un crocodile, les vertèbres d'un poisson, les nageoires d'une baleine. Le nombre et la forme de leurs dents en faisaient des animaux redoutables.

Les *plésiosaures* (*fig.* 65) étaient remarquables par la longueur démesurée de leur cou, ressemblant à un corps de serpent, et composé quelquefois de trente-trois vertèbres. Leurs nageoires étaient construites sur le même type que chez l'espèce précédente. Ce devait être un animal aquatique marin. La longueur de son cou pouvait lui permettre de saisir de loin sa proie.

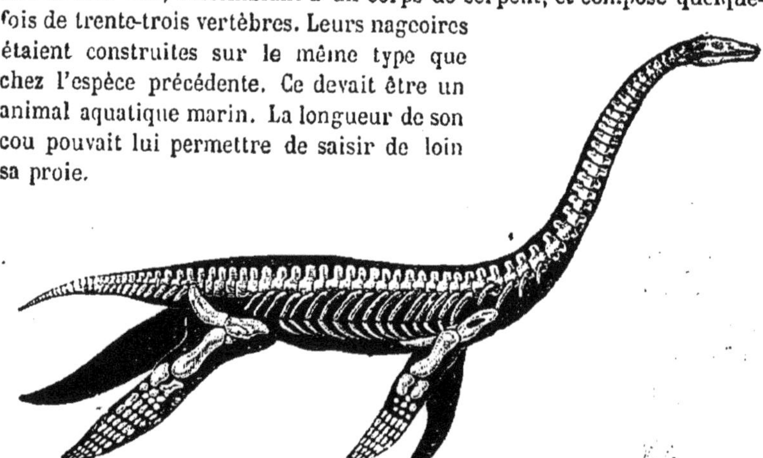

Fig. 65. — Plésiosaure.

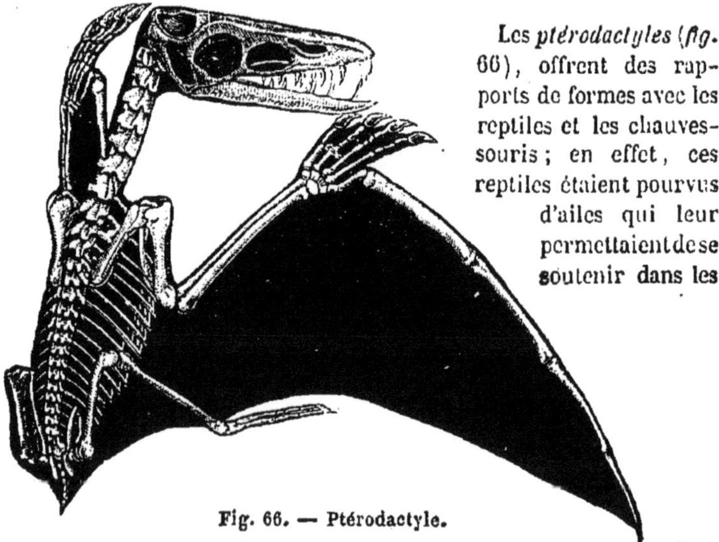

Fig. 66. — Ptérodactyle.

Les *ptérodactyles* (*fig.* 66), offrent des rapports de formes avec les reptiles et les chauves-souris ; en effet, ces reptiles étaient pourvus d'ailes qui leur permettaient de se soutenir dans les airs. Ces ailes étaient formées par un repli de la peau des flancs, qui s'étendait de l'un des doigts très-allongé à cet effet jusqu'au membre postérieur.

62. Système oolithique. — Les couches qui composent ce système doivent se subdiviser en quatre étages :

L'étage de la grande oolithe, l'étage de l'argile d'Oxford, l'étage corallien et et l'étage portlandien.

L'*étage de la grande oolithe* commence ordinairement par une couche de sable jaune et micacé, alternant avec des argiles ; puis viennent des calcaires formés par la réunion de petits grains appelés *oolithes*, que l'on exploite aux environs de Caen.

Dans les couches inférieures, on trouve une espèce de gryphée, voisine de celle que nous avons déjà signalée dans le lias, mais qui s'en distingue par sa forme moins arquée, c'est le *gryphea cymbium*. On y rencontre aussi des *térébratules* (*fig.* 67), des espèces d'*ammonites* (*fig.* 68) distinctes de celles des autres étages, etc.

Fig. 67. — *Terebratula globata.*

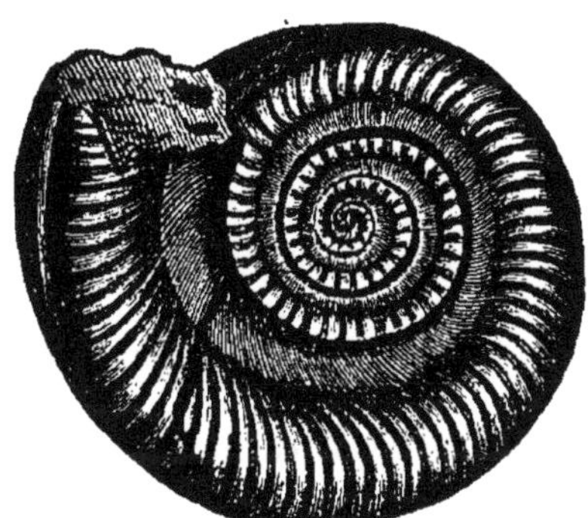

Fig. 68. — *Ammonites striatulus*

On a trouvé en Angleterre, dans les marnes de Stonesfield, qui ont été déposées pendant cette période, les restes de nombreux mammifères marsupiaux (*fig.* 69).

Fig. 69. — *Didelphus Bucklandi.*

On connaît aussi quelques végétaux de cette époque et différents de ceux des autres couches.

63. Étage oxfordien. — Cet étage est formé par une couche puissante d'une argile bleue appelée, à raison des localités où on la connaît le mieux, *argile de Dives*, en France, et *Oxford-clay*, en Angleterre. Cette couche est très-riche en fossiles; ce sont surtout des *bélemnites* et des *ammonites* (*fig.* 70); — une espèce d'huître, l'*ostrea dilatata* (*fig.* 71), est caractéristique de cette époque.

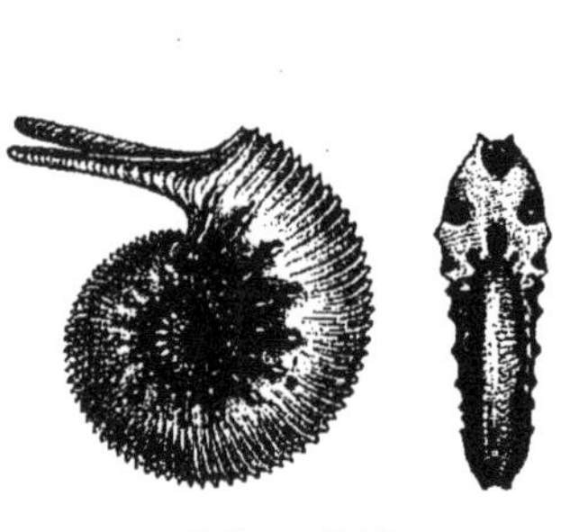

Fig. 70. — *Ammonites Jason.*

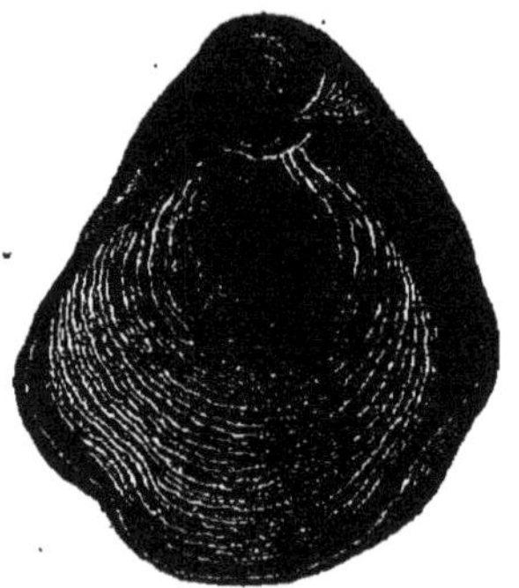

Fig. 71. — *Ostrea dilatata.*

64. **Étage corallien.** — Ce groupe est ainsi nommé à cause du nombre de polypiers fossiles que l'on y rencontre. — Les Anglais lui donnent le nom de *coral rag.* Il est également bien développé en Normandie. On rencontre dans cet étage une coquille bivalve caractéristique de cet horizon, c'est le *diceras arietina* (*fig.* 72).

Fig. 72. — *Diceras arietina.*

65. **L'étage portlandien** se compose de deux assises principales: l'une est argileuse et porte le nom d'argile de Kimmeridge ou de Honfleur; l'autre est calcaire; sa structure est tantôt grenue, tantôt compacte; elle est désignée sous le nom de calcaire de Portland. Elle manque en Normandie.

Les fossiles de cet étage sont abondants; deux espèces d'huîtres : l'*ostrea deltoïdea* (*fig.* 73) et l'*exogyra virgula* (*fig.* 74), sont

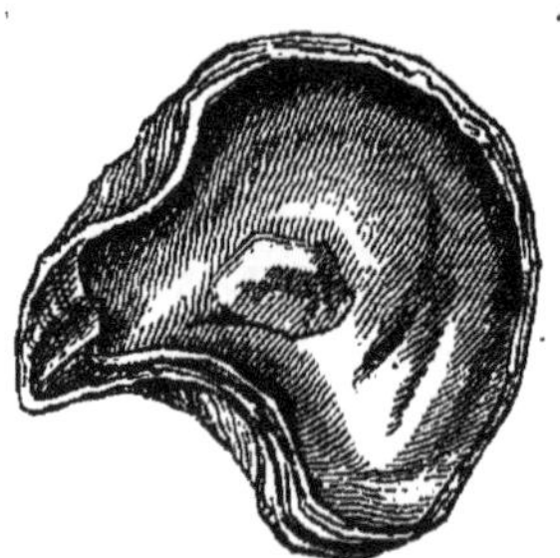

Fig. 73. *Ostrea deltoïdea.*

Fig. 74. *Exogyra virgula*

caractéristiques du portlandien. On y trouve aussi des *térébratules*, des *ammonites*, etc

66. Les dépôts jurassiques sont très-développés en France (*fig* 75). Une large bande s'étend des bords de l'Océan, vers la Rochelle, jusqu'à Luxembourg et Mézières; il s'y rattache une bande qui se détache de la

Fig. 75.

première vers Poitiers et remonte en Normandie; divers lambeaux entourent le plateau central et vont rejoindre les dépôts qui de Lyon s'étendent en Bourgogne.

TERRAIN CRÉTACÉ.

67. Sur les dépôts jurassiques relevés par le soulèvement de la Côte-d'Or se sont déposées de puissantes assises très-développées en France et que l'on désigne sous le nom de terrains crétacés ; ils peuvent se diviser en deux étages principaux.

Terrain crétacé inférieur. — Cet étage se compose de plusieurs dépôts très-distincts entre eux et que l'on connaît sous les noms de terrains wealdiens, de terrains néocomiens, de gault, de craie chloritée et de craie tuffeau.

Dépôts wealdiens. — A la partie inférieure de l'étage inférieur on trouve, en Angleterre, des couches qui se sont déposées au sein des eaux douces. Ce sont les premières de ce genre que nous ayons eu à signaler. Ces dépôts appelés *wealdiens* renferment divers débris de végétaux, des coquilles fluviatiles telles que des *paludines*, des *unios*, des *anodontes* et un reptile gigantesque, l'*iguanodon*, voisin des iguanes et qui avait plus de 20 mètres de long. Cet animal, lourd et massif, paraît avoir été herbivore.

68. *Dépôts néocomiens.* — Ces dépôts sont composés de sables, de marnes, de calcaires jaunâtres, puis d'argiles grises. Sur certains points on y trouve d'abondants amas de minerais de fer que l'on exploite dans l'Aube et la Haute-Marne. Cette formation, désignée quelquefois sous le nom de *grès vert inférieur*, se retrouve dans la Champagne, en Picardie, dans le Boulonnais, en Bourgogne, en Franche-Comté et dans le Languedoc, le Dauphiné et la Provence, où il ne se compose presque que de calcaires compactes très-fossilifères.

Les couches sableuses néocomiennes affleurent sur divers points et particulièrement sur les confins de la Champagne ; elles sont comprises entre deux couches d'argile, l'une fournie par l'argile de Kimmeridge, l'autre par le gault ; les eaux qui s'y infiltrent forment une vaste nappe d'eau souterraine qui s'étend sous le bassin de Paris et alimente les puits artésiens de Grenelle et de Passy. (Voy. parag. 17, *fig.* 12.

Les fossiles les plus caractéristiques de cette époque sont des oursins : le *Spatungus retusus* (*fig.* 76), des huîtres, l'*ostrea aquila*, des mollusques céphalopodes d'une forme toute parti-

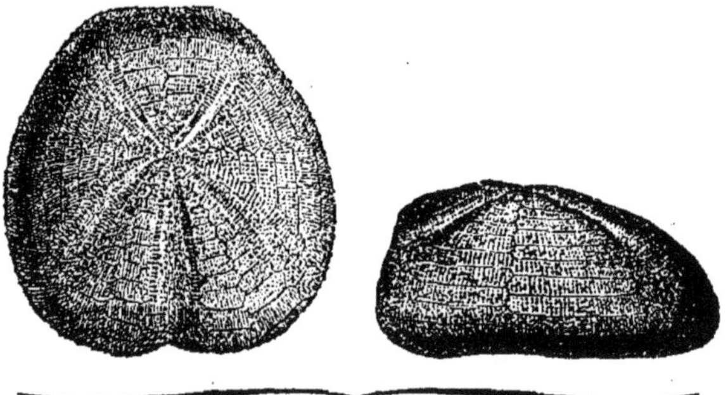

Fig. 76. — *Spatangus retusus.*

culière connus sous le nom de *ancyloceras*, *hamites* (*fig.* 77), *ptycoceras* (*fig.* 78), etc.

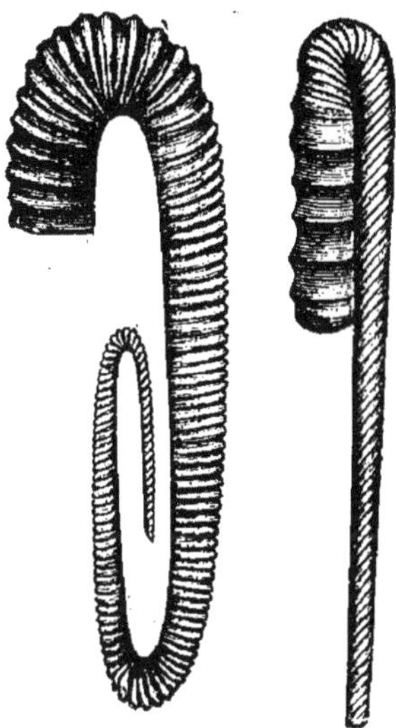

Fig. 77. *Hamites*. Fig. 78. *Ptycoceras*.

69. *Gault.* — Au-dessus vient une assise argileuse connue sous le nom de *gault*, riche en débris de céphalopodes analogues aux précédents et parmi lesquels il faut citer les *scaphites*.

70. *Craie chloritée.* — Le gault est recouvert par des sables jaunâtres remplis de grains de matière verte appelée *chlorite*. Ces sables deviennent de plus en plus marneux et finissent par constituer la *craie verte* ou *glauconienne*, très-développée dans les falaises des côtes de Normandie, aux environs du Havre.

71. *Craie tuffeau.* — Les assises supérieures ne renferment plus de grains verts. On les désigne sous le nom de *craie tuffeau*; cette craie se durcit à l'air et peut être employée pour les constructions, comme on le voit aux environs de Tours.

La craie chloritée et la craie tuffeau sont riches en débris organiques. On y trouve beaucoup de céphalopodes tels que des *ammonites*, des *scaphites* (*fig.* 79), des *baculites*, des *turrilites* (*fig.* 80), des *bélemnites*, des *huîtres*, de nombreuses *térébratules*, des *oursins*, etc.

Fig. 79. — *Scaphites*.

Fig. 80. — *Turrilites*.

On doit rapporter à cette même époque certaines assises crayeuses du midi de la France entre la Rochelle, Périgueux et Bordeaux, qui renferment quelques fossiles particuliers tels que des *hippurites* (*fig.* 81) et nommées, pour cette raison, calcaires à *hippurites*.

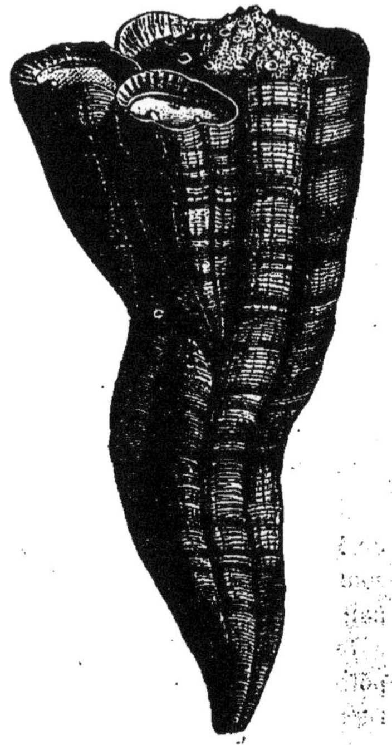

Fig. 81. — *Hippurites.*

72. **Terrain crétacé supérieur.** — *Craie marneuse.* — Au-dessus de la craie tuffeau se trouve un calcaire terreux renfermant une quantité énorme de petites coquilles microscopiques nommées foraminifères, mélangées de matières argileuses ; c'est la craie marneuse. Cette assise forme la plus grande partie de la Champagne. Elle est recouverte par une craie plus compacte et renfermant un grand nombre de lits de silex ou pierre à fusil. Cette craie, ou *craie blanche*, se voit à Meudon, près Paris, où on l'exploite pour la fabrication du blanc d'Espagne ou blanc de Meudon. Ces couches sont très-riches en bélemnites. Le *belemnites mucronatus* (*fig.* 82) est abondant à Meudon. On voit aussi dans ce dépôt une huître, l'*ostrea vesicularis*, une espèce d'oursin, l'*ananchites ovatus* (*fig.* 83), et beaucoup de *térébratules*, dont quelques-unes sont caractéristiques.

Fig. 82. *Belemnites mucronatus.*

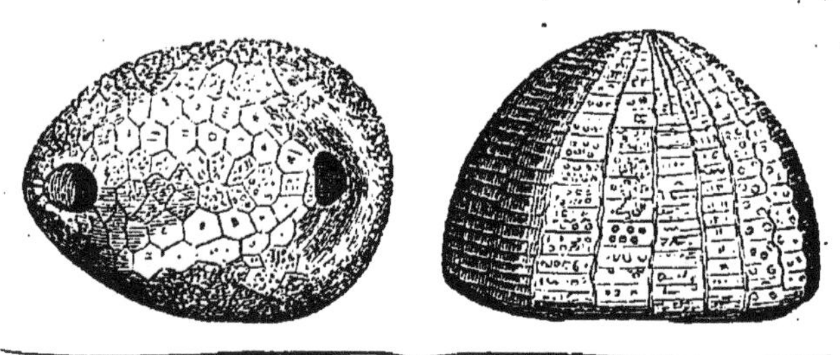

Fig. 83. — *Ananchites ovatus.*

Une espèce particulière de spondyle, le *spondylus spinosus* est remarquable par les longues épines qui hérissent une de ses deux valves (*fig.* 84). Malgré leur fragilité, ces pointes se sont souvent conservées, et on en trouve parfois des échantillons entiers dans la craie

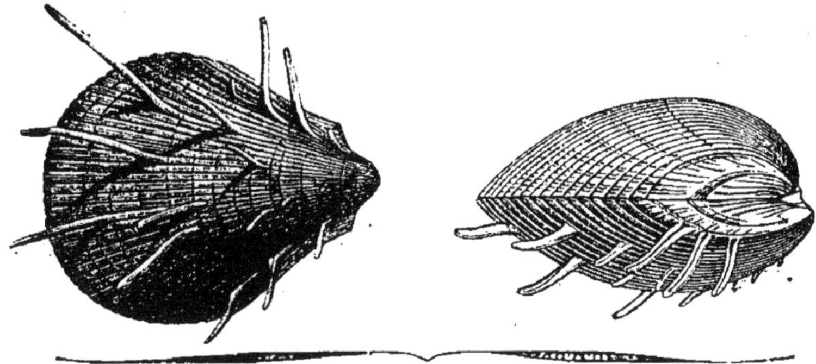

Fig. 84. — *Spondylus spinosus.*

de Meudon. Les polypiers étaient nombreux à cette époque. On a rencontré dans ces assises plusieurs espèces de bryozoaires. Enfin, on connaît de ces couches diverses empreintes de poissons.

73. On doit rapporter à la partie supérieure du terrain crétacé les dépôts de la *craie sableuse de Maëstricht*, où on a trouvé les débris d'un reptile saurien gigantesque ayant au moins 8 mètres de long, et connu sous le nom de *mosasaurus* (*fig.* 85).

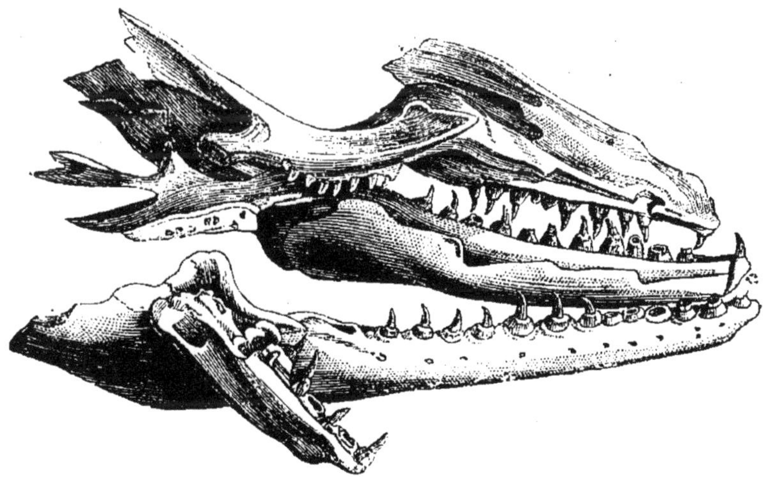

Fig. 85. — *Mosasaurus.*

Le calcaire *pisolithique*, qui se rencontre aux environs de Paris, à Meudon et à Bougival, date de la même époque.

Les terrains crétacés occupent une étendue immense à la surface de la terre. En France (*fig.* 86), ils forment autour du bassin de Paris une

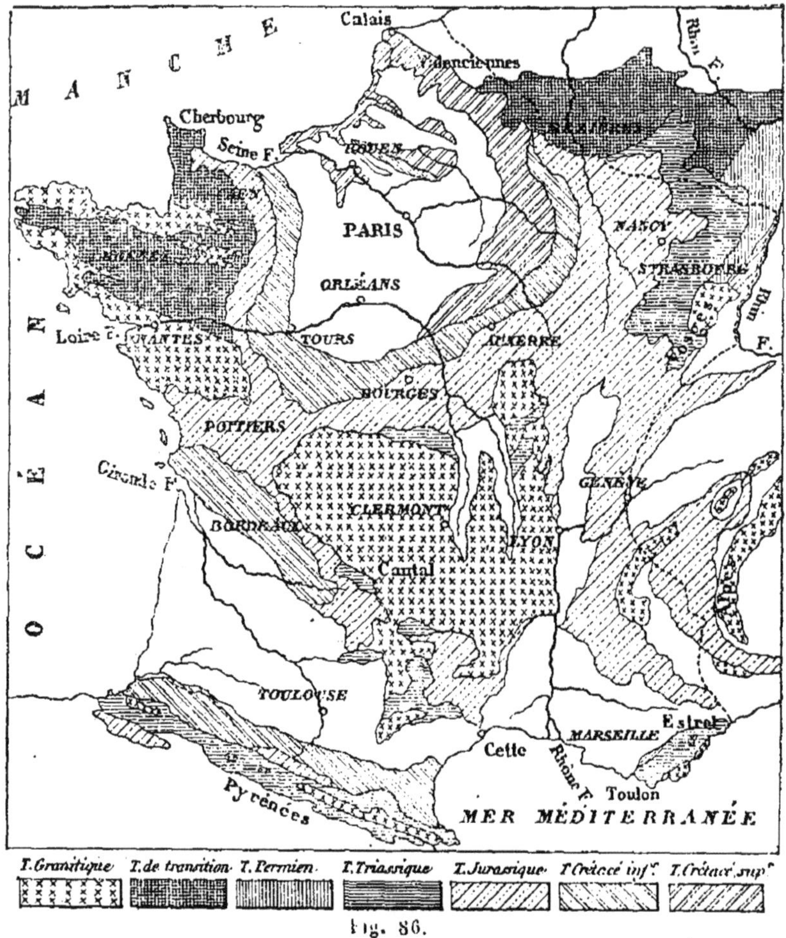

Fig. 86.

vaste ceinture qui s'étend depuis le Pas-de-Calais et l'embouchure de la Seine jusqu'au delà de la Loire ; on les retrouve à l'état de calcaire à hippurite dans le midi de la France. Ils se prolongent en Angleterre et en Irlande ; ils se trouvent en Allemagne, en Suède, en Russie et sur tout le pourtour du bassin méditerranéen.

TERRAINS DE SÉDIMENT SUPÉRIEURS OU TERTIAIRES.

74. Les terrains tertiaires comprennent la série de formations qui commence au-dessus de la craie blanche et se termine aux alluvions. Les divers étages qui les composent ne sont pas, comme les terrains précédents, disposés en masses d'une étendue énorme; ils se sont formés dans des bassins indépendants, aussi peuvent-ils varier considérablement de nature, quoique formés à des époques peu différentes. Ces dépôts n'étant recouverts que par les alluvions, se montrent à nu sur un grand nombre de points du globe, aussi les a-t-on mieux étudiés que les autres.

Les terrains tertiaires ont été divisés en trois étages.

L'étage inférieur, ou *éocène*, appelé aussi terrain *parisien* parce que c'est dans le bassin de Paris qu'il est le plus développé;

L'étage moyen, ou *miocène*, appelé aussi terrain de molasse;

L'étage supérieur, ou *pliocène*, connu sous le nom de terrain subapennin.

75. **Terrain éocène ou parisien**. — Cette formation, qu'il est facile d'étudier aux environs de Paris (*fig.* 90.), se compose d'une série de dépôts tantôt marins, tantôt d'eau douce; il semble que la mer a dû successivement occuper, puis abandonner le bassin formé par la craie et que les eaux douces l'aient alors envahi.

76. *Partie inférieure.* — Les plus anciens sédiments du bassin de Paris ont une origine lacustre; ils se sont effectués dans une vaste dépression s'étendant entre Compiègne, Reims et Noyon. Ce sont des sables parfaitement blancs, connus sous le nom de *sables de Rilly* et des marnes pétries de moules de coquilles lacustres, parmi lesquelles se remarque la *physa gigantea*, associées à des hélix, à des pupa, à des paludines, etc., et, sur certains points, à des empreintes de végétaux, qui sont pour la plupart des dicotylédones.

A peu près à la même époque, la mer déposait les *sables de Bracheux* ou sables inférieurs du Soissonnais. Les eaux étaient alors très-tranquilles, comme l'indique la régularité des lits coquilliers.

Au-dessus de ces sables marins se trouvent des dépôts d'eau douce ou d'eau saumâtre représentés aux environs de Paris par les puissantes assises de l'*argile plastique* de Meudon, et dans le Soissonnais par des couches de *lignites* et d'argile où l'on rencontre des coquilles d'eau saumâtre et d'eau douce, associées à des restes de *lophiodons*, mammifères voisins des tapirs.

Des sables marins ou sables supérieurs du Soissonnais recouvrent les lignites; ils sont très-riches en fossiles, surtout en mollusques; on y trouve de nombreux gastéropodes, dont l'un, la *nerita conoïdea* (*fig.* 87), est caractéristique de cette couche ; les acéphales y sont également très communs.

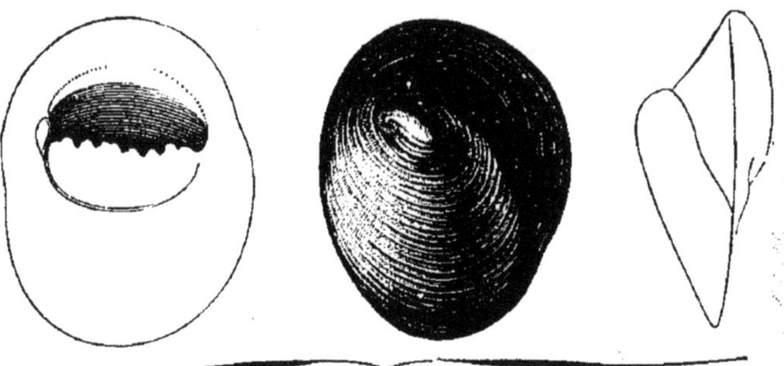

Fig. 87. — *Nerita conoïdea.*

77. *Partie moyenne.* — Viennent ensuite les couches puissantes du *calcaire grossier*, que l'on exploite autour de Paris pour en tirer la pierre à bâtir. La partie inférieure de ces calcaires renferme une quantité prodigieuse de foraminifères appartenant surtout au genre *milliolithe.*

Les coquilles ressemblent beaucoup à celles qui habitent nos mers, et on ne trouve plus ces types étranges qui diffèrent de tout ce que présente la nature actuelle; les ammonites et les bélemnites ont disparu. Au contraire, les cônes, les volutes, les harpes, les tritons, les buccins, les turbos, etc., sont très - nombreux. Une espèce de cérithe, le *cerithium giganteum* (*fig.* 88), ne se rencontre que dans les lits inférieurs du calcaire grossier. Il est remarquable par ses di-

Fig. 88. *Cerithium giganteum.*

Fig. 89. *Cerithium hexagonum.*

Fig. 90. *Turritella imbricataria.*

mensions, qui atteignent plus d'un demi-mètre de longueur. On peut encore citer comme fossiles caractéristiques du calcaire grossier le *cerithium hexagonum* (*fig.* 89), la *voluta spinosa*, la *turritella imbricataria* (*fig.* 90), la *cardita planicosta* (*fig.* 91), la *crassalella ponderosa* (*fig.* 92).

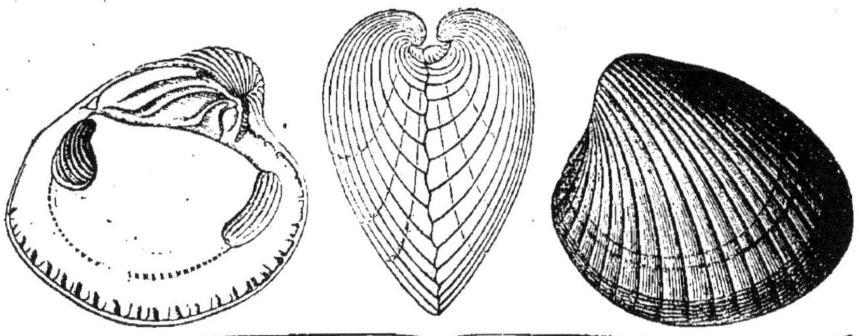

Fig. 91. — *Cardita planicosta.*

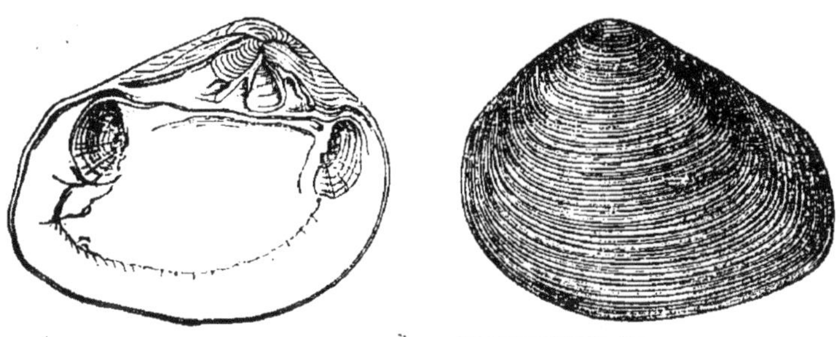

Fig. 92. — *Crassalella ponderosa.*

Fig. 93. — *Nummulites.*

Cette couche est également remarquable par la présence de nombreuses *nummulites;* ce sont de petites coquilles foraminifères ressemblant à uns petite pièce de monnaie, et divisées à l'intérieur en un grand nombre de chambres (*fig.* 93). On y voit aussi des dents de poissons de la famille des squales (*fig.* 94).

A l'époque du dépôt de la partie supérieure du calcaire grossier, l'action des eaux douces paraissait avoir prédominé; en effet, on trouve dans ces dépôts de nombreuses coquilles d'eau saumâtre.

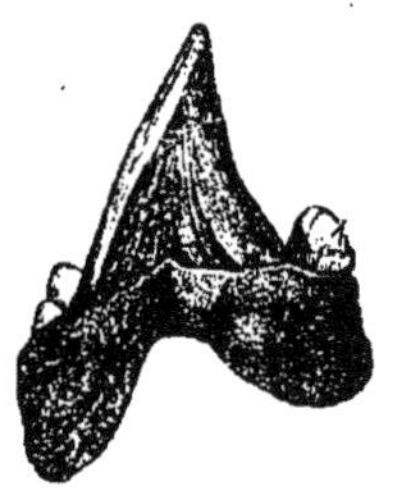

Fig. 94.
Dent de Squale.

Cet état de choses ne dura pas longtemps, la mer revint occuper son ancien bassin et déposa les *sables de Beauchamp* ou sables éocènes supérieurs. très-riches en fossiles marins. On y rencontre un grand nombre de mollusques, dont beaucoup sont communs au calcaire grossier, et quelques crustacés, dont l'un, le *psammocarcinus hericarti*, est très-abondant.

78. *Partie supérieure.* — Le dépôt qui suit a été formé par les eaux douces; c'est le *calcaire siliceux* ou *calcaire de Saint-Ouen*, qui renferme une grande quantité de silice formant des amas plus ou moins volumineux. Ces calcaires sont remplis de coquilles d'eau douce; ce sont des lymnées (*fig.* 24 et 25), des planorbes, des cyclostomes.

79. **Gypse**. — De grands amas de *gypse* ou pierre à plâtre se sont formés ensuite, ils alternent avec des lits d'argile et de marnes de diverses couleurs

Le gypse se trouve principalement dans une série de petites collines qui se dirigent de l'est à l'ouest, et dont les plus connues sont celles de *Montmartre*, de *Chaumont*, de *Montmorency*, etc.

Cette substance est généralement jaunâtre et cristalline. On trouve fréquemment à la partie inférieure de grands cristaux en fer de lance. longs de plusieurs décimètres. Par la calcination, le gypse perd son eau, devient blanc, et constitue le plâtre. Les marnes qui accompagnent cette assise sont souvent verdâtres; on y trouve quelques coquilles d'eau douce

80. C'est dans le gypse de Montmartre qu'ont été découverts les nombreux restes de mammifères qui ont permis à Cuvier de reconstituer le squelette entier de ces animaux fossiles, et de découvrir qu'ils ne se rapportaient à aucun genre aujourd'hui vivant. Je citerai principalement les *anoplotherium* et les *paleotherium*.

Les anoplotherium (*fig.* 95 et 97) sont intermédiaires entre les pachydermes et les ruminants; ils avaient une queue longue et des pieds formés par un *canon* analogue à celui des ruminants. Quelques espèces devaient être aussi sveltes que nos cerfs, d'autres étaient plus massives. Quelques-unes ne dépassaient pas la taille d'un lapin.

Les paleotherium (*fig.* 96 et 97) étaient des pachydermes voisins des tapirs. Comme ces derniers, ils devaient être pourvus d'une courte

trompe Les plus grandes espèces étaient de la taille d'un cheval, les plus petites étaient de la grosseur d'un mouton.

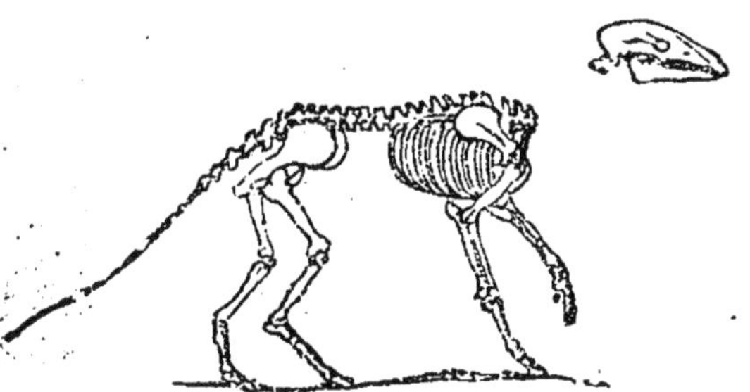

Fig. 95. — *Anoplotherium.*

On a aussi rencontré dans le gypse des restes d'oiseaux, de sauriens et de tortues.

81. Au-dessus de la formation gypseuse se trouvent

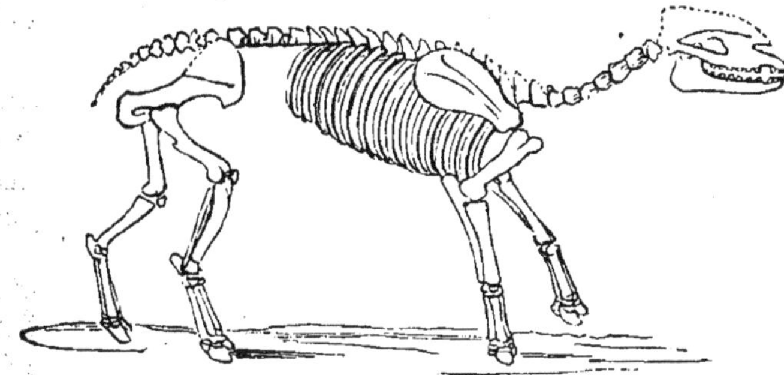

Fig. 96. — *Paleotherium.*

Fig. 97. — **Faune de l'époque tertiaire. — *a Anoplotherium.* — *b Paleotherium.***

des assises de calcaire siliceux appelé *calcaire de Brie*, et remarquables par les pierres meulières qu'il renferme et qui sont exploitées pour la fabrication des meules. Elles sont très-développées à la Ferté-sous-Jouarre. Les fossiles sont très-rares dans ce système. Ce calcaire paraît avoir été formé, de même que le gypse, par des sources à la fois carbonatées, siliceuses et gypseuses, qui, à cette époque, auraient été nombreuses.

82. **Division du terrain éocène en bassins.** — Le bassin parisien n'est pas le seul où le terrain éocène s'est déposé; ainsi cette formation est-elle très-développée en Angleterre; à la partie supérieure se trouvent des marnes et des argiles d'eau douce avec des restes d'anoplotherium et de paleotherium; au-dessous se trouvent, à Barton, des sables marins analogues aux sables de Beauchamp. On rencontre aussi un dépôt argileux connu sous le nom de *London clay* ou *argile de Londres*. Il est principalement composé d'une argile marneuse bleue ou noirâtre, et ses fossiles ont beaucoup de rapport avec ceux du calcaire grossier parisien; on y rencontre aussi un grand nombre de crabes et d'autres crustacés, des tortues, etc. En Belgique, ce sont surtout les sables qui dominent.

83. **Terrain nummulitique.** — Dans le midi de la France, le terrain tertiaire inférieur présente un aspect tout particulier; il est remarquable par l'abondance des nummulites qu'il renferme, et qui lui ont fait donner le nom de *calcaire à nummulites*. Ce calcaire repose ordinairement sur les couches à hippurites; tantôt il est plus ou moins terreux, tantôt compacte, et ordinairement de couleur foncée. Ce dépôt est très-abondant dans les Corbières; on le retrouve le long de la chaîne des Pyrénées, des Alpes, au mont Viso. Il existe dans le Vicentin; on le connaît sur tout le pourtour du bassin méditerranéen, en Crimée, au Caucase, en Arménie, en Égypte, où il a servi à la construction des Pyramides; enfin on le cite dans les Indes.

Indépendamment des nummulites, ces dépôts renferment beaucoup de fossiles dont un grand nombre sont identiques avec ceux du terrain parisien, et disposés dans le même ordre de succession. On y trouve les mêmes turritelles, les mêmes cérithes, etc., enfin on y rencontre une grande quantité de crabes; à Saint-Sever, dans le département des Landes, on en connaît une espèce identique à celle qui existe dans l'argile de Londres, dans le calcaire grossier parisien et dans le nummulitique d'Allemagne. Une au-

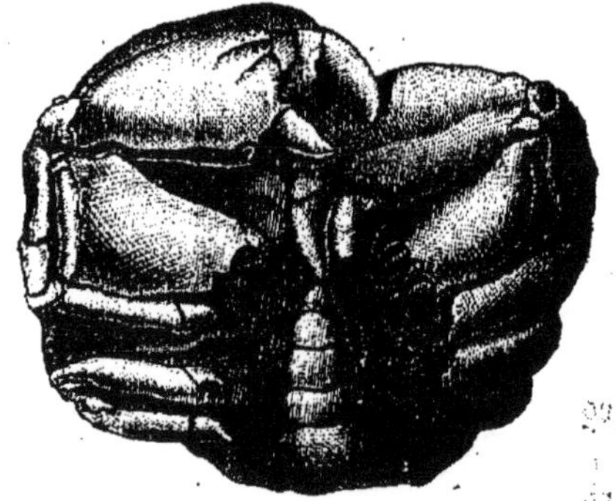

Fig. 98. — *Cancer macrochelus*.

tre espèce (*fig* 98) se trouve depuis la France et l'Allemagne jusqu'aux Indes.

Pendant longtemps on a considéré le terrain nummulitique comme appartenant au groupe crétacé, mais jamais on n'y rencontre de bélemnite ou d'ammonite caractéristique de la formation secondaire ; au contraire, on y trouve beaucoup des fossiles du terrain parisien, et maintenant la plupart des géologues sont d'accord pour l'assimiler aux dépôts tertiaires inférieurs.

84. A l'aide du tableau suivant on peut facilement comprendre la succession des dépôts qui se sont formés sur différents points à l'époque éocène.

		BASSIN DE PARIS.	BASSIN MÉRIDIONAL.	ANGLETERRE.
Éocène supérieur.		Calcaire de Brie.		
		Gypse à Paleotherium.	. . . .	Couches à Paleotherium.
Éocène moyen.		Calcaire de Saint-Ouen.		
		Sables de Beauchamp	. . . .	Sables de Barton.
		Calcaire grossier.	Nummulitique.. . .	Argile de Londres.
Éocène inférieur.	Supérieur. .	Sables supérieurs ou de Cuise.		
		Lignites.		
		Argile plastique. . .		
		Sables inférieurs ou de Bracheux. . . .		
	Inférieur. . .	Calcaire Lacustre à Physes.	Manque.	Sables.
		Sables de Rilly. . . .		

85. Si l'on jette un coup d'œil d'ensemble sur la période éocène, on voit que d'abord le bassin parisien était émergé. A cette époque existait le lac de Rilly.

La mer arriva successivement d'abord dans la Belgique, puis en France, et déposa les sables inférieurs ou sables de bracheux. — Le bassin de Paris se transforma ensuite en lagunes, et les lignites ainsi que l'argile plastique se formèrent. A l'époque des sables supérieurs du Soissonnais, du calcaire grossier et des sables du Soissonnais, la mer revint occuper son ancien lit.

Le calcaire de Saint-Ouen indique que le bassin parisien était redevenu un lac. Le gypse s'est encore formé sous l'influence des eaux douces. Tous ces changements paraissent s'être opérés tranquillement, sans cataclysme.

86. Le bassin parisien présente un ensemble de couches d'une richesse inépuisable pour les besoins de l'homme. Il n'est pas une seule de ses assises qui n'ait son utilité immédiate.

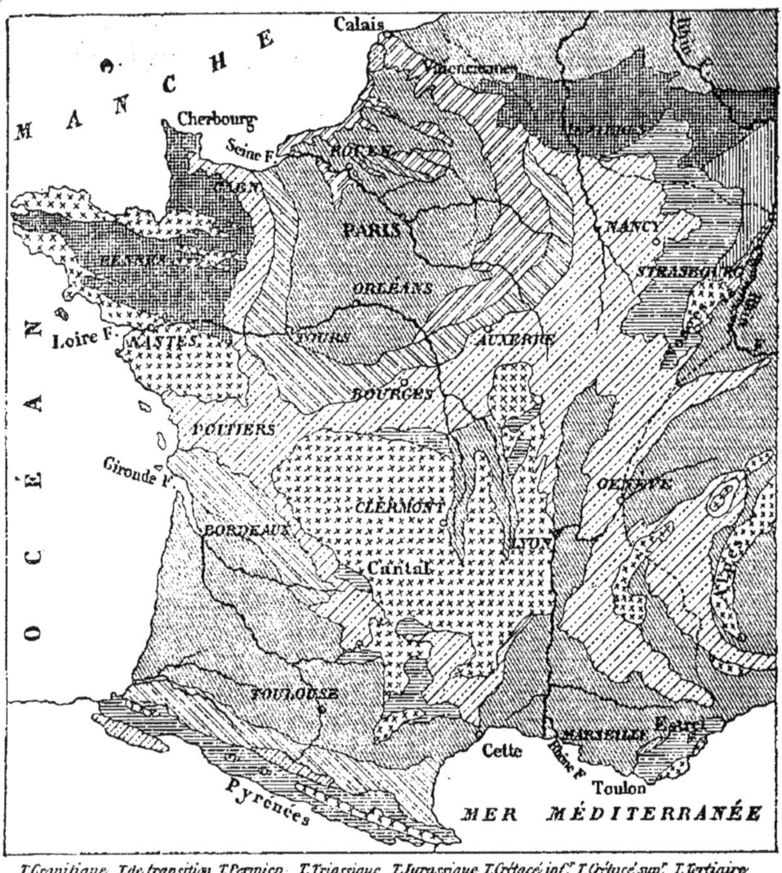

Fig. 69.

Les sables de Rilly sont employés pour la fabrication du verre.

Le calcaire lacustre à physes donne de la chaux hydraulique.

Les sables de Bracheux sont employés pour l'amendement du sol.

Les lignites et l'argile plastique fournissent les matières premières pour la fabrication des poteries.

Les sables supérieurs sont exploités comme sables et pour les verreries.

Le calcaire grossier fournit les pierres nécessaires à nos constructions.

Les sables de Beauchamp donnent d'excellents grès employés pour le pavage des rues.

Le calcaire de Saint-Ouen peut se transformer en chaux grasse.

Le gypse fournit le plâtre.

Le calcaire de Brie donne les meulières.

Enfin de nombreuses nappes d'eau souterraines sont comprises entre les couches argileuses du système éocène.

On voit donc qu'autour de Paris étaient réunies toutes les conditions géologiques nécessaires à la prospérité d'une grande ville.

TERRAIN TERTIAIRE MOYEN, DIT MIOCÈNE OU DE MOLASSE.

87. La couche de calcaire de Brie, qui termine la formation éocène, est recouverte par des dépôts de marnes, de grès et de sables marins, qui indiquent le retour de la mer, et qui se voient au sommet de presque tous les plateaux, buttes et collines des environs de Paris, à Meudon, à Sannois, à Fontenay-aux-Roses, à Montmorency. Cette formation est connue sous le nom de *grès de Fontainebleau*, à cause du développement qu'elle présente dans cette localité. — Ces grès sont très-recherchés pour faire des pavés; aux environs d'Orsay, il en existe de grandes carrières. Les fossiles sont assez nombreux dans les parties inférieures et supérieures de ce système.

Fig. 100. Graine de Chara.

88. Le **calcaire de Beauce** vient au-dessus; il a une origine lacustre, et donne de bonnes meulières. — Les fossiles les plus communs dans ce dépôt sont des lymnées, des planorbes (*fig.* 24 et 25), des hélices, des bulimes, etc., ainsi que des graines de chara (*fig.* 100).

89. Les **faluns** forment l'étage supérieur du terrain miocène; ils sont formés en général par un sable renfermant une quantité de coquilles fossiles. Ils sont très-développés en Touraine et aux environs de Bordeaux. — Beaucoup des espèces de mollusques que l'on trouve dans les faluns vivent encore aujourd'hui dans les mers actuelles. — On rencontre souvent, associés à ces coquilles, des ossements de mammifères qui ont été entraînés par les cours d'eau jusque sur les côtes.

Fig. 101. — Dent de Mastodonte.

90. Sur quelques points, il existe des dépôts lacustres datant de la même époque et très-riches en débris de ces mammifères; on y trouve des squelettes entiers et dont les os sont encore en connexion. Le gîte ossifère de Sansan, dans le département du Gers, appartient à cette formation. Il en est de même pour celui de Cucuron, dans le département de Vaucluse, et enfin pour celui de Pikermi, dans l'Attique. Ce sont ces couches dans lesquelles on a trouvé les restes des *mastodontes*, animaux analogues à l'élé-

phant, mais dont les dents (*fig.* 101) sont hérissées de pointes coniques, au lieu d'être plates. On y rencontre aussi le *dinotherium* (*fig.* 102), dont la taille dépassait celle de tous les mammifères connus; il devait avoir au moins six mètres de long. Il est remarquable par l'existence de deux défenses recourbées vers le bas, qui arment sa mâchoire inférieure (*fig.* 103). A cette époque, la France était habitée par de nombreuses troupes d'antilopes, de cerfs; il y avait aussi des rhinocéros, etc.

Fig. 102. — *Dinotherium* (restauré).

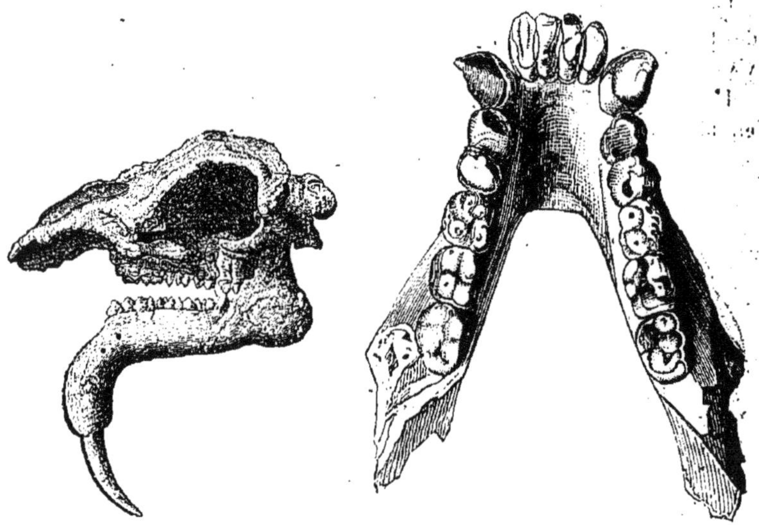

Fig. 103.
Tête de *Dinotherium*.

Fig. 104.
Mâchoire du Singe de Sansan.

Le premier singe connu date de cette époque et a été découvert à Sansan (*fig.* 104).

Le terrain de molasse se retrouve dans le midi de la France, à Aix, où il est remarquable par les empreintes d'insectes qu'il a conservées. Il est très-développé en Suisse; on y rencontre de nombreux restes de lignites, formés par des conifères, dont on peut encore reconnaître la structure intime, en examinant le bois au microscope; on y trouve aussi des dicotylédones, vivant encore aujourd'hui, des ormes (*fig.* 105), des érables, etc.

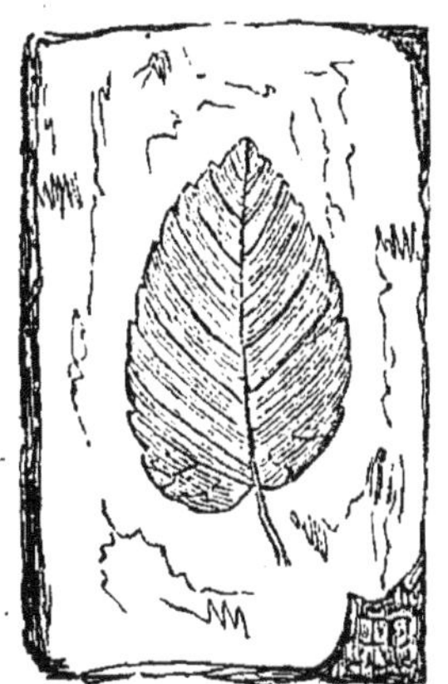

Fig. 105. — Feuille d'Orme.

La molasse renferme quelques dépôts de gypse, on en connaît à Aix, en Provence, en Catalogne, etc.

TERRAIN TERTIAIRE SUPÉRIEUR, DIT PLIOCÈNE OU SUBAPENNIN.

91. Au-dessus du miocène se sont déposées d'autres couches en stratification discordante. Les dépôts marins qui constituent les collines subapennines font partie de cette formation; elles sont formées à leur partie inférieure de marnes et en dessus de sables.

Les marnes sont bleuâtres; elles renferment de nombreuses coquilles, des turritelles, des cônes, des natices, des cérithes, etc., dont beaucoup vivent encore dans nos mers.

Les sables subapennins sont également riches en fossiles; ils renferment en abondance un gastéropode, le buccinum prismaticum (*fig.* 106), qui caractérise parfaitement cette couche.

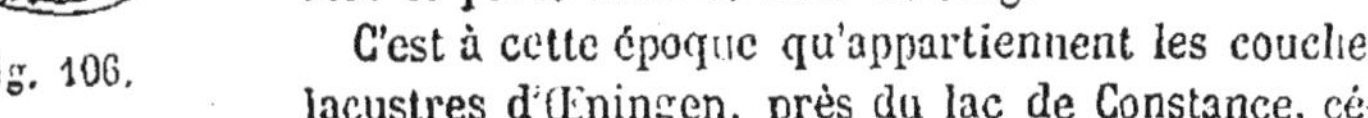

Fig. 106.

On suit ces dépôts, près de Nice, d'Antibes, de Perpignan. A Montpellier, ils sont représentés par des sables marins dans lesquels on a trouvé de nombreux restes de mammifères. Un éléphant, des mastodontes, des ours, des singes, des antilopes.

En Belgique, on retrouve les couches à *buccinium prismaticum* (*fig.* 106); ce dépôt, appelé *crag d'Anvers*, est identique avec les marnes subapennines.

En Angleterre, cette formation existe dans le Suffolk et porte aussi le nom de crag.

C'est à cette époque qu'appartiennent les couches lacustres d'Œningen, près du lac de Constance, célèbres par les reptiles, les insectes et les végétaux que l'on y a trouvés.

TERRAINS DE TRANSPORT.

Diluvium et blocs erratiques. — Cavernes à ossements et brèches osseuses. — Formation de la couche superficielle du sol ou terre arable. — Phénomènes actuels de transport.

92. **Diluvium.** — A la fin de la période tertiaire, de grands mouvements paraissent avoir eu lieu à la surface de la terre, des courants

impétueux ont profondément sillonné le sol, l'ont raviné, y ont creusé des vallées et ont donné à la terre son relief actuel. Ils ont arraché aux roches des pays qu'ils traversaient des fragments plus ou moins volumineux, des sables, de la vase qu'ils ont ensuite laissé déposer pêle-mêle avec les ossements des animaux qu'ils avaient entraînés dans leur cours. Cette accumulation a formé les *terrains de transport* appelés aussi *terrains diluviens, diluvium, terrains quaternaires* ; ils sont surtout considérables dans les vallées, cependant ils forment souvent de grands plateaux, celui du bois de Boulogne, par exemple. Ces phénomènes ont mis une longue suite de temps à s'effectuer.

93. **Blocs erratiques.** — Dans les contrées boréales de notre hémisphère et jusqu'en Allemagne, il arrive souvent que l'on rencontre d'énormes blocs différant complétement par leur nature minéralogique des roches du pays où ils se trouvent. On désigne ces blocs sous le nom d'*erratiques*. Plus on remonte vers le nord, plus ils sont abondants ; enfin on arrive ainsi au massif dont ils ont été arrachés. En Scandinavie, en Danemark, le sol en est presque couvert ; en Russie et en Allemagne ils sont plus rares. Leurs contours ne sont pas émoussés, ce qui prouve qu'ils n'ont pas été roulés par les cours d'eau, supposition que leur grosseur rendrait d'ailleurs invraisemblable.

94. On a cherché à expliquer ces phénomènes de transport de différentes manières. Quelques géologues ont pensé qu'ils avaient été produits par d'immenses glaciers qui, à l'époque quaternaire, auraient couvert comme d'une vaste calotte tout le Nord, et qui, après avoir arraché des blocs aux masses des roches primitives de la Finlande et de la Scandinavie, les auraient ainsi transportés au loin.

D'autres ont supposé qu'à l'époque diluvienne la mer couvrait le nord de nos continents, et que les blocs erratiques ont été transportés par des bancs de glaces flottantes.

Ces deux explications peuvent se trouver vraies; en effet, il est bien évident que sur certains points les roches erratiques ont été portées sur des glaciers; en effet, on voit en Suisse et jusqu'au Jura les traces d'un vaste glacier qui devait occuper une étendue énorme et qui, dans sa marche, a poli et strié les roches sous-jacentes. D'autre part, dans le Nord, les blocs erratiques auraient plutôt été transportés par des glaces flottantes, car, sur beaucoup de points, on trouve à côté d'eux des dépôts marins qui attestent l'existence de la mer sur ces contrées.

C'est au milieu de l'époque diluvienne que s'est ouvert le canal de la Manche; avant ce moment l'Angleterre faisait partie du continent.

95. **Faune diluvienne.** — Les couches qui se sont formées pendant cette période renferment une grande quantité de mammifères fossiles dont les uns vivent encore aujourd'hui dans les mêmes localités, dont d'autres ont émigré sous d'autres climats, et enfin dont les derniers

ont complètement disparu. Parmi les fossiles que l'on trouve en France, on doit citer en première ligne l'*elephas primigenius* ou *mammouth* (*fig.* 107)

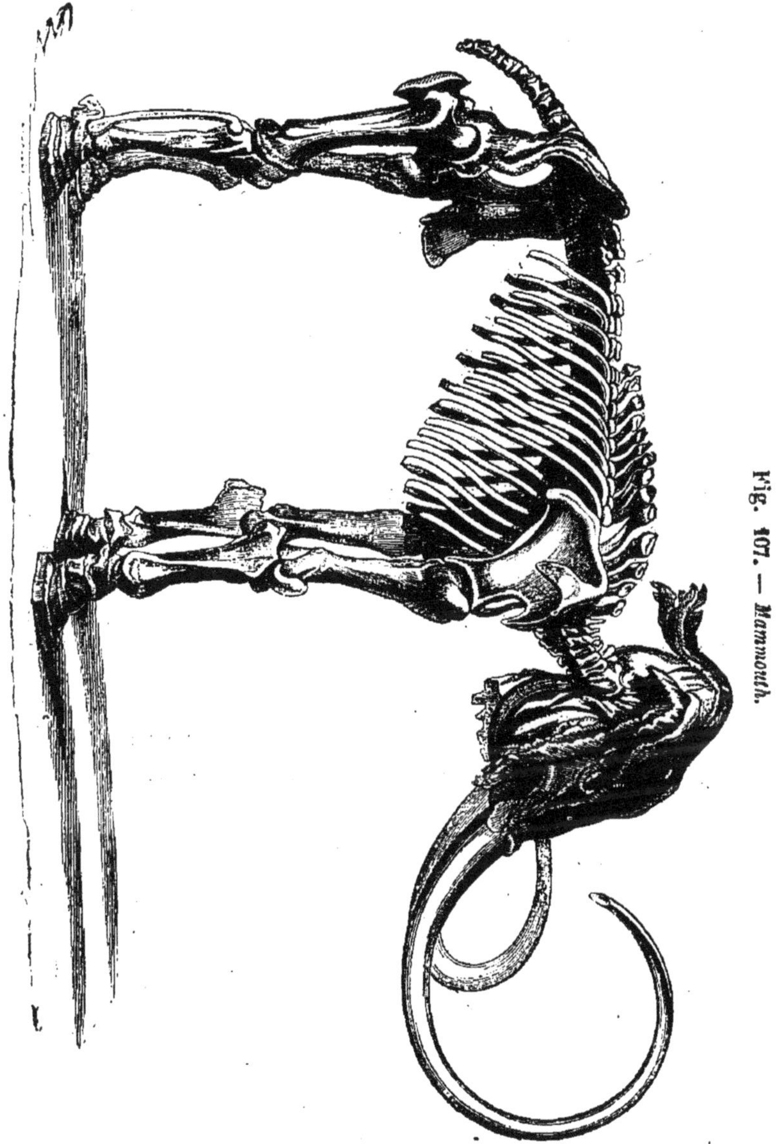

Fig. 107. — *Mammouth.*

qui se rencontre sur presque tous les points de notre continent et est si abondant en Sibérie que ses défenses fossiles sont l'objet d'un commerce important cette espèce d'éléphant était remarquable par l'existence d'une epaisse toison qui couvrait son corps et le protégeait contre le froid des contrées qu'elle habitait. Le *rhinocéros tichcrinus* présentait la même particularité d'organisation. On a pu constater ce fait curieux par la découverte que l'on a faite de cadavres de ces animaux, conservés en Sibérie dans des blocs de glace, dans un tel état que les chiens ont pu se nourrir de leurs chairs.

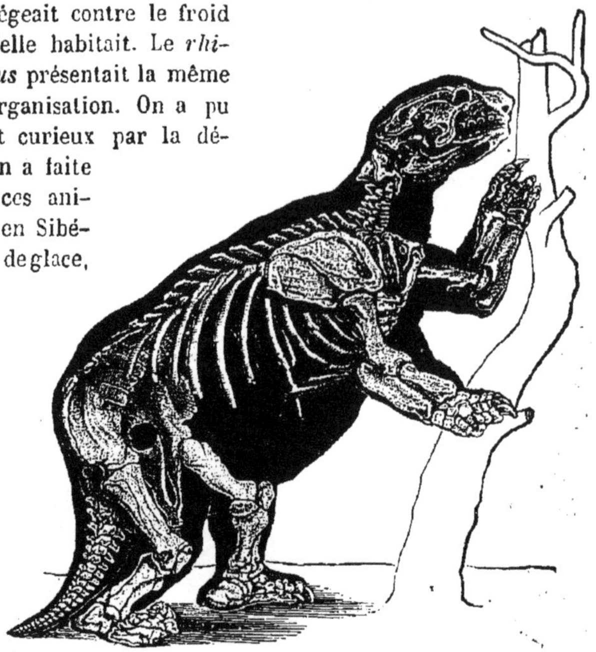

Fig. 108. — *Mylodon robustus.*

En Amérique, ces ossements se trouvent associés à ceux du *megatherium*, animal gigantesque voisin des édentés, et du *mylodon* (*fig.* 108), qui se rapporte au même groupe, du *glyptodon* (*fig.* 109), autre édenté dont le

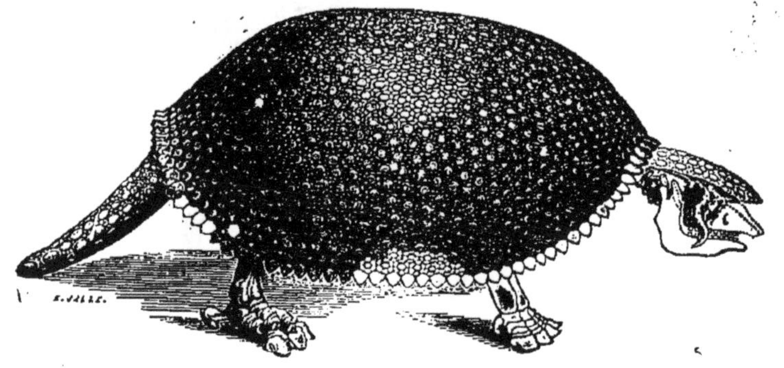

Fig. 109. — *Glyptodon.*

corps était couvert d'une carapace analogue à celle des tatous, mais dont la taille égalait celle de nos plus grands rhinocéros. A côté de ces êtres se trouvent des rhinocéros, des hippopotames, de grands carnassiers, tels que des tigres, des hyènes, d'énormes ours, des cerfs dont la taille dépassait de beaucoup celle des plus grands représentants actuels de cette espèce, et dont les bois mesuraient jusqu'à quatre mètres d'envergure, des antilopes, des rongeurs, etc.

96. **Cavernes à ossements et brèches osseuses.** — C'est à l'époque diluvienne que les débris des animaux que nous venons de citer ont été entraînés par des cours d'eau et se sont accumulés dans les cavernes, et dans les fentes qui sont alors désignées sous le nom de *brèches osseuses*. La plupart de ces cavernes présentent des ouvertures latérales, des couloirs, par où se sont introduites les eaux qui charriaient à la fois des ossements, des limons, des sables, des graviers; le tout s'est accumulé, et les débris des mammifères se trouvent au milieu d'une couche épaisse de terreau dont la surface a ordinairement été solidifiée et cimentée par du carbonate de chaux que laissaient déposer les eaux qui suintaient le long des parois des cavernes.

Presque toujours les os sont fracturés, et on ne trouve jamais de squelette complet. La majeure partie appartiennent à des carnassiers; en Allemagne et en Belgique, ce sont les ours qui dominent (*fig.* 110); en

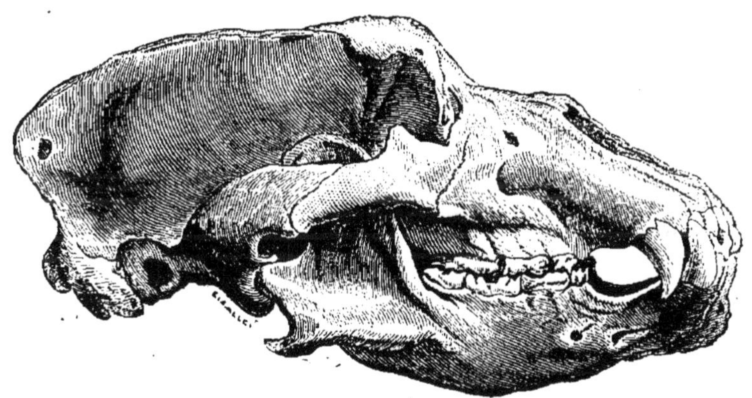

Fig. 110. — *Ursus spelæus.*

Angleterre, ce sont les hyènes. On y trouve également des restes de renards, de putois, de belettes, de martes, de gloutons, d'éléphants, de rhinocéros, d'hippopotames, de sangliers, de chevaux, de cerfs, de rennes, de bœufs, de lièvres, de rats, de campagnols.

En Amérique, les cavernes renferment des ossements des grands édentés dont nous avons parlé plus haut.

97. Quelques-unes de ces cavernes semblent avoir servi de refuge à l'homme. On y trouve les débris de son industrie naissante, consistant

en instruments fabriqués avec des silex ou avec les ossements des animaux diluviens, et il est aujourd'hui prouvé que l'homme a été contemporain du Mammouth et du Rhinocéros. Quelques rares cavernes à ossements paraissent avoir servi de repaire à des bêtes fauves qui y auraient accumulé les restes de leur repas ; dans ce cas, les ossements portent les traces des dents qui les ont rongés.

Les cavernes à ossements se trouvent plus particulièrement dans le calcaire jurassique ; elles sont rares dans la craie, et enfin il n'en existe plus dans les dépôts supérieurs.

98. **Formation de la couche superficielle du sol ou terre arable. — Phénomènes actuels de transport.** — Lorsque les grands courants diluviens eurent donné au sol son relief actuel, tout rentra dans le repos et l'époque actuelle commença, caractérisée par la présence de l'homme. Maintenant, et sous nos yeux, commence une nouvelle époque ; des dépôts se forment au sein des mers, les fleuves charrient du limon qui se dépose à leur embouchure pour former des deltas et englobe les coquilles terrestres et fluviatiles dont les eaux roulent les débris.

Des polypiers se développent au milieu de la mer et forment des récifs et des îles madréporiques. Enfin, certaines côtes se soulèvent lentement. Celles de Suède, par exemple. Près de Stockholm on a trouvé, en creusant un canal au milieu des lits de sable, d'argile et de marne, remplis de coquilles identiques à celles de la mer Baltique, les débris d'un vaisseau et une cabane en bois.

Des glaciers arrachent aux flancs des montagnes des blocs qu'ils transportent avec eux et amoncellent à leur pied, après avoir, dans leur marche lente et régulière, strié et poli les roches qui forment leur lit.

Les sources jaillissantes ou geysers d'Islande accumulent des dépôts de silice, d'autres forment des amas de carbonate, de chaux. Les végétaux, en se décomposant sous les couches d'argile, se transforment lentement en lignite et en houille.

Tous ces phénomènes ont lieu tranquillement, sans bouleversements, et préparent pour l'avenir une formation géologique supérieure à toutes celles que nous venons d'examiner.

99. **Terre arable.** — On appelle sol, ou *terre arable, terre végétale,* la couche terrestre superficielle qui est propre à la culture des plantes; elle résulte de la décomposition et de la désagrégation des roches qui se montrent à la surface du sol. Cette décomposition a été opérée par l'action simultanée de l'eau et de l'air et par les variations de température. La végétation a aussi contribué à la formation des sols arables, par les détritus organiques qu'ils fournissaient. Les éléments principaux de la terre végétale sont au nombre de quatre :

1° Le sable ; — 2° l'argile ; — 3° le calcaire ; — 4° l'humus ou terreau.

Ces matières, mélangées en différentes proportions, forment la variété des sols, qui, suivant que l'une ou l'autre de ces substances prédomine, sont désignés sous le nom de *sols sableux, sols argileux, sols calcaires.*

Le sable donne de la perméabilité au terrain.

L'argile, par sa compacité, retient l'eau et les divers engrais, sert à donner de la cohésion au sol et permet aux racines de s'y fixer solidement.

Le calcaire absorbe l'eau et la retient, il sert en outre à diviser les particules argileuses, qui formeraient, sans cela, une couche imperméable.

L'humus ou le terreau, c'est-à-dire les engrais provenant de la décomposition des matières organiques, fournissent aux plantes la matière azotée qui leur est nécessaire, ainsi qu'une portion du carbone.

Indépendamment de ces éléments principaux, le sol arable doit renfermer des substances salines dont l'action paraît indispensable au développement d'une végétation puissante. Les phosphates alcalins et terreux, de même que les sels de potasse, jouent un rôle important dans les phénomènes de nutrition des plantes, et doivent se trouver dans le sol; il en est de même pour le silicate de potasse.

Lorsqu'une terre arable ne présente pas toutes les qualités requises pour l'agriculture, on peut modifier sa nature en y ajoutant les éléments qui leur manquent, en l'*amendant.* Les engrais employés à cet usage peuvent être minéraux ou organiques, suivant que la présence de tel ou tel principe se trouve plus ou moins nécessaire

SOULÈVEMENTS.

Époques relatives de soulèvement des principales chaînes de montagnes.

100. Nous avons déjà vu (paragr. 30) que, sous l'influence des roches ignées, les terrains stratifiés ont souvent été relevés, soulevés et disloqués Lorsque nous rencontrons ces couches, il nous est difficile de savoir de quelle époque date le mouvement qui les a ainsi dérangés de leur position horizontale; mais si, au pied de ces couches, nous trouvons d'autres dépôts (*a*, *b*, *c*, *fig.* 111) régulièrement et horizontalement stratifiés, nous pouvons en conclure que le redressement a eu lieu et était terminé avant la formation de ces derniers, et si nous pouvons déterminer leur âge relatif, nous arrivons approximativement à l'âge du soulèvement.

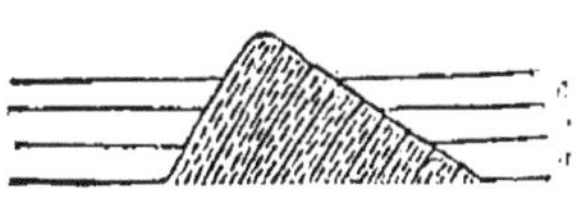

Fig. 111.

Supposons, par exemple, qu'un massif de granit (*fig.* 112) (*g*) ait soulevé des couches de terrain triasique (*a*), et que sur ces dernières reposent en couches horizontales des sédiments jurassiques (*b*). Il est évident que le soulèvement qui aura produit ce résultat, aura lieu lorsque le trias était déjà déposé et avant que l'époque jurassique ait commencé ; il vient donc ce placer entre ces deux époques.

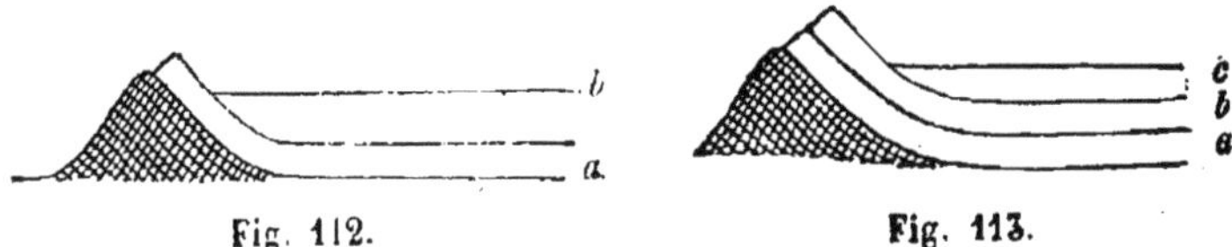

Fig. 112. Fig. 113.

Si l'on trouve le terrain crétacé (*fig*. 113) (*c*) reposant en couches horizontales sur le trias (*a*) et le terrain jurassique (*b*), le soulèvement devra se placer à la fin de cette dernière période géologique, et avant le dépôt des couches crétacées.

C'est en observant ainsi avec soin les discordances de stratification que M. Élie de Beaumont est arrivé à pouvoir déterminer l'âge relatif des principales chaînes de montagnes.

La direction des couches relevées indique l'alignement et la direction que les soulèvements ont suivis, et montre que ses phénomènes ont eu lieu sur une bande de terrain plus ou moins large, où ils ont déterminé la formation de plusieurs crêtes parallèles.

On appelle *système de soulèvement* l'ensemble des dislocations sur une même ligne et dans des directions parallèles. On dit, par exemple, le système des Alpes, le système des Pyrénées. Nous allons indiquer l'ordre chronologique des principaux systèmes de soulèvement.

101. **Soulèvement du système de la Vendée.** — Ce soulèvement est le plus ancien ; il se manifeste par des redressements de schistes et de micaschistes qui ont eu lieu avant le dépôt des terrains cambriens (*fig*. 114).

Fig. 114. — Soulèvement de la Vendée.

102. **Soulèvement du système du Morbihan.** — Les schistes et les gneiss ont été redressés avant les dépôts siluriens, qui reposent sur eux en couches horizontales.

103. **Système de soulèvement du Hunsdruck.** — Il se place entre l'époque des dépôts siluriens et le terrain devonien.

104. **Système de soulèvement des ballons.** — Ce sont les couches du terrain devonien qui sont relevées et le terrain houiller s'est déposé ensuite. Ce système est dirigé dans le sens de l'allongement de la Bretagne ; il a relevé les vallons des Vosges, etc.

105. **Système de soulèvement de la Côte-d'Or.** — Les couches jurassiques sont redressées et le terrain crétacé inférieur s'est formé

en couches horizontales sous les eaux qui battaient leurs pentes et leurs escarpements. Ce système se montre en France depuis le pays de Luxembourg jusqu'à la Rochelle et dans toutes les crêtes du Jura.

106. **Système de soulèvement du mont Viso.** — Ce système, très-apparent dans les Alpes du Dauphiné, a relevé les couches jurassiques et crétacées inférieures, et son action s'est éteinte avant la formation du crétacé supérieur C'est cè soulèvement qui a déterminé la principale direction des côtes d'Italie et de Grèce.

107. **Système de soulèvement des Pyrénées.** — Dans ce système, le terrain crétacé supérieur (*fig.* 115) se trouve relevé jusqu'à des hauteurs parfois considérables, et le dépôt qui s'est formé ensuite constitue le commencement des terrains tertiaires. A cette époque, la plus grande partie de notre continent a été élevée au-dessus des eaux.

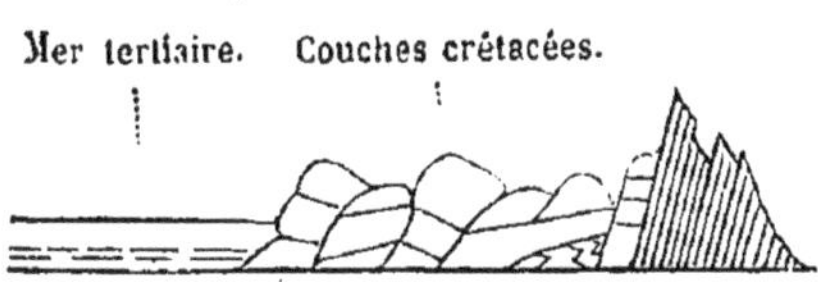

Fig. 115. — Soulèvement des Pyrénées.

Le soulèvement des Pyrénées françaises et espagnoles, des Apennins, des Alpes Juliennes, des Karpathes, des Balkans, appartient à ce système.

108. **Soulèvement du système des Alpes occidentales.** — Les couches de terrain de molasse ont été relevées à de grandes hauteurs aussi bien que les couches crétacées et jurassiques. Les seules couches horizontales sont celles des terrains subapennins, représentés en France par les dépôts lacustres de la Bresse et de la Provence. Ce soulèvement a été produit par une éruption de granits qui constituent le mont Blanc, le mont Rose, etc. Ces granits auraient donc paru à une époque plus récente que la meulière coquillière des environs de Paris.

109. **Soulèvement du système des Alpes principales.** — Les couches tertiaires les plus supérieures sont relevées, le diluvium seul repose en stratification horizontale. Ce sont à la fois les porphyres ou mélaphyres qui ont redressé ainsi les dépôts tertiaires du Piémont et de la Provence; les montagnes qui s'étendent du Valais au Saint-Gothard jusqu'en Autriche ont été soulevées à cette époque. La plus grande partie du sol de l'Europe participa à ce mouvement.

110. **Soulèvement du système du Ténare.** — Ce soulèvement est le plus récent qui ait eu lieu à la surface de la terre; les couches diluviennes s'étaient déjà déposées. Le Vésuve, l'Etna, le Stromboli paraissent s'être formés à la même époque.

SUCCESSION GÉNÉRALE DES ÊTRES ORGANISÉS ET CHANGEMENTS DE FORME DE LA SURFACE DE LA TERRE PENDANT LES DIVERSES PÉRIODES GÉOLOGIQUES.

111. Comme nous l'avons déjà vu par ce qui précède, la configuration de la surface du globe a été le théâtre de nombreux changements; tantôt elle a été baignée par la mer, tantôt par les eaux douces, tantôt elle était plus ou moins complétement émergée. Chacune des grandes périodes géologiques a été caractérisée par des espèces animales ou végétales qui, pour la plupart, ne se rencontrent pas ailleurs.

112. A l'époque silurienne, la mer semble avoir occupé la plus grande partie de la portion connue du globe.

En France, il existait entre Brest et Saint-Malo, et entre Brest et Poitiers, deux grandes îles granitiques; le plateau central était au-dessus des eaux. Il existait aussi quelques terres dans les Vosges et dans les Pyrénées. Les mers étaient peuplées de mollusques, de zoophytes et de crustacés dont nous avons parlé sous le nom de *trilobites* (Voy. *fig.* 33). Les roches émergées étaient alors probablement trop arides pour permettre aux animaux et aux végétaux d'y vivre.

113. Le système du Hunsdruck, en soulevant les couches sédimentaires siluriennes, a augmenté la surface des terres déjà existantes; les Ardennes, l'Eiffel, le Hunsdruck ont paru. L'espace compris entre Cherbourg et la Bretagne a été comblé, la Scandinavie a pris un grand accroissement.

A cette époque, les crustacés, les mollusques et les zoophytes sont encore très-abondants; les poissons sont en assez grand nombre, ils appartiennent surtout à la famille des squales. Enfin on connaît des reptiles de cette époque. La végétation a pris de suite un grand accroissement, comme le montrent les couches de combustible que renferment le terrain devonien.

114. Le système des ballons a relevé les couches devoniennes et a augmenté la surface des terres. La Bretagne et le plateau central se sont réunis. Entre Cologne et Dublin s'est formée une grande île; ce mouvement s'est fait sentir en Écosse, en Scandinavie et en Russie. C'est alors que se sont formés les dépôts marins de l'époque carbonifère, et les accumulations de houille qui, probablement, se faisaient dans de petites dépressions du sol. La végétation était alors très-puissante, elle se composait de lycopodiacées, de fougères, de conifères.

115. A l'époque permienne, la partie la plus occidentale de l'Europe est soulevée. La plupart des îles de l'Angleterre se sont réunies pour former avec le continent une vaste terre ferme. La mer de cette époque s'étendait dans la Thuringe et le Mansfeld, ainsi que dans toute la partie

orientale de la Russie. La terre était habitée alors par de grands sauriens voisins des moniteurs. Les mers étaient riches en mollusques et en poissons.

116. A l'époque triasique, une grande île s'étendait à travers la France de l'Angleterre jusqu'en Autriche, comprenant la Bretagne, le Limousin, le Forez. Une autre île renfermant la Belgique s'étendait dans les Vosges.

A cette époque, la végétation était très-puissante ; et si les fougères et les équisétacées ont considérablement diminué ; les conifères sont beaucoup plus nombreux. Des batraciens, les labyrinthodontes, habitent la terre ; enfin on connaît un mammifère de cette époque.

117. Le terrain triasique a été soulevé et a constitué différentes îles, et les continents déjà formés se sont augmentés. Mais en même temps il se faisait de grands affaissements, et la grande île qui s'étendait à travers la France, de l'Angleterre à l'Autriche, se trouva coupée vers Poitiers. Les dépôts jurassiques formés alors sont très-étendus en France, où on peut facilement suivre leurs rivages. A cette époque, les grands sauriens que nous avons fait connaître sous le nom d'ichthyosaures (*fig.* 64), de plésiosaures (*fig.* 65) et de ptérodactyles (*fig.* 66), peuplaient les

Fig. 116.

mers (*fig.* 116). Les productus et les spirifères avaient complétement disparu, mais y avait encore de nombreuses térébratules et un grand nombre de mollusques céphalopodes, des ammonites (*fig.* 63), des bélemnites (*fig.* 60); enfin il existait sur le continent de petits mammifères marsupiaux

Fig. 117.

118. Le soulèvement de la Côte-d'Or a relevé une partie des dépôts jurassiques. Il se forma une vaste terre qui s'étendait depuis l'Écosse jusqu'au plateau central, remontant jusqu'à Leipzig et Bruxelles, formant un vaste golfe comprenant le bassin parisien. La Touraine, la Champagne, dans lesquels se déposaient les couches crétacées, le Bordelais et la Gascogne ainsi que la Provence étaient alors sous les eaux. A cette époque,

les ammonites et les bélemnites peuplaient encore les mers, associés à d'autres céphalopodes, tels que les hamites, les scaphites, les baculites; des reptiles habitaient les terres. Le soulèvement du mont Viso combla en partie le canal de Perpignan et le golfe de Marseille, mais n'amena que peu de changement dans le lit des mers; c'est alors que se déposèrent les couches crétacées supérieures.

119. Le soulèvement des Pyrénées donna presque au sol son relief actuel, cependant le golfe parisien resta ouvert ainsi qu'un golfe s'étendant entre Bordeaux et Dax. C'est à cette époque que se déposèrent les terrains tertiaires et le terrain nummulitique. Les ammonites et les bélemnites ne dépassent pas le terrain crétacé. Les grands sauriens n'existaient plus, les reptiles n'étaient représentés que par des crocodiles, des tortues, etc. De nombreux mammifères, analogues aux tapirs, habitaient la terre. Des mollusques, analogues à ceux qui vivent encore aujourd'hui, peuplaient la mer. A l'époque miocène se sont montrés les mastodontes, les dinothériums, les rhinocéros, les singes, les rongeurs, etc.; la même aune a vécu pendant la période pliocène; on y trouve aussi des éléphants. Enfin, le soulèvement des Alpes principales mit fin à cette formation; le continent prit la forme que nous lui connaissons aujourd'hui.

120. C'est alors que se firent les grands courants diluviens qui creusèrent nos vallées, c'est alors que le canal de la Manche se creusa et que l'Angleterre fut séparée de la France.

Le continent était habité par de grands carnassiers, des ours, des tigres, des hyènes, par des éléphants, des hippopotames, des rhinocéros, par des ruminants, tels que des cerfs gigantesques (*fig.* 117), des rennes, des bœufs. C'est à la fin de cette époque que l'homme est apparu sur la terre. Les alluvions modernes ont commencé à se former et à accumuler dans leurs couches les débris de la faune et de la flore actuelles.

SCIENCES NATURELLES

ZOOLOGIE

Notions préliminaires. — Définition du règne animal. . . 1
Différentes fonctions des animaux. 3
Tissus animaux.. 3
Digestion. — Structure de l'appareil digestif et de ses annexes chez les vertébrés.. 5
Mastication. Dents 6
Déglutition.. 10
Œsophage. Estomac.. 12
Foie. Pancréas. Intestin. 14
Nature des aliments. 15
Phénomènes chimiques de la digestion. Sécrétions.. 15
Action de la salive. 15
Suc gastrique. Suc pancréatique. Bile.. 15
Appareil digestif des animaux inférieurs.. 16
Absorption. — Vaisseaux chylifères.. 18
Veines. 20
Du Sang. — Composition du sang. 20
Propriétés physiologiques et usages. 22
Circulation du Sang. — Phénomènes généraux de la circulation. . 23
Appareil circulatoire. Cœur. . . . 24
Veines et artères. 25
Circulation pulmonaire. 27
Mécanisme de la circulation. . . . 28
Circulation des reptiles. 29
— des poissons. 31
— des invertébrés.. 31
— des vers, insectes, arachnides, crustacés, mollusques, zoophytes. 32
Respiration. — Phénomènes chimiques. 34
sphyxie. 35
Appareil respiratoire des mammifères. 36
Mécanisme de l'inspiration et de l'expiration. 37
Appareil respiratoire des oiseaux. 38
— des reptiles et des batraciens. 39
Respiration branchiale (poissons). 39
— trachéenne (insectes). . . . 39
— cutanée. 41
Chaleur animale. — Animaux à température constante. 41
Animaux à température variable. . 42
Système nerveux. — Fonctions du système nerveux. . . . 43
Axe cérébro-spinal. Cerveau. Cervelet. Moelle épinière. 43
Nerfs. Système grand sympathique. 46
Système nerveux des mammifères. 48
— des oiseaux. 48
— des reptiles et batraciens. . 48
— des invertébrés.. 48
Usages du cerveau. 50
— du cervelet. De la moelle épinière. 51
Nerfs moteurs et sensitifs. 51
Organes des sens. — Sens du toucher. 52
Sens du goût.. 54
— de l'odorat.. 54
— de l'ouïe. 56
— de la vue. 58
Voix. 62
Mouvements. — Système musculaire. 63
Système osseux. 64
Composition générale du squelette. 65
Modifications de l'appareil locomoteur.. 72
Marche. 72
Vol. 72

Natation. 71
Reptation. 74
Classification générale du règne animal. — Espèces. Variétés. Races. Embranchements. Classes. 75
Embranchement des Vertébrés. 78
Mammifères. — Leur division en ordres. 78
Oiseaux.—Leur division en ordres. 88
Reptiles. — Leur division en ordres. 92
Batraciens. — Leur division en ordres. 95
Poissons. — Leur division en ordres. 96
Embranchement des Annelés. 98
Insectes. 99
Arachnides. 103
Myriapodes. 104
Crustacés. 104
Vers. 105
Embranchement des Mollusques. — Principaux groupes. 108
Embranchement des Zoophytes. 110

BOTANIQUE

Organes de la plante. — Tissu cellulaire 115
Tissu fibreux. Tissu vasculaire. . 115
Vaisseaux laticifères. 116
Composition chimique des tissus élémentaires. 117
Épiderme. 118
Tiges. — Principales modifications. 120
Structure des tiges. Des tiges dicotylédonées. 123
Système ligneux. 124
Système cortical. 126
Greffe. 127
Tiges des monocotylédonées. . . 127
Tiges d'acotylédonées. 130
Racines. — Principales modifications. 130
Structure et fonctions. 132
Feuilles. — Principales modifications. 132
Structure. 135
Fonctions. 137
Étiolement. Bractées. 138
Circulation de la sève. 138
Organes de la reproduction. — *Divers modes.* . . . 140
Fleur. Inflorescence. 140
Enveloppes florales. Calice. . . 145
Corolle. 147
Organes de la fécondation. — Étamine. 151
Pollen. 153
Organes femelles de reproduction. — Pistil. 155
Ovaire. Placenta. Ovules. 156
Production de chaleur et de lumière. 161
Mouvements dans les plantes. . 161
Fruit et graine. 165
Fruit. — Différentes espèces. . . 166
Fruit composé. 168
Graine. — Structure. 168
Embryon. Structure. 169
Germination. Changements chimiques. 170
Plantes dicotylédones, monocotylédones, acotylédones. — Structure comparée. 171
Classification. — Espèces. Variétés. 173
Classifications artificielles. . . . 174
Système de Linné. 175
Méthode naturelle. — Familles naturelles. 176
Dicotylédones *monoïques*. . . . 177
— apétales. 177
— monopétales. 178
— polypétales. 179
Dicotylédones diclines. 181
Monocotylédones. 183
Acotylédones. 185
Plantes cellulo-vasculaires . . . 186

GÉOLOGIE

Notions préliminaires. —
Origine de la terre. 189
Différentes couches de la terre. . 189
Phénomènes volcaniques.
— Volcans. 190
Action physique et mécanique. . 190
Roches et autres produits. Nature et disposition. 192
Volcans éteints. Laves. 193
Basaltes. 194
Chaleur centrale. — Sources thermales. 195
Puits ordinaires. 197
— artésiens. 197
Terrains non stratifiés. . 199
Terrains ignés. Granit. 199
Disposition relativement aux terrains de sédiment. 200
Porphyres 200
Terrains primitifs. 201
Terrains stratifiés. — différences de stratification. 204
Failles. Restes organiques. . . . 205
Succession des dépôts de sédiment. 207
Terrains primaires inférieurs. . . 209
Terrain cambrien. 209
Terrain silurien. Ardoises. . . . 210
Terrain devonien. 213
Terrain houiller. 214
Sa disposition. Ses fossiles. . . 214
Son étendue 218
Terrain permien. 219
Terrain salifère. Grès bigarrés . . 221
Sel gemme et gypse. 222
Fossiles du trias. 222
Terrain jurassique. 225
Lias. Fossiles. 225
Étage oxfordien. 228
Étage corallien. 229
Étage portlandien. 229
Terrain crétacé. 231
— inférieur. . . . 231
— supérieur. . . . 323
Terrains tertiaires. 236
Terrain éocène ou parisien. . . . 236
Gypse. 239
Terrain nummulitique 241
Terrain miocène 244
— pliocène 246
Terrains de transport. — Diluvium. 246
Blocs erratiques. Faune diluvienne. 247
Cavernes à ossements. 250
Formation de la couche superficielle. 251
Terre arable. 251
Soulèvements. — Époques relatives. 252
Principales chaînes de montagnes. 253
Succession générale des êtres organisés. — Périodes géologiques. 255

1430-76 — Corbeil. — Imprimerie de Crété fils.

www.ingramcontent.com/pod-product-compliance
Ingram Content Group UK Ltd.
Pitfield, Milton Keynes, MK11 3LW, UK
UKHW020113200726
13856UKWH00002B/527

9 782011 932044